2차전지

Road to the TOP

2차전지

Road to the TOP

초판 1쇄 발행 2015년 8월 15일
초판 6쇄 발행 2022년 4월 20일

지은이 선우 준

펴낸곳 서울대학교출판문화원
주소 08826 서울 관악구 관악로 1
도서주문 02-889-4424, 02-880-7995
홈페이지 www.snupress.com
페이스북 @snupress1947
인스타그램 @snupress
이메일 snubook@snu.ac.kr
출판등록 제15-3호

ISBN 978-89-521-1705-2 93530

2차전지 Road to the TOP

선우 준

Secondary battery Road to the TOP

서울대학교출판문화원

머리말

2차전지는 자동차에 전원을 지원하는 보조적인 역할에서 휴대용 전자기기와 전기자동차의 경쟁력에 핵심이 되는 부품으로 자리를 잡았다. 2차전지 중 가장 최근에 개발되어 주력 전지로서 위치를 공고히 하고 있는 리튬이온 전지는 1990년대부터 눈부신 발전을 해 왔다. 이 책은 2차전지의 속성과 경쟁 구도, 발전사에 관한 내용과 더불어 리튬이온 전지의 출현을 계기로 전지 사업에 진출한 국내 2차전지 업체가 어떤 과정을 거쳐서 현재의 위치까지 왔는지를 살펴봄으로써 2차전지 산업에 대한 전체적인 그림을 제시하는 데 주안점을 두었다. 20여 년 전 국내에서 초라하게 시작된 2차전지였지만 이제는 세계 시장에 막대한 영향력을 행사할 정도로 성장하였다. 많은 사람의 의지와 노력이 합쳐져 현실이 꿈을 능가한 것이다. 미래 유망 사업인 2차전지가 이제는 굵은 매듭을 짓고 갈 때가 된 것 같다. 그만큼 성숙기에 접어들었다는 의미이다.

과거는 미래를 여는 열쇠이다. 미래 설계를 위해서는 과거에 대한 철저한 분석이 선행되어야 한다. 그런 의미에서 이 책이 미래를 여는 열쇠 제작에 조그마한 기여를 하였으면 하는 바람이다. 이 책은 신사업이 어떻게 발굴되어 어떤 과정을 거쳐 어떻게 꽃을 피웠는지에 대한 기록이다. 이 책을 계기로 산업계에 축적된 지식과 경험이 잘 정리되어 후배들에게 전달되길 바란다. 기록과 전달의 문화가 국내 산업계에도 정착된다면, 같은 실수가 반복되지 않는 사회가 될 수 있을 것이다.

이 책이 출판될 수 있도록 많은 힘을 써 주신 서울대학교 화학생물공학부 오승모 교수님과 성영은 교수님, 서울대학교출판문화원의 곽진희 출판실장님, 권영자 전문위원님, 전수형 편집자께 감사드린다. 마지막으로 여기까지 먼 길을 같이 달려온 우리 가족에게 이 책을 바친다.

2015년 7월

선우 준

차례

TOP: Top of Power(전지 업계 1위)

T: Time-to-market(시장 즉 대응)

O: "0"(Zero) defect(무결점)

P: Paradigm shift(역발상)

I

2차전지

01
:
서론

1980년대 말부터 시작된 국내 업체의 21세기 비전 수립 작업은 국내 업체 위상에 큰 변화를 가져다주었다. 그 이전에는 군사 행정이 기업체 행정보다 앞서갔다. 미국의 선진 경영기법이 군대에 먼저 들어왔기 때문이다. 국내 업체는 21세기 비전 수립 작업을 하면서 McKinsey, Andersen과 같은 유명 컨설팅 업체의 지원을 받는다. 이들의 참여는 국내 업체의 눈높이를 급격히 높이는 결과를 낳았다. 바야흐로 기업체가 주도하는 시대가 도래한 것이다. 21세기 비전 수립 작업에서 가장 큰 고민거리는 미래사업 선정이었다. 컨설팅 회사는 어떻게 사업을 할 것인가에 대한 도움은 줄 수 있었지만 무엇을 할 것인지에 대해서는 그다지 도움을 주지 못했다. 이때 일본에서 SONY가 획기적인 차세대 전지인 리튬이온 전지 사업에 성공했다는 소식이 들려온다. 창의적인 회사로 손꼽히는 SONY가 중소기업 고유 업종으로 인식됐던 2차전지 사업에 뛰어든 것이다. 이를 계기로 많은 업체의 관심이 2차전지에 쏠리게 되었고 반도체, TFT-LCD, 휴대폰에 이어 리튬이온 전지가 21세기 유망 사업으로 부각되었다. 그 이후 많은 업체가 2차전지 개발에 자원을 투입하였다. 그러나 20여 년이 지난 지금 그 많은 업체 중에 세계 시장에서 영향력을 발휘할 수 있을 정도로 성장한 업체는 삼성, LG, SK 정도이다. 최고 책임자의 흔들리지 않는 사업 추진 의지와 추진력의 결과라고 할 수 있을 것이다.

국내 2차전지 산업에서는 지금까지 세 번의 기회와 위기가 있었다. 첫 번째는 1996년에 일본 업체들이 기술 보안의 강도를 낮추었을 때이다. 국내 업체로서는 기술을 확보할 수 있는 절호의 기회였다. 두 번째는 1998년에 있었던 IMF 외환위기이다. 파괴자는 새로운 창조자이기도 하다. 위기는 새로운 질서를 만들어 냈다. 세 번째는 2003년부터 2005년까지 발화, 폭발 등의 필드 사고 다발 시기였다. 리튬이온 전지가 숨겨진 얼굴을 드러내면서 많은 사람들을 두렵게 했던 시기라고 할 수 있다. 기회와 위기의 시기를 겪으면서 강자와 약자의 경계선은 더욱 분명해졌다. 2007년 12월 SK가 엔진과 모터로 구동되는 친환경 자동차인 HEV(Hybrid Electric Vehicle, 하이브리드자동차)용 전지에 역량을 집중하여 전지를 SK의 미래 유망 사업으로 성장시키겠다고 선언함으로써 한국은 3자 경쟁 시대에 진입하게 된다. 삼성과 LG의 양자 구도에서 LG, 삼성, SK의 3자 경쟁 구도가 되면서 더욱더 다양한 경쟁 시나리오가 출현될 것으로 보인다. SK는 삼성, LG가 겪었던 시행착오를 겪지 않고 적절한 시기에 사업에 진출했다는 점에서 후발 업체의 장점을 충분히 활용하면 성장 가능성이 크다고 할 수 있다. 한편, 2000년대 말부터 2차전지 붐이 다시 일어나 2차전지를 미래 수종 사업으로 성장시키려는 업체가 늘어나고 있다. 국내의 많은 업체가 2차전지와 전지 소재 사업을 추진하고 있으나 아직은 뚜렷한 결과를 내지 못하고 있다.

1990년대 초 2차전지 개발을 시작할 때 우리나라는 전지의 후진국이었지만 지금은 정상의 위치에 있다. 그러므로 국내 2차전지 역사는 꼴찌가 일등이 되기까지의 파란만장한 고난과 영광의 발자취라고 할 수 있다.

02

:

전지의 기초

1) 전지의 4대 구성 요소

전지는 화학에너지를 전기에너지로 변환시키는 장치이다. 이를 위해서는 전기 화학 반응이 일어날 수 있도록 전지의 4대 구성 요소인 음극(anode), 양극(cathode), 전해액(electrolyte), 분리막(separator)이 그림 1처럼 배치되어 있어야 한다.

Anode는 방전 시에 산화 반응이 일어나는 전극으로 (-)극이라고 하며 전지에서는 음극이라 부른다. 음극은 전자의 공급원이 되는 전극으로 연료전극이라고도 한다. 금속이 자유전자가 풍부하므로 음극에 주로 사용된다. 음극에 사용되는 금속으로는 아연(Zn), 리튬(Li), 납(Pb), 카드뮴(Cd) 등이 있다. 연료전지에서는 연료인 수소나 에탄올이 직접 공급된다. 음극은 전지의 특성을 결정하는 중요한 역할을 하므로 음극의 교체는 새로운 전지 시스템을 의미한다. 그래서 음극의 선정과 개선은 보수적으로 하는 경향이 있다. Cathode는 방전 시 전자를 받아 환원이 일어나는 전극으로 (+)극이라고 하며 전지에서는 양극이라고 부른다. 용량 증대와 같은 성능

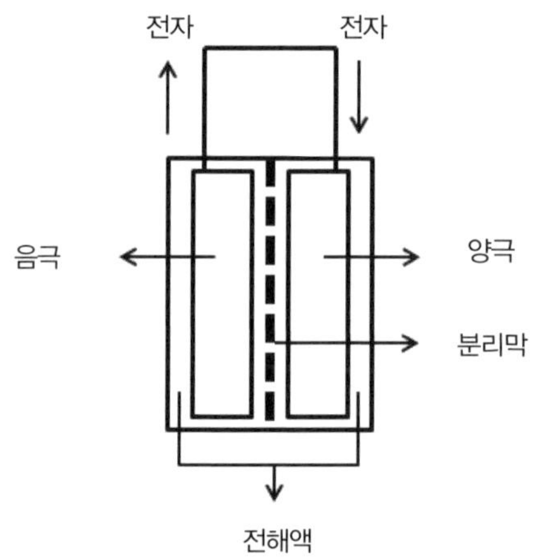

그림 1. 전지의 4대 구성 요소

향상을 위해서는 양극 활물질[1]의 개선이 필요하므로 가장 활발하게 성능 개선 활동이 일어나는 영역이기도 하다. 음극의 풍부한 자유전자를 가능한 한 많이 받아들일 수 있도록 양극 활물질의 구조와 형상을 개선하는 연구가 주를 이룬다. 전해액은 이온의 이동이 일어나는 매개체로서 주로 액체가 사용된다. 그러나 일부 전지의 경우는 폴리머나 세라믹을 사용하기도 한다. 전해액에는 주로 수용액이 사용되지만, 리튬처럼 물과 접촉 시 수소 가스를 발생하고 작동 전압이 물의 전기분해 전압 이상인 경우에는 유기용매를 사용한다. 유기용매 사용 시에는 이온 전도도[2]가 10^{-3}S/cm 수준으로 수용액보다 낮아서 얇은 분리막을 사용해야 한다. 분리막은 양극과 음극의 물리적 접촉을 막는 역할을 한다. 양극과 음극이 직접 접촉하면 전

1 활물질은 에너지가 들어 있는 물질이라는 의미로 활성 물질(active material)이라고 한다.

2 이온이 얼마나 빨리 움직이느냐를 표시하는 물성으로 S/cm로 표시한다. S는 Siemens의 약자로 저항의 단위인 Ohm의 역수이다.

기 화학 반응 대신에 직접 전자를 교환하는 화학 반응이 일어나 열만 발생되고 전기를 생산하지 못한다. 낮은 이온 전도도 때문에 얇은 분리막을 사용해야 하는 리튬 전지는 분리막이 이물로 뚫려 쇼트(short)가 일어날 수 있다. 또한, 전극과 분리막이 얇아 공정 중 불량을 유발하기 쉬우므로 정밀 제조를 해야 한다.

전지 개발은 새로운 전지를 개발하는 것과 기존 전지의 성능을 향상시키는 두 가지 방법으로 나눌 수 있다. 새로운 전지 시스템은 음극을 중심으로 새로운 전지를 개발하는 것이고, 기존 전지의 성능 향상은 양극 활물질과 전지 설계를 개선하는 것이다. 이 두 연구가 서로 경쟁하면서 균형을 맞추어가는 것이 전지 업계의 연구개발 방향이다.

2) 전지의 특성

(1) 전압과 용량

전지를 사용하는 업체와 협의 시 가장 빈번하게 요구되는 사항이 전압 변경이다. 그러나 불행히도 전압 변경은 가장 어려운 요구 사항이다. 전지 종류를 바꾸어야 전압을 바꿀 수 있기 때문이다. 전지 종류가 결정되어 양극·음극의 활물질이 정해지면 아래와 같이 전지 반응이 결정된다.

$$A(\text{anode}) + B^{+}(\text{cathode}) = A^{+} + B$$

위의 전지 반응으로부터 깁스 자유에너지(Gibbs free energy)가 정해지며 다음의 네른스트(Nernst) 식에 의하여 전압이 결정되는 것이다.

$$\Delta G = -nFE \qquad (1)$$

F: 패러데이 상수(=96,487C/mole), E: 전압, n: 몰수

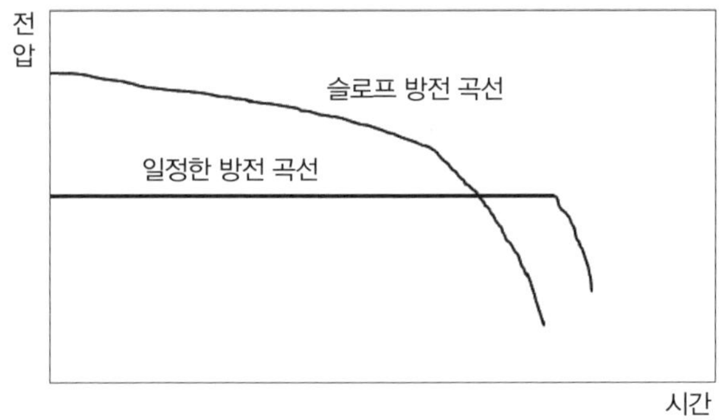

그림 2. 전지 방전 곡선

전지 개발에서 가장 기본적인 장비가 충방전 시험기이다. 그림 2는 충방전 시험기에서 전지를 방전시켜 얻을 수 있는 전지 방전 곡선의 대표적인 예를 도식화한 것이다. 전지 방전 곡선에는 방전하면서 전압이 하강하는 슬로프(slope) 형태의 방전 곡선과 방전 시간에 관계없이 전압이 일정한(flat) 형태의 방전 곡선이 있다. 방전 곡선은 활물질의 반응 형태에 의하여 결정된다. 리튬이온 전지의 경우 활물질 전체에서 균일하게 반응이 일어난다. 양극 활물질인 LCO($LiCoO_2$: 리튬산화코발트) 결정구조 내로 리튬이 확산되어 들어가는 전지 반응이 활물질 전체에서 균일하게 일어난다. 반응물과 생성물이 경계를 이루지 않고 균일한 상을 이루는 단일 상(single phase) 반응이다. 이처럼 단일 상 반응을 할 때에는 슬로프를 그리며 전압이 떨어진다. 그러나 니카드 전지는 음극의 카드뮴이 전지 반응을 하면서 카드뮴하이드록사이드[$Cd(OH)_2$]로 바뀐다. 이 경우 음극 카드뮴 전극에서는 반응물과 생성물의 경계가 생기며, 반응물과 생성물의 경계에서 반응이 이루어진다. 이렇게 반응물과 생성물이 2개의 상으로 나누어지는 것을 2상(two phase) 반응이라고 한다. 열역학적으로 2개의 상이 공존하기 위해서는 두 상의 화학퍼텐셜(μ: chemical potential)이 같아야 한다. 화학퍼텐셜은 분몰 깁스 자유에너지(partial molar Gibbs free energy)와 같으므로 $\Delta G = -nFE$의 관계식에 의해서 전압이 일정하게 된다. 전압이 일정하므로 방전 곡선이 평탄하게 나오는 것이다.

일(work)의 일반 형태는 다음과 같이 표시할 수 있다.

$$\delta W = YdX \tag{2}$$

여기서 Y는 세기변수(intensive variable)로서 힘의 일반형이고, dX는 크기변수(extensive variable)의 증분으로서 변위의 일반형이다. 전지에서는 전압이 세기변수가 되고, 전하량이 크기변수가 된다. 그러므로 용량은 다음과 같이 전압과 전하량의 곱으로 표시된다.

$$\text{용량(Wh)} = \text{전압(V)} \times \text{전하량(Ah)} \tag{3}$$

용량은 기기의 작동 시간을 결정하므로 용량이 클수록 작동 시간이 길어진다. 그러므로 고용량 구현을 위해서는 연료전극인 음극의 용량이 커야 한다. 아연, 리튬, 납, 카드뮴의 단위 무게당 전하량을 보면 리튬이 가장 크다(리튬 3.86Ah/g, 아연 0.82Ah/g, 카드뮴 0.47Ah/g, 납 0.26Ah/g). 그러나 단위 부피당 전하량을 보면 순위가 바뀐다(아연 5.85Ah/cc, 카드뮴 4.12Ah/cc, 납 2.93Ah/cc, 리튬 2.06Ah/cc). 리튬이 단위 부피당 전하량이 낮음에도 불구하고 높은 용량을 갖는 것은 전압이 높기 때문이다. 리튬 전지에서 고용량의 원천은 전하량보다는 전압이다. 용량이 큰 전지를 선택하고자 할 때에는 가능하면 진압이 높은 전지를 선정한다. 전지 소재가 같아서 전압이 동일하다면 전하량이 큰 것을 골라야 한다. 전지에서는 이것을 에너지 밀도(Wh/L)와 비에너지(Wh/kg)로 표시하며 용량 비교의 기준이 된다. 전지 개발의 목적은 동일한 전압일 때에는 에너지 밀도가 높은 전지를 만드는 것이다. 이를 위해서 전하량이 많은 활물질을 개발하는 방법이 있을 수 있고, 전극의 에너지 밀도를 높여서 다른 전지보다 더 많은 활물질이 들어가도록 하는 방법을 취할 수도 있다. 다시 말해서 전하량 증대에 기여하지 않는 물질의 양은 줄이고, 활물질량을 늘리는 방법을 취하는 것이 에너지 밀도 증대 방안인 것이다. 에너지 밀도가 높으면 동일 부피에서 더 많은 용량이 들어가므로 작동 시간이 길어진다. 반면에 안전성이 취약해질 수 있다. 그러므로 에너지 밀도와 안전성의 균형을 맞추는 작업이 전지 성능 향상의 핵심이 된다.

(2) 고율 방전 성능

전지에서 전류의 크기를 표시하기 위해서 "C rate" 개념을 도입한다. 전지가 갖고 있는 에너지를 1시간에 다 방전해 버릴 때의 방전 속도를 1C 방전으로 정의한다. 2C는 30분에 용량을 다 방전하는 것이고, C/5는 5시간 동안 방전하는 것이다. 충전 속도도 마찬가지 방법으로 표기한다.

그림 3에서 볼 수 있는 것처럼 고율 방전이 되면 방전할 수 있는 용량이 현격히 줄어든다. 고율 방전 성능이 우수한 전지는 자기 용량의 대부분을 방전할 수 있지만 그렇지 않은 전지는 방전 도중에 방전 종료 전압(cut-off voltage)에 도달하여 방전이 종료된다. 전지의 분극 현상 때문이다. 고율 방전 성능은 C rate별 방전 용량으로 표시한다. 예를 들어서 1,000mAh 용

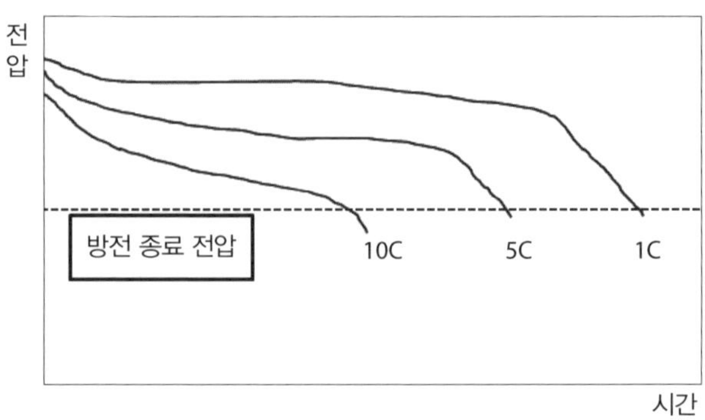

그림 3. 고율 방전 성능

량의 전지가 5C 방전에서 700mAh 용량 방전 후 방전 종료 전압에 도달하였다면 5C에서 70%라고 고율 방전 성능을 표시한다.

(3) 온도 특성

추운 겨울에 자동차 시동이 잘 안 걸리는 현상은 전지의 온도 특성이 나쁘기 때문이다. 상온에서 용량을 100%라고 했을 때 고온에서는 용량의 100% 이상이 방전되며, 저온에서는 100% 미만으로 방전 용량이 떨어진다. 저온에서 상온 용량의 몇 %까지 방전 가능한지를 온도 특성 평가 기준으로 한다.

저온 온도 특성이 우수하려면 전해액의 저온 이온 전도도가 높아야 하며, 전지 소재의 계면에서 저항이 증가하는 것을 방지해야 한다. 용도에 따라 요구 온도 특성이 다르다. 실내에서 주로 사용하는 노트북은 0℃ 미만의 성능은 요구하지 않지만 휴대폰은 -20℃에서도 통화가 가능해야 하므로 저온 성능이 중요하다. HEV와 같은 경우는 -40℃에서의 충방전 성능을 요구하고 있다. 시간이 지남에 따라 요구되는 온도 특성 수준은 계속 높아지는 경향을 보이고 있다.

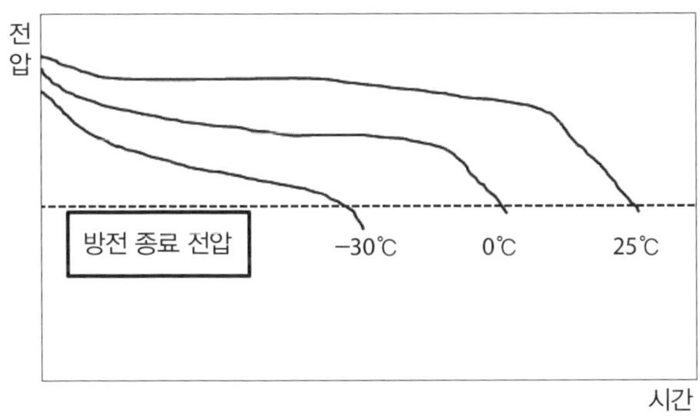

그림 4. 전지의 온도 특성

(4) 수명 특성

2차전지는 충전과 방전을 거듭함에 따라 전지가 열화(degradation)되어 용량이 점차 줄어들게 된다. 전지가 늙어가는 것이다. 전지가 열화되어 수명이 줄어들면 충전 후 작동시간이 짧아진다.

그림 5는 충방전이 거듭됨에 따라 용량이 줄어드는 일반적인 경향을 도식화한 그래프이다. 일반적으로 충전 후 방전 용량이 초기 용량의 60~80% 수준까지 떨어졌을 때의 충방전 횟수를 수명으로 정의한다. 수명이 다한 후에도 60~80% 수준의 용량이 남아 있기 때문에 기기 작동에는 문제가 없지만, 사용자는 용량이 줄어든 것을 느끼게 된다. 작동 프로필이 복잡한 HEV에서는 수명의 정의가 다르다. HEV에서는 약 30초의 충방전 펄스 프로필(pulse profile)을 1회 듀티 사이클(duty cycle)로 하고, 이 듀티 사이클이 30만 회 반복한 후의 출력이 초기 출력의 60% 수준 이상이 되어야 수명 기준을 통과하는 것으로 정의하고 있다. 수명에서는 DOD(Depth of Discharge, 방전 심도)라는 개념을 도입하였다. 전지의 모든 용량을 충방전하였을 때를 100% DOD로 정의한다.[3] 리튬이온 전지를 주로 사용하는 노트북과 휴대폰에서는 100% DOD를 기준으로 수명 시험을 한다. 그러나 수명 성능이 나쁜 납축전지에서는 60% DOD 등 낮은 DOD 수명 시험이 일반적이다. 그러므로 수명 데이터를 비교할 때에는 반드시 DOD를 확인해야 한다. 왜냐하면 DOD가 80%이면 100% DOD보다 2배 정도, 60% DOD에서는 4배 이상 수명이 증가하기 때문이다. 최근 성장하고 있는 시장인 중대형 전지에서는 소형 전지와는 달리 80% DOD를 수명 평가의 기준으로 하고 있다. 수명은 용량과 상관관계에 있으므로 에너지 밀도를 증대시키면 수명은 저하된다.

---

3 전체 용량의 50%를 방전할 경우 DOD는 50%가 된다.

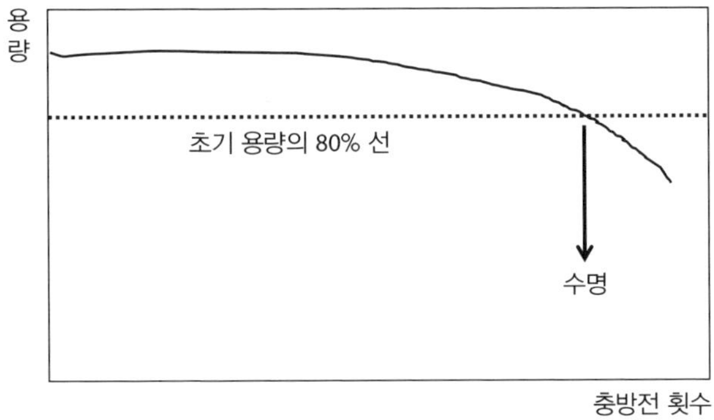

그림 5. 수명 곡선

자가 방전(self-discharge)은 전지를 사용하고 있지 않을 때에도 방전되어 용량이 줄어드는 현상이다. 오랫동안 방치된 자동차의 시동이 잘 걸리지 않는 것은 자가 방전 때문이다. 디지털카메라를 사용하기 전에 한 번 충전해 주는 것도 자가 방전으로 용량이 소진되었기 때문이다. 자가 방전의 원인은 다양하지만 전지의 불순물과 관련이 있는 경우가 많다. 전지에 들어 있는 금속 불순물은 전지 내에서 마이크로 전지를 형성하여 방전하게 된다. 2차전지에서는 자가 방전율을 %/month로 표시한다. 1차전지는 언제 제조되었느냐가 전지의 질을 결정한다. 슈퍼에서 싸게 파는 전지를 사서 쓰다 보면 금방 수명을 다하는 경우가 있다. 재고 전지이기 때문이다. 오래된 재고 전지는 자가 방전으로 용량이 이미 많이 소진되어 있기 때문에 오래 사용할 수 없다. 1차전지에서는 저장 수명이라는 용어로 이것을 표현한다. 저장 수명이 긴 전지는 제조 후 오랫동안 방치하여도 오랜 기간 사용할 수 있다. 자가 방전율과 저장 수명은 온도와 깊은 관계가 있다. 추운 겨울보다 더운 여름에 전지의 자가 방전이 더 잘 된다. 그러므로 전지의 저장수명을 높이기 위해서는 냉장고에 보관하는 것이 바람직하다.

3) 1차전지

전지는 크게 1차전지와 2차전지로 구분된다. 1차전지는 캔 속에 들어 있는 에너지가 다 소진되면 버리는 전지이며, 2차전지는 충전을 통하여 재사용이 가능한 전지이다.

그림 6은 전지 분류표이다. 1차전지는 음극의 종류에 따라 분류할 수 있다. 아연을 음극으로 하는 전지는 전압이 1.5V이고, 리튬을 음극으로 하는 전지는 전압이 3V이다. 음극소재에 따라 전압과 같은 전지 특성에 큰 차이를 보이기 때문에 음극을 기준으로 분류하였다. 이처럼 음극은 전지 시스템의 특성을 잘 보여 준다. 건전지와 알칼리 전지는 아연을 음극으로 사용하고, 예전에 필름을 사용하는 자동카메라에 쓰였던 리튬 전지는 리튬을 음극으로 하는 전지이다.

2차전지는 전해액의 종류에 따라 분류할 수 있다. 산이나 알칼리 수용액을 전해액으로 사용하는 전지와 유기용매를 전해액으로 사용하는 전

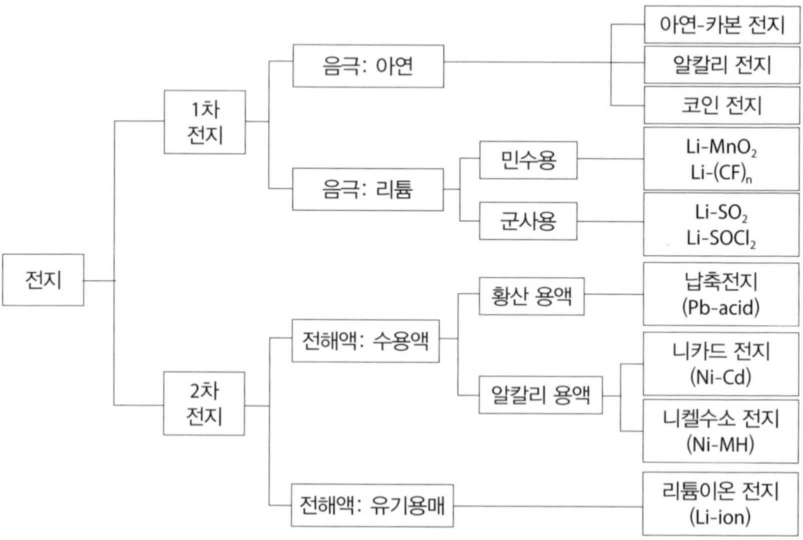

그림 6. 전지 분류표

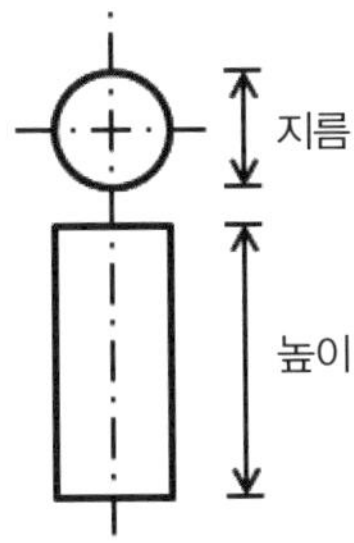

단위: mm

크기	AAA	AA	A	B	C	D
지름	10.5	14.5	16.0	21.5	26.2	34.2
높이	44.5	50.5	47.8	60.0	50.5	61.5

그림 7. 원통형 크기 규격

지로 분류된다.

1차전지는 크기와 같은 규격이 표준화되어 있어서 세계 어디에서나 편리하게 구매할 수 있다. 그림 7은 건전지, 알칼리 전지와 같은 1차전지의 크기 규격이다. 슈퍼에서 쉽게 볼 수 있는 소형 전지가 AAA와 AA이며, AAA가 AA보다 더 작다. 용량이 큰 전지로는 C와 D 사이즈 전지가 있다. 2차전지도 그림 7의 기준을 따르려고 노력한다. 이것은 알칼리 전지와의 호환성을 유지하기 위해서이다. 야외에서 휴대용 전자기기의 2차전지가 다 방전되었을 때 알칼리 전지를 구입해 임시로 사용할 수 있도록 크기의 호환성을 유지하려고 하는 것이 알칼리 전지와의 호환성이다. 그러나 이런 경향은 2차전지에서 각형 전지가 많이 보급되면서 점점 약해지고 있다.

(1) 아연을 음극으로 하는 전지

⊙ 아연-카본 전지

건전지로 잘 알려진 아연-카본(Zn-carbon) 전지는 1866년 프랑스의

Georges Leclanché가 발명한 전지로서 Leclanché 전지라고도 한다. 아연-카본 전지는 실제로는 아연-이산화망간($Zn-MnO_2$) 전지로서 카본 봉은 집전체(current collector) 역할을 하며 전지 반응에 직접 관여하지 않는다. 전해액은 염화암모늄(NH_4Cl_2)과 염화아연($ZnCl_2$)의 혼합 수용액이 사용된다. 전압은 1.5V이고, 슬로프 형태의 방전 곡선을 나타낸다. 음극인 아연은 컵 모양으로 가공한다. 디프 드로잉(deep drawing)[4]으로 만들기도 하고, 충격 드로잉(impact drawing)[5]으로 가공하기도 한다. 아연 컵의 내면은 분리막으로 감싸고, 그 안에 양극 활물질인 이산화망간 분말과 전해액을 혼합하여 충전시킨다. 충전시킨 양극 활물질 가운데에 카본 봉을 꽂아 외부 단자와 양극 간의 전자 통로를 만든다. CMC(carboxymethyl cellulose)나 소듐폴리아크릴레이트(sodium polyacrylate)가 전해질을 젤화시키는 젤화 물질로 사용된다. 전해액이 젤 형태로 되어 있어 건전지라는 말이 나온 것이다.

⦿ 알칼리-망간 전지

아연-카본 전지보다 에너지 밀도가 더 높고, 고출력 방전 성능이 우수하며 보관 수명이 더 긴 고성능 1차전지가 알칼리-망간(alkaline-manganese) 전지이다. 음극과 양극은 아연-카본 전지와 동일하게 아연과 이산화망간을 사용한다. 차이점은 전해액이다. 이온 전도도가 높은 알칼리 수용액인 수산화칼륨(KOH) 수용액을 사용한다. 전해액의 높은 이온 전도도를 감당하기 위해서는 음극인 아연이 금속 판재 형태로 되어 있어서는 안 된다. 고출력 방전을 구현하기 위해서는 반응 면적이 증가해야 하므로 아연 판재 대신에 아연 분말을 사용해야 한다. 아연 분말과 전해액을 섞은 혼합물을 음극

4 얇은 금속 판재를 금형 위에서 프레스(press)하여 컵 모양으로 만드는 금속 가공법이다.

5 동전 모양의 금속을 고속으로 프레스하여 컵 모양으로 만드는 금속 가공법이다.

으로 사용한다. 알칼리-망간 전지는 양극 활물질이 외부에 위치하고 내부에 음극 활물질인 아연 분말이 충전되어 있는 구조로 되어 있다. 또한, 카본 봉 대신에 황동(brass)으로 되어 있는 집전체를 사용하여 전자 이동을 수월하게 하였다. 알칼리-망간 전지 내부 구조가 아연-카본 전지와 정반대로 되어 있기 때문에 알칼리-망간 전지 구조를 역구조라고 부른다. 알칼리-망간 전지는 급속도로 아연-카본 전지를 대체하여 우리가 슈퍼에서 구매하는 전지는 대부분 알칼리-망간 전지이다.

알칼리 전지는 1차전지임에도 불구하고 20회 정도 충전이 가능하다. 1990년대에 충전 가능한 알칼리 전지가 캐나다의 Battery Technology사에서 개발되었다. 미국의 Rayovac사에서는 라이센싱을 받아 "알카바"라는 제품명으로 생산하였다. 우리나라에서는 아연 제련 업체인 고려아연에서 알카바를 생산하였다. 아연을 음극으로 사용하는 전지는 한정된 충전이 가능하다. 그러나 충전 시 내부에서 압력이 발생하므로 압력을 이겨낼 수 있도록 전지의 이음새 부분을 강화해야 한다. 알카바 전지는 용도가 불분명했다. 1차전지도 아니고, 2차전지도 아닌 1.5차전지의 용도는 어느 쪽에도 끼지 못하는 전지가 되어 버렸다.

⊙ 무수은 전지

아연을 음극으로 하는 전지에서 중요한 역할을 하는 물질이 수은(Hg)이다. 수은은 분리막에 염화수은(Hg_2Cl_2) 형태로 발라서 전지에 넣는다. 이 물질은 전해액에 녹아 수은 이온을 형성하며, 수은 이온은 아연과 반응하여 아말감(zinc amalgam)층을 아연 표면에 형성시킨다. 아연 아말감층은 아연과 전해액의 직접적인 접촉을 막아 수소 가스 발생을 억제한다. 아연은 물과 접촉 시 열역학적으로 불안정한 상태에 놓이게 되어 물에 부식된다. 물과 반응하면 아연 산화물과 수소 가스를 발생시키는데, 수은이 이것을 막아 전기 화학적으로 안정하게 하는 것이다. 아연-카본과 알칼리-망간 전지에서 필수적인 역할을 하는 수은이지만, 환경적인 문제로 수은의 양을 줄이거나 제거하라는 요구가 유럽을 중심으로 일어나 수은의 양을 줄이는 것이 전지 업체의 중요 과제가 되었다.

수은을 넣지 않으면 다음과 같은 현상이 발생한다. 첫째, 아연이 전해액에 부식되어 수소 가스를 발생시키며 수소 가스에 의한 압력으로 전해액이 새는 누액 현상이 발생한다. 둘째, 수은은 아연 분말 간의 네트워크력(network force)을 강화시키는 역할을 한다. 수은이 없을 경우 전지를 바닥에 떨어트렸을 때 아연 분말 간의 네트워크가 깨져 활물질이 고립되어 원활한 방전을 방해한다. 셋째, 전지 사용 후반부에 용량을 저하시키고 자가 방전율을 증가시킨다. 방전 생성물로 미세한 아연 산화물이 형성되는데 이것이 분리막을 뚫고 성장하여 소프트 쇼트(soft short)를 일으키기 때문에 용량 저하와 자가 방전을 촉진시키는 것이다.

무수은(mercury-free) 전지 개발은 전지에 대한 전반적인 개선을 요구하는 대규모 프로젝트였다. 전지 업체는 아연의 부식을 방지하기 위해서 부식을 억제하고 수소 가스 발생을 방지하는 합금 원소를 찾는 데 주력하였다. 또한, 아연 분말 표면에서 수소 발생을 억제하기 위해서 아연 분말 표면 상태를 매끈하게 하여 표면적을 줄였다. 바닥에 떨어트리는 것과 같은 충격에 강한 음극을 만들기 위해서 새로운 전해액 젤화 물질을 개발하였으며, 아연 분말의 양과 형상, 크기를 개선하였다. 원료도 부식을 촉진시킬 수 있는 철과 같은 불순물 관리를 강화했으며, 이물 혼입이나 공기와의 접촉 시간 단축을 위해서 공정을 개선하였다. 수은 제거를 위해서 상당히 많은 개선이 필요했던 것이다. 전지 개발은 이처럼 서로 연계되어 움직이기 때문에 공정 단위별로 개선이 가능한 반도체와는 달리 전지 설계와 공정 전체를 보고 개선 작업을 해야 한다. 국내에서는 2차전지 산업보다 반도체와 디스플레이 산업이 먼저 성장했기 때문에 반도체, 디스플레이 사업과 전지 사업 간의 유사점과 차이점에 대하여 혼란이 많았다. 반도체나 디스플레이에서는 공정 간 상호 연계성이 크지 않기 때문에 마스크 설계,[6] 이온 주입(ion implantation),[7] 박막 증착(sputtering),[8] 에칭(etching)[9] 등 여러 공정 중에서 자기가 맡은 영역만 잘하면 그 분야의 전문가가 될 수 있다. 그러나 전지의 경우는 그렇지 않다. 음극 활물질을 개발하는 사람이 분리막, 전해질과 제조 공정에 대해서 잘 모르면 개선 작업이나 개발이 이루어질 수 없다. 전체 그림을 볼 수 없으면 자기 분야의 개선이나 개발이 이루어질 수 없는 것이다. 이것이 전지 기술의 특성이며 전지 기술자 육성에 많은 시간이 필요한 이유이기도 하다. 전지 사업에서는 전지 기술자라는 한 종류의 기술 인력만 있다는 점이 반도체, 디스플레이와의 차이점이다. 그러나 아직도 전지 사업을 반도체, 디스플레이와 같은 체계로 운영하는 업체도 상당수 있다.

⦿ 코인 전지

전자계산기, 디지털 손목시계 등의 출현으로 여기에 맞는 작은 전지가 필요했다. 이를 위해서 개발된 것이 알칼리 코인 전지(coin cell)이다. 코인 전지는 본체와 뚜껑으로 되어 있다. 본체에 전극을 조립한 후, 개스킷(gasket)으로 절연하여 뚜껑을 덮어 밀봉한다. 음극은 공통적으로 아연을 사용한다. 전해액은 수산화칼륨이나 수산화나트륨(NaOH) 수용액을 쓰고, 양극 활물질은 종류에 따라 다르다. 산화수은(HgO), 산화제이은(AgO), 산화제일은(Ag_2O)이 사용된다. 알칼리 코인 전지는 양극의 특성 때문에 일반적으로 일정한 전압의 방전 곡선을 갖는다. 양극에 공기 전극을 사용하는 경우

---

6 회로가 새겨져 있는 사진 필름과 같은 것으로 선택적 에칭(etching)이 이루어지도록 한다.
7 n형, p형의 반도체를 만들기 위해서 규소에 인과 붕소를 도핑(doping)하는 장치이다.
8 플라스마로 금속 타깃의 원자를 반도체칩에 코팅하여 박막(thin film)을 만드는 공정이다.
9 산화규소를 선택적으로 제거하는 공정이다.

도 있다. 이것을 공기-아연(Zn-air) 전지라고 한다. 공기-아연 전지는 고용량이 장점인 전지로서 공기 전극은 집전체인 금속망에 촉매인 활성탄, 바인더를 섞은 후 프레싱하여 만든다. 공기-아연 코인 전지는 보청기에 주로 쓰인다. 전지 구입 후 공기구멍을 개방하면 공기가 전지 내부로 들어가면서 전지가 작동된다. 일단 공기구멍이 개방되면 전지 반응을 멈출 수 없으므로 보청기와 같은 용도에 주로 사용한다. 공기-아연 2차전지는 아연 전극이 다 소모되면 충전이 아니라 새로운 아연 전극으로 교체하는 기계식 충전 방식(mechanically recharging)을 사용한다. 1990년대에 전기자동차와 휴대폰 등에 공기-아연 2차전지를 적용한 예도 있다.

(2) 리튬을 음극으로 하는 전지

리튬은 밀도가 0.53g/cc, 녹는점이 186℃로 가볍고 녹는점이 낮은 금속이다. 리튬은 수분과 반응하여 수소 가스를 발생시킨다. 리튬박을 손으로 만지면 손에 있는 수분과 반응하여 검게 탄다. 이런 이유 때문에 리튬 전지는 드라이 박스(dry box)나 드라이룸(dry room)[10]에서 제조한다. 리튬은 물뿐만 아니라 알코올과도 반응한다. 알코올기와 반응하여 수소 가스를 발생시킨다. 그러므로 리튬 전지 제조 설비는 알코올로 세척해서는 안 된다. 리튬 전지가 발화되면 보통 소화기로는 진화가 되지 않으므로 리튬용 특수 소화기를 사용해야 한다.

이렇게 까다로운 전지를 개발하고, 생산하는 이유는 리튬 전지가 주는 이득이 그만큼 크기 때문이다. 리튬 전지는 3V로 알칼리-망간 전지보다 전압이 2배 높고 용량은 4배 이상 크다. 고출력 방전 성능이 우수하고

10 상대습도를 -40℃ 이하로 유지하여 수분을 낮춘 공간으로 리튬 전지 조립 시 사용한다. 작업자는 방진복을 입고 조업한다.

저장 수명이 길어서 오랫동안 보관, 사용할 수 있다. 그러나 혹사 조건에서 발화의 위험이 있다. 1차전지에서 혹사 조건은 다음과 같이 단순하다. 실수로 열쇠와 같은 금속 물질이 전지의 양극·음극을 연결시켜 쇼트가 일어나는 경우와 전지를 거꾸로 끼면서 전지가 충전되는 경우이다.

이와 같은 상황에 대처하기 위해서 리튬 전지는 여러 전지를 직렬 연결해야 할 경우 팩(pack)으로 공급한다. 팩은 범용성이 떨어지므로 알칼리 전지와는 달리 슈퍼 등에서 쉽게 구할 수가 없는 것이다. 리튬 전지에서는 수용액으로 된 전해액을 사용할 수 없기 때문에 유기용매에 리튬염을 넣은 용액을 전해액으로 사용한다. 리튬 금속은 대부분의 유기용매와 반응하여 가스를 발생시킨다. 이것이 리튬 전지 개발의 큰 장애물이었다. 전해액을 집중 연구개발한 결과, 전해액이 리튬 금속과 반응하여 리튬 금속 표면에 이온 전도성 피막을 형성시켜 더 이상의 화학 반응을 막는 유기용매가 개발되어 리튬 전지가 가능해졌다.

리튬 전지에는 고용량과 고출력 타입이 있다. 고용량 타입은 활물질을 많이 넣을 수 있는 구조가 되어야 하므로 알칼리-망간 전지 내부 구조와 비슷하다. 가운데 구멍이 뚫린 원통형 형태의 리튬 금속을 전지 캔에 넣고, 분리막으로 구멍 안을 감싼 다음, 양극 활물질과 전해액 혼합물을 충전시켜 넣는다. 이런 형태의 내부 구조를 보빈 타입(bobbin type)이라고 한다. 고출력 구현을 위해서는 양극과 음극의 간격이 짧고, 양극과 음극의 전극 면적이 커야 한다. 양극과 음극을 호일 형태로 만들어 분리막을 사이에 넣어 감은 후, 캔에 넣는다. 이런 형태의 내부 구조를 젤리롤 타입(jelly roll type)이라고 하며, 2차전지에서 많이 사용하는 내부 구조이다. 이와 같이 요구 성능에 따라 내부 구조도 변한다. 그림 6의 전지 분류표를 보면 리튬 1차전지를 민수용과 군사용으로 분류하였는데 그 이유는 위험성이 있는 전지이므로 주로 군사용으로 사용해 왔기 때문이다.

◉ 민수용 전지

리튬 1차전지에서 민수용 전지로 상업적인 성공을 거둔 것이 일본의 SANYO와 MBI(Matsushita Battery Incorporation, 마쓰시다 전지)에서 개발한 리튬-이산화망간($Li-MnO_2$) 전지와 리튬-플루오르화카본[$Li-(CF)_n$] 전지이다. 2개의 전지를 직렬 연결시키고 쇼트 방지를 위한 퓨즈 등을 설치한 후 플라스틱 케이스로 밀봉하여 6V 팩으로 만들어 카메라용 전지로 판매하였다. 리튬-이산화망간 전지는 일본의 SANYO에서 1970년대에 개발한 제품이다. 리튬 금속을 음극으로, 이산화망간을 양극으로 사용하였다. 이산화망간은 아연-카본 전지와 알칼리-망간 전지에서 양극으로 사용하는 물질이다. 리튬 전지에서는 수분을 완전히 제거한 이산화망간을 사용하여, 리튬 금속이 수분과 반응하지 않도록 하였다. 전해액으로는 PC(propylene carbonate)[11]와 DME(dimethoxy ethane)를 섞은 용액에 1M 농도의 리튬염을 넣은 유기용액을 사용하였다.

SANYO의 경쟁 업체인 MBI는 SANYO의 성공에 자극받아 새로운 리튬 1차전지를 목표로 주기율표 1족의 리튬 금속을 음극으로, 주기율표 7족의 불소를 양극으로 하는 전지를 개발한다. 주기율표상 1족과 7족의 원소가 만난 이상적인 전지라고 할 수 있다. 그러나 불소는 상온에서 기체이므로 전지에 사용할 수 없었다. MBI에서는 불소를 카본(C)에 인터컬레이션(intercalation)시켜 플루오르화카본(carbon mono-fluoride)이라는 고체를 만들어 양극 활물질로 사용하였다. 리튬-플루오르화카본 전지는 SANYO의 리튬-이산화망간 전지와 비교했을 때 동등 이상의 성능을 보였으며, 특히 고온 방치 후 저장 수명이 우수했다. 이 전지도 자동카메라용 전지로 많이 사용되었다.

11 분자식은 $C_4H_6O_3$이고 녹는점은 -49℃이다.

⊙ 군사용 전지

군인들은 규정대로 전지를 사용하도록 훈련되어 있기 때문에 위험성이 있는 리튬 전지도 안전하게 사용할 수 있다. 전지 사고란 사용자가 사용서대로 사용하지 않았기 때문에 발생하는 것이므로 군인들처럼 규정대로 사용하면 위험한 상황을 방지할 수 있다. 이런 이유로 리튬 전지는 군사용으로 먼저 사용되었고 지금도 군사용 전지의 핵심을 이룬다. 군사용으로 사용되는 대표적인 리튬 전지가 리튬-이산화황(Li-SO_2)과 리튬-염화티오닐(Li-$SOCl_2$)[12] 전지이다. 국내에서는 테크라프(現 비츠로셀)라는 회사가 군사용 리튬 1차전지를 생산하여 군대에 공급했었다.

대형 리튬 1차전지는 1960년대 미국 NASA(National Aeronautics and Space Administration, 미국항공우주국)에서 우주항공 프로그램의 일환으로 개발되기 시작한 전지이다. 미사일 보조 전원으로 사용되는 대형 리튬-염화티오닐 전지는 전지 하나의 용량이 10,000Ah이고 무게가 68kg에 달한다. 군사용 전지는 아직도 군사 강국인 미국이 주도하고 있다. 군사용 리튬 전지로 유명한 업체가 이스라엘의 Tadiran이다. 이스라엘처럼 습기가 적은 나라는 리튬 전지를 개발하기에 알맞은 환경이다. 물론 환경적인 요인도 있었겠지만, 이스라엘이 방위 산업이 발달되었기 때문에 리튬 전지 개발이 활발했던 것이다.

---

12 Thionyl chloride로 지칭하며 상온에서 액체인 양극소재이다.

4) 2차전지

2차전지는 충전을 통하여 재사용이 가능한 전지이다. 충전이란 전기에너지를 가하여 전지를 초기 상태로 되돌려 놓는 것이다.

그림 8을 보면 납축전지(Pb-acid battery)와 니카드(Ni-Cd) 전지는 1800년대에 개발된 고전적인 전지(classic battery)이고, 니켈수소(Ni-MH) 전지와 리튬이온(Li-ion) 전지는 1990년대에 개발된 현대의 전지(modern battery)라는 것을 알 수 있다. 고전 전지와 현대 전지에는 100년 이상의 시간 간격이 있다. 그럼에도 불구하고 납축전지와 니카드 전지는 아직도 널리 사용되고 있다. 현 주력 전지인 리튬이온 전지는 3.6V의 높은 전압이 특징으로 음극에 금속이 아닌 흑연이 사용되었고, 전해액도 수용액이 아닌 유기용매를 사용한다.

항목	납축전지 (Pb-acid)	니카드 전지 (Ni-Cd)	니켈수소 전지 (Ni-MH)	리튬이온 전지 (Li-ion)
발명 연도	1859년	1899년	1990년	1991년
발명자	Gaston Planté (프랑스)	Waldemar Jungner (스웨덴)	MBI(일본) Toshiba Battery(일본)	SONY(일본)
전압	2V	1.2V	1.2V	3.6V
음극	납	카드뮴	수소저장합금	흑연
양극	산화납	니켈 화합물	니켈 화합물	리튬 산화코발트
전해액	황산 수용액	수산화칼륨 수용액	수산화칼륨 수용액	유기용매
용도	• 자동차 SLI용 전지 • 산업용 전지	• 전동공구 • 비행기 SLI용 전지	• 전동공구 • HEV용 전지	• 휴대폰, 노트북 • HEV, PHEV, EV

그림 8. 2차전지 발전사

(1) 납축전지

1859년 프랑스의 Gaston Planté가 개발한 납축전지는 가장 널리 알려진 친숙한 2차전지이다. 이런 이유 때문에 아직까지 광범위하게 사용되고 있으며 가격 경쟁력은 어떤 전지보다 앞서 있다. 자동차에 하나씩 장착된 전지가 SLI(Starting, Lighting & Ignition)용 납축전지이다.

자동차용 SLI 전지는 세계 어디에서나 쉽게 구할 수 있어야 하고 엔진룸의 혹독한 환경을 견뎌야 하므로 아직까지도 신뢰성과 범용성 측면에서 경쟁력이 있는 납축전지가 사용되고 있다.

납축전지는 음극에 납(Pb), 양극에는 산화납(PbO_2)을 사용하며 전해액으로는 황산(H_2SO_4) 수용액을 사용하는 2V급 전지이다. 충전 시에는 2.5V까지 전압이 올라간다. 물의 전기분해 전압인 1.23V보다 훨씬 높은 전압이지만 반응속도 장벽으로 전해액이 분해되지 않는다. 납축전지의 전지 반응은 다음과 같다.

음극 반응: $Pb = Pb^{+2} + 2e^-$

$Pb^{+2} + SO_4^{-2} = PbSO_4$

양극 반응: $PbO_2 + 4H^+ + 2e^- = Pb^{+2} + 2H_2O$

$Pb^{+2} + SO_4^{-2} = PbSO_4$

전지 반응: $Pb + PbO_2 + 2H_2SO_4 = 2PbSO_4 + 2H_2O$ (4)

전지에서 전해액은 이온 이동의 매개체 역할만 하고 전지 반응에 관여하지 않는다. 그러나 납축전지는 전해액인 황산이 전지 반응에 관여한다. 이런 이유로 전지 반응 시 농도 변화가 심하게 일어난다. 농도 변화는 비중 차이 때문에 전해액을 분리시키기도 한다. 이런 문제점을 방지하기 위해서 특수한 분리막을 사용하여 밀봉형으로 만든 전지가 AGM VRLA(Absorbent Glass Mat Valve Regulated Lead Acid) 전지이다. AGM 전지는 아직은 고가이지만, SSA(Start-Stop Application)라고 하는 Micro HEV의 전원으로 경쟁력을 인정받고 있다. 정지 신호가 들어와서 차가 신호 대기를 하면 자동차 엔진이 꺼진다. 주행 신호가 들어와서 차가 출발하면 전지로 가동되는 전기모터가 일정 속도까지 자동차를 움직인다. 속도가 어느 수준 이상에 도달하면 엔진이 켜지면서 일반 자동차와 동일하게 주행한다. 이것이 자동차의 SSA 작동 원리이다.

납축전지 내부 구조는 양극·음극을 판재 형태로 만들어 세로로 적층하는 형태로 되어 있다. 그리드(grid)는 전극의 집전체와 전극 기판 역할을 한다. 순수한 납은 너무 물러서 합금 원소를 첨가하여 필요한 강도를 낸다. 안티몬(Sb)이 합금 원소로 사용된다. 그러나 특수한 경우에는 안티몬 대신 칼슘(Ca)을 합금 원소로 사용한다. 밀봉형의 유지보수불요(maintenance-free) 전지는 전해액을 충분히 주입시켜 전해액 소모에 대비하는 것이 중요하다. 이때 합금 원소로 칼슘을 그리드에 사용하면 과충전 전류가 낮아져 과충전에 의한 전해액 소모를 줄일 수 있다. 잠수함과 같이 밀폐된 공간에서 사용할 경우에도 그리드에 합금 원소로 칼슘을 사용한다. 안티몬은 충전 시에 인체에 해로운 가스가 발생할 수 있기 때문이다. 그리드는 격자, 방사선 모양 등 다양한 형태를 하고 있으며 주조법이나 소성 가공법으로 만든다.

납축전지는 과방전에서 성능 열화가 일어나기 때문에 충전 상태를 유지시켜 주어야 한다. 과방전되면 전지의 손상이 일어나 후속 충전이 잘 안 되는데, 이것을 황산화(sulfation)라고 한다. 황산화는 그리드와 전극의 계면에서 고저항 피막이 형성되는 현상으로, 이 피막이 전자 이동을 방해하므로 충전이 잘 안 되는 것이다. 과방전을 막기 위해서 납축전지에서는 세류(細流) 충전[13]을 한다.

납축전지는 대형 전지 제조가 용이하다. 잠수함에 사용되는 납축전지는 전지 하나의 용량이 10,000Ah 이상이고 크기는 가로 30cm, 세로

30cm, 높이 150cm이다. 전체 팩 전압은 900V 이상이므로, 450개 이상의 전지들이 잠수함 바닥에서 깔려서 중심추 역할을 한다. 잠수함이 기울어졌을 때 오뚝이처럼 다시 중심을 잡는 역할을 무거운 납축전지가 담당하는 것이다. 납축전지의 무거운 무게를 활용한 또 다른 예는 전동지게차이다. 이처럼 납축전지는 전원뿐만 아니라 차체의 무게를 증가시켜 무게 중심을 낮추는 역할도 한다.

(2) 니카드 전지

니카드 전지의 가장 큰 특징은 전해액이다. 전해액 중에서 가장 이온 전도도가 높은 것이 알칼리 수용액이다. 니카드 전지는 알칼리 수용액인 수산화칼륨 수용액을 사용한 전지이다. 스웨덴의 Waldemar Jungner가 개발한 니카드 전지와 미국의 발명왕 Edison이 개발한 니켈-철(Ni-Fe) 전지 간의 경쟁에서 니카드 전지가 승리하면서 1900년대의 고성능 2차전지로서 자리를 잡게 된다. 납축전지 시대에 고용량, 고출력, 장수명의 획기적인 전지인 니카드 전지가 출현한 것이다. 초기에는 포켓 타입이라고 해서 작은 구멍이 무수히 뚫린 금속 케이스 속에 활물질을 넣은 형태의 전지가 사용되었으며, 제2차 세계 대전 후에 니켈 기판이 집전체와 전극 기판 역할을 하는 소결(sintering) 타입의 니카드 전지가 개발되면서 성능이 획기적으로 향상되었다. 소결 타입으로 되면서 니카드 전지의 특징적인 단점으로 지적되고 있는 메모리 효과(memory effect)[14]가 나오게 된다.

초기에 많이 사용되었던 중대형 니카드 전지에 주력한 기업은 프랑

13 만충전에서 자가 방전율과 동일한 속도로 충전해 주는 충전 방식이다.

14 일정 용량을 사용하고 충전하는 패턴을 반복적으로 하면 해당 용량 이상으로 사용하려고 할 때 방전이 안 되는 현상으로 충전이 반복되는 음극의 일정 계면에서 계면 저항이 증가하여 발생하는 것이다.

스의 SAFT와 독일의 Varta였다. 이 두 업체는 1990년대 중반까지 유럽을 대표하는 전지 업체였다. 그 후에는 내리막길을 걸어서 독일의 Varta는 해체된다. 1960년대에 밀봉형의 소형 니카드 전지가 일본의 SANYO에서 개발된다. 2차전지 영역을 자동차와 산업용에서 휴대용 전자기기로 확대하게 한 역사적으로 중대한 발명이었다. 니카드 전지는 카드뮴 금속을 음극으로, 니켈 화합물을 양극으로 사용한다. 방전 시 카드뮴은 카드뮴하이드록사이드[$Cd(OH)_2$]로 산화되고, 양극인 니켈 화합물은 니켈하이드록사이드[$Ni(OH)_2$]로 환원된다. 니카드 전지의 전지 반응은 다음과 같이 나타낼 수 있다.

$$Cd + NiOOH = Cd(OH)_2 + Ni(OH)_2 \tag{5}$$

전해액은 알칼리 수용액인 수산화칼륨 수용액을 사용한다. 니카드 전지 전압은 1.2V로 일정한 전압의 방전 곡선을 갖고 있다. 니카드 전지와 같이 수용액을 전해액으로 사용하는 전지는 과충전 시 물의 전기분해가 일어난다. 물의 전기분해로 양극에서 산소 가스가 발생하면서 전해액 양이 줄게 된다. 과충전이 반복되면 외부에서 전해액을 보충해 주어야 한다. 유지보수불요(maintenance-free) 전지란 이런 관리가 필요 없는 전지이다. 유지보수불요 전지가 되기 위해서는 과충전에 의한 전해액 감소 현상이 방지되어야 한다. 과충전 방지 방안으로 1960년대에 개발된 것이 산소 재결합(oxygen recombination) 기구이다. 이것은 납축전지, 니카드 전지, 니켈수소 전지 등 수용액을 전해액으로 하는 전지에 공통적으로 적용되는 것으로, 유지보수불요 전지와 밀봉형 전지의 근간이 되는 중요한 안전성 확보 원리이다.

산소 재결합 기구는 다음과 같다. 과충전되면 양극에서 다음의 반응으로 산소 가스가 발생한다.

$$2OH^- = 1/2\ O_2 + H_2O + 2e^- \quad (6)$$

산소 가스는 음극으로 이동하여 카드뮴 금속과 반응하여 흡수된다.

$$Cd + 1/2\ O_2 + H_2O = Cd(OH)_2 \quad (7)$$

$$Cd(OH)_2 + 2e^- = Cd + 2OH^- \quad (8)$$

산소 재결합으로 산소 가스를 제거하기 위해서는 음극의 용량을 양극보다 더 크게 만들어, 산소를 흡수할 수 있는 용량의 여유를 주어야 한다.

(3) 니켈수소 전지

니카드 전지는 균형 잡힌 성능이 장점이다. 비행기 SLI 전지로 사용되는 전지가 니카드 전지이다. 그러나 니카드 전지의 음극인 카드뮴이 "이타이이타이병"을 일으킨다는 것이 밝혀진다. "이타이"는 아프다는 말의 일본어로 그만큼 고통스러운 병이라는 것이다. 이런 문제를 해결하기 위해서 니카드 전지의 카드뮴을 수소저장합금으로 교체한 것이 니켈수소 전지이다. 니켈수소 전지는 니카드 전지와 전압이 같아 빠른 시간에 니카드 전지를 대체하였다. 니켈수소 전지는 일본의 MBI와 Toshiba Battery에서 1990년에 개발한다. 니카드 전지가 개발된 지 거의 100년 만에 새로운 전지가 등장한 것이다. 니켈수소 전지는 1년 후인 1991년에 개발된 리튬이온 전지와 휴대용 전자기기 시장에서 치열하게 경쟁한다. 니켈수소 전지는 니카드 전지에 비하여 고용량, 장수명이라는 장점이 있지만 무겁고 고온 성능이 좋지 않은 것이 단점이다. 니켈수소 전지는 원래 음극에 수소 가스를 사용하는 초대형 전지로서 일부 국가에서만 특수 목적으로 개발하고 있기 때문에 국내에는 거의 알려져 있지 않다. 국내에서는 니켈 메탈 하이드라이드

(nickel metal hydride) 전지를 일반적으로 니켈수소 전지라고 부른다.

수소는 기체 상태로 200배까지 저장할 수 있고 액화시키면 부피가 줄어들면서 800배까지 저장할 수 있다. 수소저장합금은 수소를 1,000배까지 저장할 수 있다. 수소저장합금은 일종의 촉매이다. 수소 가스가 수소저장합금에 접촉되면 촉매 반응이 일어나 수소 분자가 원자로 분리된다. 수소 원자는 수소저장합금 결정구조 내로 확산해 들어가 메탈 하이드라이드가 된다. 수소저장합금 내에 저장된 수소를 회수하려면 적정 온도와 압력을 가해야 한다. 수소저장합금이 회수 온도와 압력에 도달하면 하이드라이드 형태로 수소저장합금 격자구조 내에 박혀 있는 수소 원사는 표면으로 이동된다. 표면에서는 촉매 작용으로 수소 원자 2개가 결합하여 수소 분자를 만들어 수소가 회수된다. 수소저장합금에서는 온도와 압력이 작동 변수가 된다. 수소저장합금의 수소저장 원리를 반응식으로 표시하면 식 (9)처럼 나타낼 수 있다.

$$M + 1/2\ H_2 = MH + Q\ (\text{열}) \tag{9}$$

M: metal, MH: metal hydride

재료에 따라 Q가 (+)인 발열 반응인 경우도 있고, Q가 (-)인 흡열 반응인 경우도 있다. 수소저장합금은 Q가 (+)인 물질과 (-)인 물질을 합금화시켜 만든다. 용도에 맞는 작동 온도, 압력을 선정하기 위해서는 이에 부합되는 합금 설계가 필요하다.

수소저장합금에는 다음과 같은 종류가 있다.

AB type: Ti Fe

AB_2 type: Zn Mn_2, Zr V_2, Zr Ni_2

AB_5 type: Ca Ni_5, La Ni_5, Nm Ni_5

A_2B type: Mg_2 Ni, Mg_2 Cu

A: 발열 반응 금속, B: 흡열 반응 금속, Nm: misch metal[15]

니켈수소 전지에서 중요한 수소저장합금은 AB_5와 AB_2 type이다. 니켈수소 전지의 전지 반응은 다음과 같이 나타낼 수 있다.

$$MH + NiOOH = M + Ni(OH)_2 \tag{10}$$

니켈수소 전지는 100년 이상의 역사를 가진 니카드 전지가 구축해 놓은 기초 위에서 뿌리를 내린 전지이다. 니카드 전지와 공존하기도 하고, 경쟁하기도 하면서 역사를 만들어 가고 있다. 1990년대에는 휴대용 전자기기에서 리튬이온 전지와 치열하게 경쟁하였으며, 2000년대 들어와서는 HEV 시장에 가장 먼저 사용되기도 하였다. 아직도 출력 위주의 HEV에서는 우수한 저온 출력 성능으로 경쟁력을 발휘하고 있다.

---

15 La, Ce 등의 희토류 금속 mixture.

03
:
리튬 2차전지 개발 역사

1) Moli Energy사 전지

1970년대에 일본의 SANYO, MBI의 자동카메라용 리튬 1차전지가 세계적인 성공을 거두자 사람들은 리튬 2차전지 개발에 관심을 두게 된다. 캐나다는 전통적인 전지 강국이었다. 캐나다의 전지 전문가들은 리튬 2차전지 개발 및 사업을 목적으로 Moli Energy사를 설립하여 리튬 2차전지를 개발한다.

리튬 전지 작동의 핵심은 리튬 금속 표면에 이온 전도성 피막인 SEI (solid electrolyte interphase, 고체 전해질 계면) 필름이 형성되어 리튬과 전해액의 반응을 막아 원활하게 전기 화학 반응이 일어나도록 하는 것이다. SEI 필름의 질에 전해액과 리튬염이 중요한 역할을 한다는 것이 알려지면서 리튬 2차전지 개발은 올바른 전해액과 리튬염의 선정 연구로 집중되었다.[1] Moli

1 A. N. Dey, *Thin Solid Films* 43 (1977) 133.

Energy사는 당시 잘 알려진 리튬염인 리튬과염소산염($LiClO_4$)이 우수한 수명 성능을 보이지만 폭발 위험성이 있어서 리튬육불화비산염($LiAsF_6$)을 전해액염으로 선정한다. 전지 제조 공정에는 용접을 많이 사용하는데 용접 시 리튬염이 발화원이 될 수 있기 때문에 리튬과염소산염 사용에 신중을 기했던 것이다. 전해액은 PC/EC[2] 용액이 SEI 필름 형성에 유리하게 작용한다는 것이 밝혀지면서 이 전해액에 대한 집중 연구가 이루어진다. 또한, 리튬 표면 상태 변화를 억제하기 위해서는 전극에 수직으로 압력을 가해야 한다는 것을 알아내면서,[3] Moli Energy사는 리튬 전극에 수직으로 압력을 가할 수 있도록 젤리롤 형태의 전극을 사용하기로 한다. 이런 여러 조치가 합쳐지면서 1980년대 말 300회 이상의 수명 성능을 가진 리튬 2차전지가 개발된다.[4]

납축전지와 니카드 전지 같은 고전적인 전지의 시대에 획기적인 고성능 전지가 개발된 것이다. Moli Energy사는 개발된 리튬 2차전지를 MOLICEL™이라고 명명하였다. MOLICEL은 1988년에 출시되어 전지 업계를 놀라게 한다. 음극에는 리튬박, 양극에는 황화몰리브덴(MoS_2)을 활물질로 사용하였다. 분리막을 리튬박과 양극 사이에 넣고 와인딩하여 젤리롤을 만든다. 젤리롤에 양극·음극 탭을 부착하여 니켈 도금한 강철 캔에 넣는다. 음극 탭은 캔 내부 바닥에 저항 용접으로 접합시키고 양극 탭은 탑캡(top cap)과 접합시킨 후 전해액을 주입한다. 전해액으로는 유기용매인 PC/EC에 1M 농도의 리튬육불화비산염을 넣은 용액을 사용하였다. 전해액 주입 후 크림핑(crimping)법으로 캔과 뚜껑을 밀봉시키면 전지가 완성

---

2 Propylene carbonate와 ethylene carbonate로 이루어진 유기용매.

3 J. A. R. Stiles, and K. Brandt, *Canadian Patent* 1 (1985) 190, 279.

4 F. C. Laman, and K. Brandt, *Power Sources* 24 (1988) 195.

된다.

Moli Energy사의 리튬 2차전지는 고전압과 고용량으로 휴대폰 시장에서 인기를 누렸다. 그러던 중 일본 NEC 휴대폰에서 발화 사고가 발생한다. 전지의 벤트(vent)가 열리면서 불꽃이 발생한 것이다. 이 사건은 사람이 크게 다쳤다는 소문으로 발전하게 된다. NEC는 Moli Energy사의 전지 위험성을 인지하고 1989년 8월 대대적으로 휴대폰을 리콜한다. 이 사건으로 Moli Energy사는 파산하고, NEC로 소유권이 넘어가게 된다.

Moli Energy사의 리튬 2차전지 필드 사고는 니켈수소 전지와 리튬이온 전지가 시장에 진출할 수 있는 결정적인 기회를 제공한다. 만약에 Moli Energy사의 리튬 2차전지가 성공적이었다면 리튬이온 전지도 치열한 경쟁이 불가피했을 것이다. Moli Energy사의 리튬 2차전지 리콜 사건 다음 해인 1990년에 니켈수소 전지가 시장에 진출하고, 그다음 해인 1991년에는 리튬이온 전지가 시장에 선을 보인다. Moli Energy사의 희생을 딛고 2개의 현대적인 전지가 연달아 시장 진출에 성공하게 된 것이다.

2) 리튬 전지의 문제점 및 대책

전해액과의 반응으로 리튬 금속 표면에 형성되는 SEI 필름의 물리적·기계적 특성이 리튬 2차전지 안전성에 중요한 역할을 한다. SEI 필름의 건전성이 유지되는 한 안전성은 유지되는 것이다.

이온 전도성 피막인 SEI 필름의 파괴는 리튬이온이 얼마나 균일하게 이동하느냐에 달려 있다. 고출력 충방전이나 펄스(pulse) 고출력 방전이 되면 리튬이온의 흐름이 불균일해진다. 불균일한 리튬이온의 흐름으로 리튬이온의 흐름이 집중되는 곳에서는 SEI 필름이 파괴될 수 있다. SEI 필름이 파괴되면 그림 9처럼 리튬 금속의 표면 상태가 거칠어진다. 거칠어진

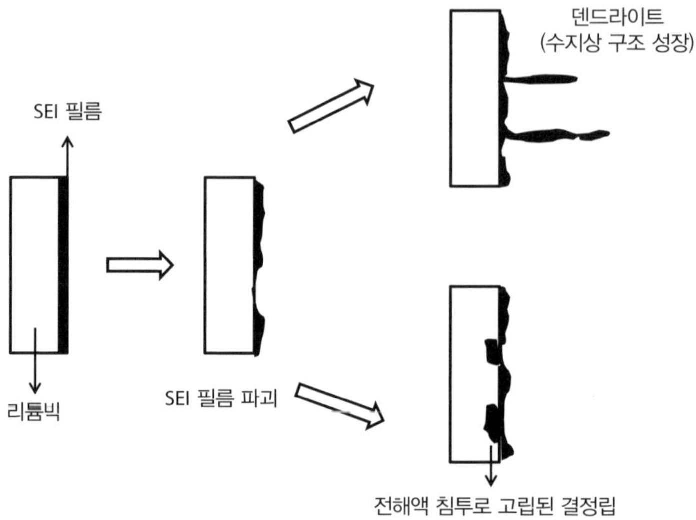

그림 9. 리튬 금속 열화 기구

리튬 표면은 더욱더 리튬의 흐름을 불균일하게 하므로 더 거칠어지는 방향으로 진행된다. 이런 상황에서는 그림 9와 같이 두 가지 현상이 일어날 수 있다.

첫 번째는 충전 시에 리튬이 선택적으로 자라서 나뭇가지 모양의 덴드라이트(dendrite)를 형성하는 것이다. 덴드라이트는 분리막을 뚫고 양극과 음극을 연결시켜 하드 쇼트(hard short)를 유발한다. 하드 쇼트는 발화성의 전해질에 불을 낼 수 있다. 두 번째 경우는 리튬 금속으로 전해액이 침투하는 것이다. SEI 필름이 파괴되어 리튬 금속이 노출된 곳에서는 리튬 금속과 전해액이 반응하여 SEI 필름을 다시 만든다. 이때 전해액이 소모되면서 기체가 발생한다. 또한, SEI 필름이 리튬 금속 안으로 침투하면서 고립된 지역을 만든다. 금속이 고립되면 분말 형태로 존재하는 경우도 있는데 금속 분말이 전해액과 섞여 있는 상태에서는 발화 위험이 커진다. 리튬 2차전지처럼 금속박 형태의 2차전지에서는 사이클이 진행되면서 금속

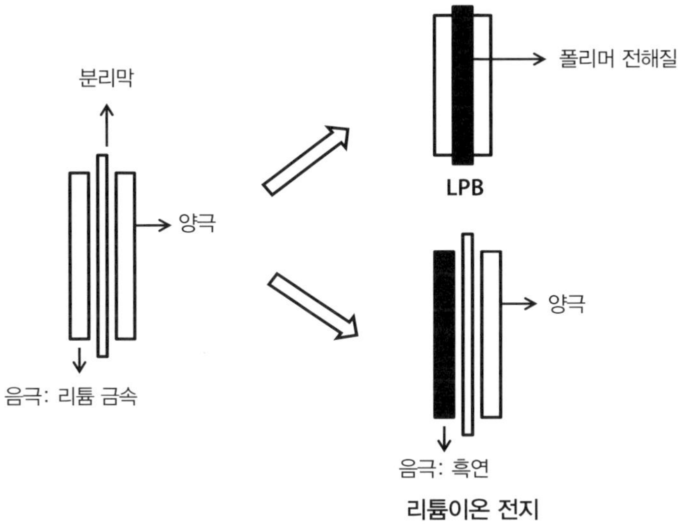

그림 10. 리튬 2차전지의 문제점 해결 방안

표면이 계속 거칠어진다. 거칠어진 금속 표면은 안전성이 악화되는 것을 의미한다. 그러므로 리튬 금속을 음극으로 사용하면 시간이 지날수록 안전성이 계속 악화되는 현상을 보인다.

리튬 2차전지의 문제점은 리튬 금속과 액체 전해질의 반응에 기인한다. 그러므로 리튬 금속과 액체 전해질 중 하나를 제거하면 문제 해결이 가능하다. 첫 번째 방법으로는 액체 전해질을 폴리머 전해질(polymer electrolyte)로 교체하는 것이다. 이렇게 해서 탄생한 전지가 LPB(lithium polymer battery)이다. LPB에서 폴리머 전해질은 전해액과 분리막의 역할을 동시에 한다. 또한, SEI 필름의 역할도 한다. 폴리머 전해질 전체가 SEI 필름이므로 필름 파괴에 의한 문제점도 없어진다. 두 번째 방법이 리튬 금속을 흑연으로 교체하는 것이다. 이것을 리튬이온 전지라고 한다. 그림 10에 리튬 2차전지의 해결 방안을 도식적으로 표시하였다.

리튬 2차전지의 실패 이후에 리튬 전지가 나아가야 할 방향은 명확해졌다. LPB와 리튬이온 전지이다. 이 두 개발 방향이 1990년대부터 지금까지 전지 업계를 이끌어 왔다. 미국과 유럽을 중심으로 한 LPB와 일본을 중심으로 한 리튬이온 전지의 경쟁은 지금까지는 리튬이온 전지의 압도적인 승리였다. LPB는 아직 상업화 단계에 진입하지 못하고 있고, 리튬이온 전지는 계속 용도를 확대해 가면서 만능 전지(universal battery)를 향한 길을 걸어가고 있다. 이 책은 이제부터 이 두 전지의 어제, 오늘, 미래에 관한 이야기로 집중된다.

3) 리튬 2차전지 종류와 특성

(1) 유럽연합 LPB 과제

Wright는 1973년에 PEO(polyethylene oxide)에 금속염을 넣은 복합체가 금속 이온을 이동시킨다는 것을 밝혀낸다.[5] 1978년도에는 PEO에 리튬염을 넣은 복합체인 폴리머 전해질이 전지에 사용 가능하다는 것이 밝혀지면서 폴리머 전해질을 사용한 LPB에 대한 연구가 활성화되기 시작한다.[6]

프랑스의 정유회사인 Elf와 캐나다의 전력회사인 Hydro-Quebec이 1980년 연합하여 French-Canadian project를 만들었다. 이 과제의 목적은 이미 확보한 LPB 기본 특허를 활용하여 LPB 기술을 좀 더 발전시키기 위한 것이었다. 이들은 유럽연합으로부터 개발 자금을 지원받아 LPB 개발을 진행한다. 또한, 영국의 국책 원자력연구소인 AEA(Atomic Energy

---

5 D. E. Fenton, J. M. Parker, and P. V. Wright, *Polymer* 14 (1973) 589.

6 M. B. Armand, J. M. Chabagno, and M. Duclot, in *Second International Meeting on Solid Electrolytes*, St Andrews, Scotland, 20-22 Sept. 1978.

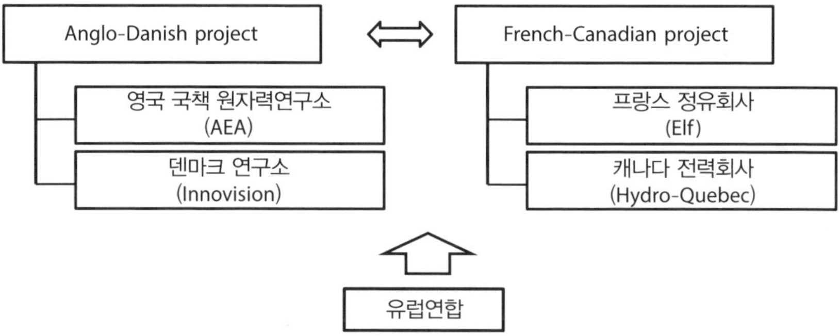

그림 11. 유럽연합 LPB 개발 과제

Association)와 덴마크의 연구소인 Innovision이 연합하여 Anglo-Danish project를 만들어 유럽연합으로부터 개발비를 받는다. 이렇게 되자 French-Canadian project와 Anglo-Danish project가 서로 경쟁하면서 LPB 개발을 하는 체제가 된다(그림 11).

폴리머 전해질은 분리막과 전해질의 역할을 동시에 수행하는 폴리머 필름이다. 양극 필름, 폴리머 전해질 필름, 리튬 금속박을 라미네이션(lamination)하여 고체 전지를 만드는 것이 LPB 공정이다. 유럽연합 과제의 첫 번째 결과는 Anglo-Danish project에서 나왔다.[7] PEO에 리튬트리플레이트염($LiSO_3CF_3$: lithium triflate)을 넣은 폴리머 전해질이 사용되었으며 120℃ 이상에서 작동 가능하며, 50회 정도의 수명을 보여 주었다. 초라한 결과이지만 그 후에 성능은 급상승한다. Anglo-Danish project는 PEO에 리튬과염소산염을 넣은 폴리머 전해질로 전환하였고, 작동온도 구간을 낮추기 위해서 가교(cross linking)된 PEO에 PC를 가소제로 넣은 시스템을

7 A. Hooper, and J. M. North, *Solid State Ionics* 9 (1983) 1161.

개발하였다.[8] French-Canadian project는 가소제 첨가 대신에 건조 중합체(dry polymer)에 집중하였다. 전지의 상용화보다는 근본적인 해결책 강구에 초점을 맞춘 것이다. 그 결과 진척이 Anglo-Danish project보다 늦었다. Anglo-Danish project의 업적은 50℃에서 작동 가능한 LPB의 개발과 상온 LPB의 개발 방향을 제시한 것이다. 1980년대 개발된 LPB의 제조법을 다음과 같이 간략하게 소개하도록 한다.

PEO를 용매인 ACN(acetonitrile)에 녹여 PEO 용액을 만든다. 균일한 PEO 용액이 만들어지면 약 1M 농도의 리튬과염소산염을 넣고 다시 믹싱하여 폴리머 전해질 코팅 슬러리를 만든다. 액체 전해질에서는 리튬과염소산염의 폭발성이 문제가 되었지만 고체인 폴리머 전해질에서는 큰 문제가 되지 않았다. 코터기에서 폴리머 전해질 필름을 만든다. 이때 필름 기판으로는 박리지(release paper)를 사용한다. 액체 성분이 없기 때문에 균일하고 기계적 성질이 우수하고 강건한 폴리머 전해질 필름이 얻어진다. 양극 활물질로는 산화바나듐(V_6O_{13}: vanadium oxide)을 사용하였다. 산화바나듐은 금속 제련 부산물에서 얻을 수 있으므로 저가로 생산 가능하다는 장점이 있다. 산화바나듐은 3단계 방전을 한다. 그래서 방전 곡선에 3개의 변곡점이 생긴다. 용매인 ACN에 양극 활물질, 카본 블랙과 같은 전자전도 물질, 폴리머 전해질 슬러리를 넣어 양극 슬러리를 만든다. 양극의 구조를 보면 활물질 사이를 전해액이 채우고 있다. 이것을 전해액 채널이라고 한다. LPB에서는 전해액 채널이 고체인 폴리머 전해질로 되어 있다. 그래서 양극 슬러리 제조 시 폴리머 전해질을 넣는 것이다. 양극 슬러리를 금속박 위에서 코팅한다. 음극인 리튬박과 양극 사이에 폴리머 전해질 필름

---

8 R. Huq, R. Koksbang, P. E. Tonder, and G. C. Farrington, *Electrochim Acta* 37-9 (1992) 1681.

을 넣고 고온 프레싱하여 접합시킨다. 이때 필름 사이에 공기주머니가 형성되지 않도록 하는 것이 중요하다. 양극·음극 단자를 용접으로 전극에 부착시킨 후 알루미늄 포장지로 진공 밀봉하여 전지를 완성한다. 충전 상태로 만들어지고 리튬 금속 표면에 SEI 필름이 형성되지 않기 때문에 1차 충전을 하는 화성 공정은 필요 없게 된다. 이렇게 만든 LPB는 고온 LPB로 50℃ 이상에서 작동 가능하며 수명은 약 500회 정도이다. 1980년대의 주력 전지는 니카드 전지였고, 수명은 200회 수준이었으므로 그 당시 기준으로는 우수한 성능을 보여 준 것이다. 상온에서 작동 가능한 LPB를 만들기 위해서는 PEO의 Tg[9]를 낮추어야 한다. 이를 위해서는 PC와 같은 가소제를 넣는다. 가소제를 넣으면 폴리머 전해질의 기계적 성질이 나빠져 젤 상태로 된다. 이를 막기 위하여 가교법과 같은 폴리머 기술을 이용하여 폴리머 전해질 필름의 기계적 성질을 향상시키는 방법을 취하게 되는 것이다. French-Canadian project는 궁극적인 해결책을 목표로 하여 건조 중합체에 집중하였기 때문에 실용적인 접근법으로 점진적인 해결책을 제시한 Angle-Danish project에 비하여 뒤처진 면이 있었다. French-Canadian project에 참여했던 캐나다의 Hydro-Quebec은 그 이후 지금까지 계속 차세대 전지에 대해 연구를 해 오고 있다. 또한, 소재 개발에도 큰 기여를 해서 LFP($LiFePO_4$: lithium iron phosphate, 리튬인산철) 양극 활물질의 카본 코팅 기술로 LFP 양극의 전도도를 획기적으로 향상시켰다. 이 기술은 LFP에서 강력한 특허로 인정받고 있다.

9 유리 전이 온도(Glass transition temperature)로서 비정질 상태에서 결정 상태로 변태하는 온도이다.

(2) Valence Technology사의 LPB

1990년대 초에 일본의 SONY만큼 유명했던 업체가 미국의 Valence Technology였다. SONY가 무기화학 분야에 강했다면, Valence Technology는 LPB 개발에 필요한 유기화학이 강한 회사였다. 미국 캘리포니아 주 San Jose에서 Valence Technology사는 LPB 상용화를 위한 개발에 돌입한다.

1980년대 유럽연합의 LPB 과제 중 Anglo-Danish project가 French-Canadian project보다 더 실용적이었다. Valence Technology사는 Anglo-Danish project의 연구 결과를 기본 골격으로 한다. 상온 LPB를 만들기 위해서는 폴리머 전해질에 가소제를 넣어야 한다. 가소제가 들어가면 필름의 기계적 성질이 나빠지고 폴리머 전해질과 가소제 간의 계면으로 인한 내부 저항이 높아져 성능이 저하된다. Valence Technology사는 폴리머 전해질의 상온 이온 전도도 향상을 위해서 가소제를 첨가하면서도 고온 LPB와 동일한 성질을 갖는 상온 LPB 개발을 목표로 하였다. 고체 전지인 LPB는 액체 전해질을 사용하는 기존 전지에 비하여 저온 성능과 출력이 나쁘다. 그 이유는 계면 저항이 증가하기 때문이다. Valence Technology사는 계면 저항을 최소화하는 데 역량을 집중하였다. 성능 향상을 위한 계면 저항 최소화와 더불어 가격 경쟁력 확보가 필요하다는 판단하에 Valence Technology사는 품질 균일화를 위해서 일괄 공정 설계를 하게 된다. 폴리머 전해질과 가소제가 계면이 없는 단일 상으로 존재하게 하려고 전자빔에 의한 가교법으로 폴리머 체인이 가소제를 고정시키도록 하였다. LPB를 제조할 때에는 양극, 폴리머 전해질, 음극을 별도로 제조하여 고온 라미네이션으로 일체화시키는 것이 일반적인 제조법이다. 그러나 Valence Technology사는 일괄 제조 공정을 설계하였다(그림 12). 제조 공정이 끊어지는 것 없이 물처럼 흘러가도록 한 것이다. 이렇게 하려면 마치 제철소의 압연 공정처럼 공장이 길어진다. 획기적인 발상이지만 실현 가능성은 의

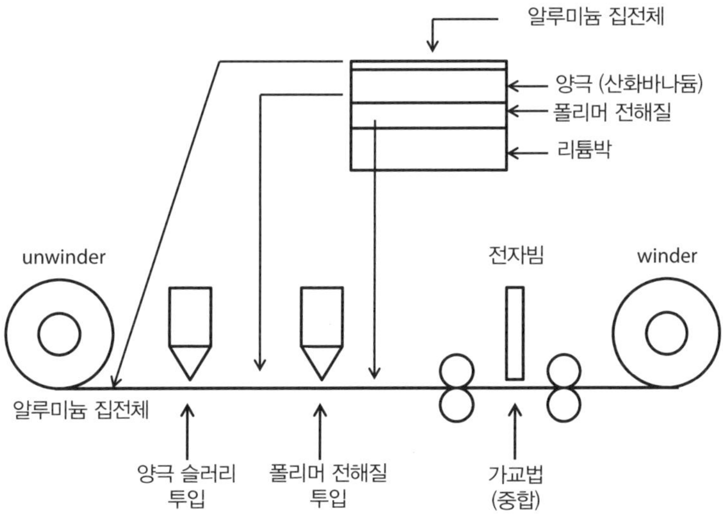

그림 12. Valence Technology사의 연속 제조 공정 원리도

문이었다. 연속 제조 공정의 또 하나의 목적은 전극과 폴리머 전해질 필름 간에 공기주머니 형성을 막기 위한 것이었다.

Valence Technology사는 전지 조립에서도 창의적인 방법을 고안하였다. Valence Technology사가 1990년대 초에 개발한 것 중에서 아직까지 파우치 전지에서 사용하고 있는 것이 알루미늄 포장지로 전극 주머니를 가공하는 기술과 지그재그 폴딩(zig-zag folding)이라고 하는 전극 조립법이다(그림 13). 알루미늄 포장지를 금형 위에서 찍어 젤리롤이 들어갈 자리를 만드는 방법이 전극 주머니 가공법이다. 이 기술로 경쟁력 있는 두께를 가진 전지를 만들 수 있게 되었다. 지그재그 폴딩법은 음극인 리튬 호일의 양쪽을 다 사용하기 위하여 Bi-cell 구조를 선택하였다. 양극 필름 위에 폴리머 전해질이 코팅된 필름을 아코디언식으로 접으면서 사이에 카드 모양의 리튬 금속을 넣어 젤리롤을 조립하는 방법이다. 자동화를 위하여 고안된 방법이라고 할 수 있다. 지금은 대부분의 파우치 전지 업체에서 지그재

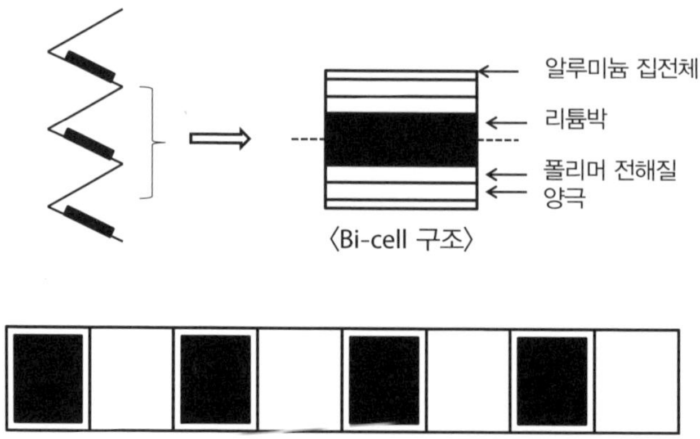

그림 13. Valence Technology사의 지그재그 폴딩법

그 폴딩법을 젤리롤 제조의 기본 방법으로 사용하고 있다.

Valence Technology사의 LPB는 리튬 호일을 음극, 산화바나듐을 양극으로 하였다. PEO에 리튬염으로 리튬과염소산염을 1M의 농도로 넣고, 가소제로 PC를 넣어 전자빔으로 가교시켜 액체인 PC와 고체인 PEO가 단일 상으로 존재할 수 있도록 하였다. 양극의 전해액 채널에는 폴리머 전해질이 리튬이온의 이동 통로 역할을 하게 된다.

미국의 휴대폰 업체인 Motorola는 Valence Technology사의 기술, 전략 등을 인정하고 Motorola 휴대폰에 사용할 LPB 개발 계약을 한다. 이렇게 되자 전 세계 전지 관련 업체의 관심이 Valence Technology사에 집중되었다. Valence Technology사는 Motorola에서 요구하는 전지 샘플을 공급하여 실장 시험을 한다. 그러나 Valence Technology사의 운은 여기까지였다. 고출력 방전 성능이 휴대폰 요구 성능에 못 미친다는 판정이 내려진 것이다. 그 이후 Valence Technology사의 LPB는 급속히 하향 곡선을 긋게 된다. Valence Technology사의 주가는 폭락하였고 그 대신 SONY의 리튬이온 전지가 미래 유망 전지로서 부각된다.

Valence Technology사는 네바다 주 Henderson으로 이전한다.

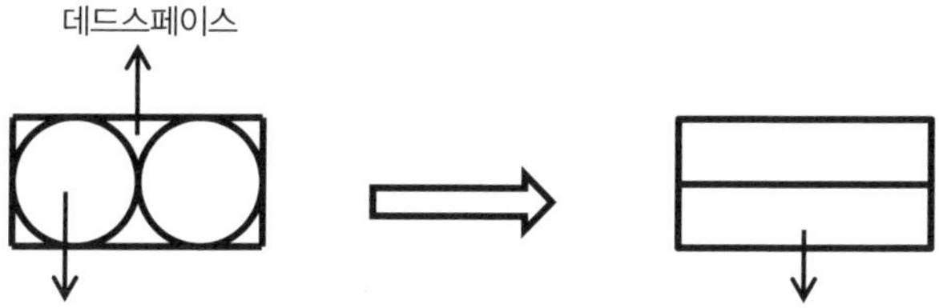

그림 14. PLI 전지 용량 증대 방안

Henderson은 도박의 도시 Las Vegas 근처에 있어 주거 환경이 열악한 편이었다. 이 과정에서 핵심 인력들이 다수 유출되었다. Valence Technology사는 목표 전지를 LPB에서 Bellcore 연구소의 PLI(plastic lithium ion)[10] 전지로 바꾼다. 리튬 금속을 사용하는 전지를 포기한 것이다. Henderson에서 아일랜드로 다시 옮겨 아일랜드에서 사용하지 않는 철강 공장 건물을 임차하여 PLI 전지를 개발한다.

1990년대 중반의 휴대폰 작동 전압은 5V였다. 리튬이온 전지는 3.6V 원통형 전지를 2개 직렬 연결하여 7.2V 팩을 만들어 공급했다. 그림 14와 같이 원통형 전지는 팩 내에 데드스페이스(dead space)가 존재한다. Valence Technology사에서는 데드스페이스를 줄이면 PLI 전지로 동일한 공간에 더 많은 에너지를 넣을 수 있기 때문에 리튬이온 전지보다 경쟁력이 있을 것으로 생각했다. PLI 전지로 작동 시간이 더 길어지기 때문에 휴대폰 시장에서 경쟁력이 있다는 것이 Valence Technology사의 상품기획 핵심이었다. 그러나 얼마 후에 미국의 휴대폰 업체인 Motorola에서 3V에서 작동하는 휴대폰을 개발한다. 휴대폰이 리튬이온 전지 1개로 작동 가능해

10 폴리머로 리튬이온 전지를 고체화시킨 전지로 미국의 Bellcore 연구소에서 개발하였다.

진 것이다. 이렇게 되자 각형 리튬이온 전지가 휴대폰 시장을 주도하게 된다. Valence Technology사가 만든 휴대폰용 PLI 전지는 각형 리튬이온 전지보다 동일 부피에서 용량이 더 작았고, 공정이 복잡하여 가격도 더 비쌌다. 각형 리튬이온 전지 대비 에너지 밀도와 가격에서 열세였기 때문에 Valence Technology사의 PLI 전지는 또다시 경쟁력을 잃게 된다.

(3) Bellcore 연구소의 PLI 전지

미국의 Bellcore 연구소는 1990년대 초 리튬이온 전지를 개발하고 있었다. 그러던 중에 일본의 SONY가 리튬이온 전지 상업화에 성공했다는 소식이 들려온다. Bellcore 연구소 입장에서는 더 이상 리튬이온 전지 개발의 의미가 없어진 것이다. Bellcore 연구소는 리튬이온 전지 개발을 중단하고, 리튬이온 전지를 고체화시킨 전지로 개발 방향을 전환한다. 이렇게 해서 만들어진 전지가 PLI 전지이다. PLI 전지는 PVDF(ployvinylidene fluoride) 공중합체(copolymer)를 사용하여 리튬이온 전지를 고체화시킨 전지이다. Bellcore 연구소가 개발하던 리튬이온 전지는 SONY와는 달리 양극에 스피넬 망간(spinel Mn)인 리튬산화망간화합물($LiMn_2O_4$)을 채용하였다. 그래서 PLI 전지도 양극을 스피넬 망간으로 하였다.

LPB에서 가장 문제가 된 것은 저온 성능과 고출력 방전 성능이었다. Bellcore 연구소는 Valence Technology사와 마찬가지로 일체형 구조로 계면 저항을 낮추는 데 주력하였다. 그 결과 저온 성능과 고출력 방전 성능이 획기적으로 향상되었다. Valence Technology사와 비슷한 전략이었는데 차이점은 음극에 리튬 금속 대신 검증된 재료인 흑연을 사용했다는 점이다. 1990년대 중반 Bellcore 연구소로부터 라이센싱을 받은 미국의 Ultralife가 국제전지학회에서 리튬이온 전지 수준의 저온 방전, 고출력 방전, 향상된 수명 성능을 선보이면서 리튬이온 전지 기술을 확보하지 못한 업체로부터 많은 관심을 받게 된다. Bellcore 연구소의 PLI 전지는 기술

라이센싱 시에 실험실에서 전지를 만들 수 있는 기술만 이전해 준다. 전지 업체가 아니어서 양산 기술이 없기 때문이다. 양산을 위해서는 별도로 공정을 개발해야 했다. PLI 전지의 공정 개발에 많은 기여를 한 업체가 이탈리아의 장비 업체인 Arcotronics였다. Arcotronics는 장비뿐만 아니라 제조 기술도 같이 공급한다는 전략으로 전지 업체와 공동으로 PLI 전지 양산 공정을 개발하였다. 미국의 Ultralife, Valence Technology, HET(High Energy Technology)가 Bellcore 연구소로부터 라이센싱을 받아서 PLI 전지를 제조하였으며, 국내에서는 삼성SDI가 리튬이온 전지 제조 공장을 건설하기 전에 PLI 전지 기술을 라이센싱 받아 파일럿 플랜트를 가동하였다.

말레이시아의 Shibaura도 PLI 전지를 개발하고 있었다. 1990년대 하반기에 삼성전자는 말레이시아 Shibaura에 휴대폰용 PLI 전지 구매를 위하여 거액의 대금을 선지급하지만, Shibaura는 기술 부족으로 삼성전자와의 약속을 지키지 못하게 된다. 삼성전자와 Shibaura의 예에서 볼 수 있는 것처럼 PLI 전지는 1990년대 하반기에는 상당히 기대되었던 전지였다. PLI 전지는 각형 리튬이온 전지와 휴대폰 시장에서 경쟁해야 했다. 그러나 에너지 밀도에서 각형 리튬이온 전지보다 떨어져 동일 용량에서 전지 부피가 더 컸다. 또한, 공정이 복잡하여 제조비용이 비쌌다. 저가의 금속 호일 대신에 고가의 금속망을 집전체로 사용해야 한다는 것도 원가에 큰 부담이었다. 삼성SDI는 2003년 PLI 전지 공장을 폐쇄한다. 삼성SDI가 PLI 전지 기술을 도입한 것은 리튬이온 전지 제조에 앞서서 일종의 연습게임이 필요했기 때문이었다. 삼성SDI는 위험 부담을 줄이기 위해서 LG화학에 공동으로 PLI 전지 기술 도입에 참여할 것을 권유했으나 LG화학은 정중히 거절한다. 1990년대 하반기는 경쟁 업체 간에 협업을 하기에는 분위기가 무르익지 않았던 시기였다.

(4) 리튬-황 전지

주기율표상에서 1족인 리튬과 6족인 황을 결합시켜 2차전지를 만들려고 하는 시도가 미국에서 있었다. 애리조나 주 Tucson에 있는 Moltech[11]과 버클리대학 벤처인 Polyplus이다. 이 두 업체는 한국과 남다른 인연이 있는 업체이다. Moltech은 투자 은행인 Lehmann Brothers에 기술을 판매할 수 있는 업체 확보를 의뢰하였다. Lehmann Brothers는 LG증권과 접촉하게 되었고, LG증권 M&A팀은 Moltech과 LG화학 전지 사업부를 1997년에 연결시켜 협상을 시작하게 된다. 2년간의 긴 협상에도 불구하고 Moltech과 LG화학은 인연을 맺지 못했다. 반면 삼성SDI는 Polyplus에 지분투자(equity investment)를 하여 리튬-황(Li-S) 전지와 인연을 맺게 된다.

1990년대에 리튬-황 전지가 관심의 대상이 되었던 것은 휴대폰 작동 전압 때문이었다. 5V 휴대폰 작동 전압을 미국의 Motorola가 3V에 작동 가능한 파워 증폭기(power amplifier)를 개발함으로써 3V에서 작동하는 휴대폰이 보편화되었다. 그다음 단계는 2V에서 작동 가능한 휴대폰의 개발이었다. 리튬-황 전지의 평균 전압이 2V이다. 차세대 휴대폰인 2V 휴대폰의 전원으로서 리튬-황 전지가 부각된 것이다. 그러나 2V 휴대폰은 아직까지 실현되지 못하고 있다. 리튬-황 전지는 리튬 금속을 안전하게 사용하는 방법을 제안하고 있는데 이것을 셔틀콕 메커니즘(shuttle cock mechanism)이라고 한다(그림 15).

셔틀콕 메커니즘은 다음과 같이 작동된다. 양극과 전해액이 반응하여 황화합물을 만든다. 이것이 음극으로 가서 굴곡져 있는 부분과 반응하여 연마(polishing) 효과를 준다. 덴드라이트뿐만 아니라 덴드라이트 씨

11 Molecular Technology의 약자로 노르웨이계 미국 물리학자인 Dr. Skotheim이 설립한 차세대 전지 개발 업체이다.

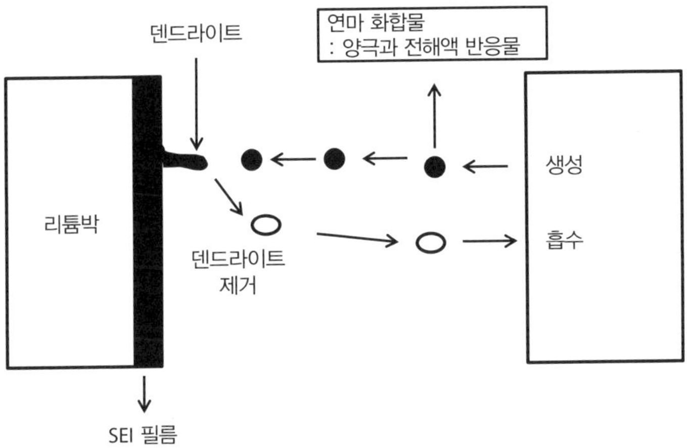

그림 15. 리튬-황 전지의 셔틀콕 메커니즘

(seed)까지 제거하는 것이다. 마치 금속 표면을 현미경으로 관찰하기 위해서 거울 면처럼 연마하는 것과 같은 효과를 낸다. 그래서 리튬 금속이 황 양극과 같이 사용되면 안전하다는 것이 리튬-황 전지의 핵심 개념이다. Moltech은 Polyplus보다 대규모로 연구개발을 하였다. Moltech의 설립자가 노르웨이계 미국인이었기 때문에 노르웨이 은행이 많은 개발비를 지원하였다. Moltech은 미국의 화학, 제약 회사인 Monsanto로부터 5백만 달러의 개발비를 지원받는다. 또한, 리튬이온 전지 기술 확보 기회를 놓쳤다고 생각한 스웨덴의 휴대폰 업체인 Ericsson도 Moltech에 3백만 달러의 개발비를 지원한다. 당시 휴대폰 1위 업체였던 핀란드의 Nokia도 관심을 가지고 샘플 제공을 요구했었다. 1990년대 하반기 리튬이온 전지 용량 경쟁에 지쳐 있던 전지 업계는 새로운 전지에 대한 열망이 컸다. 리튬-황 전지가 리튬이온 전지 다음 세대의 전지가 될 수도 있다는 기대가 커지고 있었다. 일본 업체에서도 관심을 갖고 SONY와 Hitachi Maxell에서 Moltech의 전지에 대한 성능 시험을 하였다. 그런데 전지가 부풀어 오르는 부풀음(swelling) 현상이 발생한다. 전지 샘플의 부풀음 현상으로 리튬-황 전지에

대한 부정적인 시각이 생기게 되었다. 전지 부풀음의 원인을 파악하기 위해서는 리튬-황 전지의 핵심 원리인 셔틀콕 메커니즘을 살펴볼 필요가 있다. 셔틀콕 메커니즘에서는 양극 활물질과 전해액이 반응하여 연마 화합물을 생성하게 되는데, 이것은 엄격히 말하면 양극 활물질이 전해액에 녹아나는 현상이다. 활물질과 전해액이 전자를 교환하면서 화학 반응을 일으키는 것은 전기 화학 반응의 기본에서 벗어난 현상이라고 할 수 있다. 또한, 덴드라이트 제거의 임무를 마친 연마 화합물이 다시 양극으로 가서 흡수되어야 하는데 일부가 흡수되지 않고 전지 바닥에 쌓이게 된다. 이것이 심한 부풀음 현상으로 나타나게 된 것이다.

LG화학은 1997년부터 Moltech과 리튬-황 전지 기술 도입 협상을 하였다. Lehmann Brothers와 LG증권 간의 계약에서 Moltech은 동시에 두 업체와 협상을 할 수 없게 되어 있었으므로 Moltech의 유일한 협상 상대는 LG화학이었다. LG화학은 Moltech의 리튬-황 전지로 내부 갈등을 겪게 된다. 리튬이온 전지 외에 다른 옵션을 확보하고자 하는 전지 사업부와 리튬이온 전지 개발에 집중하려고 하는 연구소 간에 의견 차이가 있었던 것이다. 부풀음 현상과 Moltech에서 제대로 된 전지 샘플을 공급하지 못하게 되자 LG화학도 1999년에 리튬-황 전지에 대한 협상을 중단한다. Moltech은 많은 개발비 투자에도 불구하고 성과가 미비하자 설립자인 CEO를 BOD(Board of Directors, 이사회)에서 해고시킨다. 마치 Apple의 Steve Jobs처럼 자기가 설립한 Moltech에서 물러나게 된 것이다.

황은 로켓 연료로 사용되는 물질이다. 이런 이유로 황과 황화합물의 양극 활물질 연구에는 러시아 과학자들이 많았다. 리튬-황 전지는 아직도 차세대 전지로 연구가 이루어지고 있다. 지금 시점에서 보았을 때 2V라는 낮은 전압이 경쟁력에 악영향을 끼칠 것으로 보인다. 리튬 전지의 가장 큰 장점은 높은 전압이기 때문이다.

(5) 리튬이온 전지

리튬 2차전지의 양극은 우수한 수명 성능을 보여 준다. 그러나 리튬 금속과 결합되면 수명이 극도로 짧아진다. 그렇다면 리튬 금속 대신에 양극 활물질과 동일한 구조의 활물질을 음극에 사용하면 전체적으로 우수한 수명 성능을 보장할 수 있을 것이다. 이런 논리에서 나온 개념이 음극과 양극이 동일한 구조의 그네(Swing) 전지이다.[12] 리튬 원자의 공급원이 없고 리튬 원자가 음극과 양극을 그림 16처럼 왔다 갔다 한다. 이것을 흔들의자 원리(rocking chair concept)라고 하였다.[13]

SONY에서는 리튬이 원자가 아니라 이온 상태로 존재하기 때문에 안전하다는 것을 강조하기 위해서 리튬이온 전지라고 명명하였다.[14] 여러 물질이 음극 활물질 후보군으로 연구되었지만 리튬산화텅스텐($LiWO_2$), 리튬산화몰리브덴($LiMoO_2$)과 같은 산화물은 리튬 금속 대비 전압이 0.7V와 1.5V로 전지의 전압이 낮아지는 문제가 있었다.[15] 리튬카본(LiC_6: lithiated graphite)이 전압 호환성도 우수하고 오랜 연구로 속성을 잘 알고 있었기 때문에 강력한 음극 후보 물질로 떠올라 집중 연구가 진행되었다.[16] 흑연은 카본 원자 6개가 1개의 리튬 원자를 인터컬레이션시킨다. 용량은 372mAh/g으로 높았고, 전압도 리튬 금속과 유사했다. 그러나 PC 베이스(base)의 유기용매에서 인터컬레이션 시 용량이 급격히 저하되는 문제를

---

12 R. Bittihn, R. Herr, and D. Hoge, *Power Sources* 43-44 (1993) 223.

13 B. Di. Pietro, M. Patvianca, and B. Scrosati, *Power Sources* 8 (1982) 284.

14 T Nagaura, in: Proc. 5th Intern. Seminar on Lithium Battery Technology and Applications, Deerfield Beach, FL, 5-7 Mar. 1990.

15 J. J. Auborn, and Y. L. Barberio, *Electrochem. Soc.* 134 (1987) 638.

16 S. Basu, U. S. *Patent* 4 (1983) 423, 125.

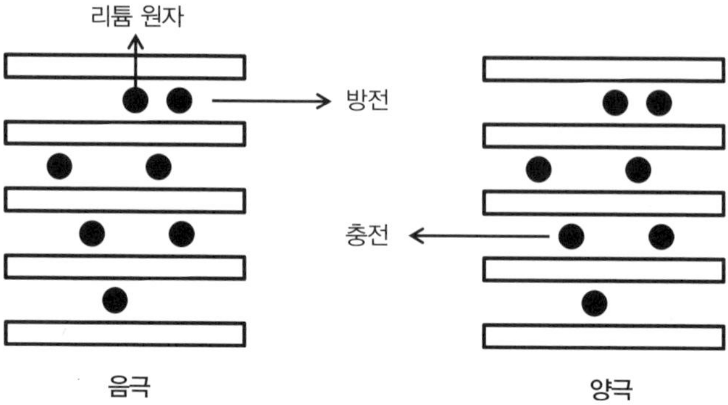

그림 16. 그네 전지 원리

보였다.[17] 그 당시에는 잘 몰랐던 현상이었지만 이것은 PC 분자 일부가 흑연의 결정구조에 들어가 리튬의 출입구를 막아서 생기는 것으로 코인터컬레이션(co-intercalation)이라고 한다. 코인터컬레이션 현상은 흑연보다 결정성이 낮은 카본을 사용하든지, PC보다 분자 구조가 간단한 EC를 전해액으로 사용하면 해결된다. 그러나 당시에는 이런 지식이 없었으므로 큰 장애물이었다. 1983년에 폴리머 전해질을 사용하여 흑연에 리튬을 인터컬레이션하는 데 성공한다.[18] 그 후 일본에서 액체 전해질 환경에서 카본과 리튬의 인터컬레이션에 잇달아 성공한다.[19] 이것이 리튬이온 전지 개발에 결정적인 역할을 하게 된다. 일본에서 1980년대에 카본을 음극으로 사용한 그네 전지의 기초가 확립되자 상업화에 대한 가능성이 부각되기 시작하였다. 다음 단계는 새로운 전지 시스템에 대한 요소 기술에 기초하여 양산 기술을 개발하는 것이었다. 그 선두주자로 나선 업체가 SONY이다.

---

17 A. N. Dey, and B. P. Sullivan, *Electrochem. Soc.* 117 (1970) 222.

18 R. Yazami, and P. Touzain, *Power Sources* 9 (1983) 365.

19 M. Mohri, N. Yanagisawa, T. Tajima, H. Y. Tanaka, T. Mitate, S. Nakajima, M. Yoshida, Y. Yoshimoto, T. Suzuki, and H. Wada, *Power Sources* 26 (1989) 545.

II

리튬이온 전지

04

:

리튬이온 전지 개발

1) SONY의 상업화

(1) 목표 전지

1980년대 워크맨, 캠코더로 대표되며, 창의적인 회사로 사람들에게 친근하게 다가왔던 회사가 일본의 SONY이다. SONY라는 말의 근거에 대해서는 여러 설이 있는데 그중 하나가 Young Sound에서 유래되었다는 것이다. 설립자가 음악가였던 것을 감안하면 설득력 있는 설인 것 같다. SONY는 창의력을 해친다는 이유로 다른 업체와 협업을 하지 않는 것으로도 유명하다. SONY는 자사 리모컨 전원으로 사용하기 위해서 미국의 Union Carbide사로부터 AAA 알칼리 전지 제조 기술을 들여와서 1차전지를 소량 생산하고 있었다. 그렇기 때문에 전지 업체는 아니었지만 전지에 대한 기본 인프라는 어느 정도 확보한 상태였다.

SONY는 자사 캠코더에 사용할 2차전지를 찾고 있었다. 그러나 캠코더의 장점을 살릴 수 있는 작고, 가볍고, 오래 쓸 수 있는 전지를 구할 수가 없었다. 이때 일본의 화학 회사인 Asahi Kasai에서 리튬이온 전지를 개발하게 된다. 그러나 경영진들은 전지 사업이 회사 문화와 부합되지 않는다는 이유로 양산 기술을 개발하지 않기로 한다. 그런 결정이 있은 후 Asahi Kasai의 전지 개발 담당 연구원은 잘 알고 지내던 SONY의 연구원과 이야기하다가 리튬이온 전지를 소개하게 되었고, SONY의 연구원이 관심을 보이자 전지 샘플을 주게 된다. 한편 캠코더 요구 성능에 부합하는 전지를 구할 수 없게 된 SONY는 자체 개발을 결정하고 목표 전지 선정 작업에 들어간다. 여러 전지의 장단점을 비교 분석한 결과 Asahi Kasai에서 개발한 차세대 전지인 리튬이온 전지의 완성도를 높여 캠코더에 사용하기로 결정하면서 본격적인 개발이 시작된다.

먼저 14500[1]과 20500[2] 사이즈의 원통형 전지를 개발한다. 14500은 건전지, 알칼리 전지에서 가장 많이 사용되는 사이즈이고, 20500은 니카드 전지와 니켈수소 전지 사이즈이다. 이 전지들은 1991년 6월에 일본 휴대폰에 장착된다. 이것을 근거로 리튬이온 전지의 양산 개시 시점을 1991년으로 잡고 있다. 그러나 기존 전지 규격인 14500과 20500은 용량이나 크기 측면에서 캠코더와 잘 들어맞지 않았다. SONY에서는 리튬이온 전지에 경쟁력을 부여할 수 있는 고유의 리튬이온 전지 규격을 정하기로 한다. SONY의 상품기획 부서에서는 원통형 전지의 크기를 결정하는 작업을 한다. 시장조사 결과 당시 캠코더의 주 사용자는 중년의 동양인 남자라는 것이 밝혀진다. 이런 결과를 근거로 하여 동양인 남자가 잡았을 때 가장 안정감을 느끼는 크기가 전지의 사이즈로 결정되게 된다. 지름 18mm, 높이 65mm인 원통형 전지가 목표 전지로 결정되었으며, 18650이라는 사이즈

---

1 AA 사이즈로 지름 14mm, 높이 50mm의 원통형 전지로 1차전지의 가장 범용적인 사이즈이다.

2 지름 20mm, 높이 50 mm의 원통형 전지로 니카드 전지의 사이즈이다.

규격을 부여했다. 18650 원통형 전지 2개를 직렬 연결한 리튬이온 전지 팩(pack)을 만들어 캠코더에 장착하여 판매를 시작하게 된다. 공교롭게도 특수 규격으로 개발한 18650 원통형 전지는 가장 범용적인 리튬이온 전지가 된다. 일본 업체의 경우는 용도에 맞게 18650 외에 다른 규격의 원통형 전지도 생산하고 있지만 국내의 삼성SDI와 LG화학은 원통형에서 오직 18650 사이즈 전지만 생산하고 있다. 18650 원통형 전지는 휴대폰에서 사용되다가 휴대폰의 전압이 5V에서 3V로 낮아져 1개의 전지로 팩을 만들게 되면서 각형 전지에게 자리를 내어 주고 노트북용 전지로서 자리를 잡는다. 2000년대에 들어와서는 고출력용으로 개발하여 전동공구에 사용되었다. 18650 외에 다른 규격의 전동공구용 리튬이온 전지도 있지만, 국내 업체는 다른 규격의 전지가 사용되는 전동공구 시장에는 진출하지 않고 있다. 18650 전지는 특수한 경우이지만 전기자동차에도 사용되고 있다. 그 이유는 리튬이온 전지 중에서 에너지 밀도(Wh/L)가 가장 높고 단위 에너지당 가격($/Wh)은 가장 낮기 때문이다. 또한, 자동차용 중대형 전지에 비하여 쉽게 구할 수 있는 것도 채용 이유 중 하나이다.

(2) 양극 활물질 개발

전지 제조 공정은 전극 제조와 조립 공정으로 나누어진다. SONY가 설계한 리튬이온 전지의 경우 전극 제조는 비디오테이프 제조 공정에서, 조립 공정은 리튬 1차전지 조립 공정에서 뿌리를 찾을 수 있다. SONY는 비디오테이프 사업을 오래 했기 때문에 전극 제조 공정에는 충분한 경험이 있었고 알칼리 전지 제조로 기본적인 전지 조립 기술도 갖고 있었다. 그다음 단계는 핵심 소재를 확보하는 것이었다. 전지의 4대 구성 요소인 양극소재, 음극소재, 전해액, 분리막 중에서 전자 회사인 SONY가 잘할 수 있는 부분은 무기화학 분야였다. 실제로 리튬이온 전지를 개발할 때에 SONY에 유기화학 전공자는 한 명도 없었다고 한다. 전지의 4대 구성 요소 중에서 양극소재만 무기화학이고, 나머지는 유기화학 분야이다. 전지 업체가 사업할 때 양극소재는 전략 소재로서 반드시 기술을 확보해야 한다. 그런 면에서 SONY에게 무기화학 기술이 있었다는 것은 다행스러운 일이었다. SONY는 전지 제조 기술 개발과 함께 양극소재 개발에 역량을 집중한다.

스피커를 소형화하려면 고성능 자석이 필요하게 된다. 자석이 스피커의 핵심 부품이기 때문이다. 이런 이유로 SONY에서는 자석 기술 개발이 활발했다. 영구 자석은 3세대까지 발전되어 있다. 페라이트 자석이 1세대, 사마륨-코발트(Sm-Co) 자석이 2세대이고 네오디뮴(Nd-Fe-B) 자석이 3세대이다. SONY는 2세대 자석인 사마륨-코발트 자석을 개발하면서 코발트에 대한 기술을 보유하게 된다. 이 기술을 활용하여 양극소재인 LCO($LiCoO_2$: 리튬산화코발트) 양산 기술을 개발하게 된 것이다. 3세대 자석은 미국의 자동차 회사인 GM이 Nd-Fe 자석을 개발하고, 일본의 스미토모 금속이 여기에 붕소(B)를 첨가하여 획기적으로 성능을 향상시켜 완성하면서 SONY가 참여할 여지가 없었다. SONY가 양극소재로 LCO를 선택한 이유는 과학적인 근거에 의해서 다른 소재보다 우수하다고 판단했기 때문이 아니라 자석 연구를 통하여 코발트에 대한 경험이 풍부했기 때문에 선정한 것이다. 그러나 나중에 SONY가 탁월한 선택을 했다는 것이 밝혀진다. 양극소재 개발의 초기 경쟁 구도는 SONY의 LCO, 캐나다 Moli Energy사의 LNO($LiNiO_2$), 미국 Bellcore 연구소의 LMO($LiMn_2O_4$)였다.

SONY 외의 업체는 왜 그런 선택을 한 것일까? 캐나다는 니켈이 많이 생산되는 니켈 강국이다. 니켈에 대하여 경험이 풍부했기 때문에 니켈계 활물질을 선정한 것이다. 미국은 건전지, 알칼리 전지 같은 1차전지 산업이 발달했다. Duracell, Eveready의 알칼리 전지는 슈퍼에서 쉽게 볼 수 있다. 알칼리 전지의 양극소재가 산화망간이다. 이런 이유로 망간(Mn)에 대한 지식과 경험이 많았던 것이다. 그래서 Bellcore 연구소는 LMO를 사용하게 되었다. 결국은 자기들이 친숙한 소재를 선택한 것이다. 과학적인 논리에 의한 선택을 기대했다면 실망스러울 수도 있다. SONY가 LCO를 선택했기 때문에 양산에 성공한 것이라고 볼 수도 있다. LCO는 고상법이라는 간단한 제조법으로 제조할 수 있다. 그리고 분말이 단순 구조(1차 구조)로 되어 있다. 이런 이유로 제조법에 무관하게 일관성 있는 전기적 특성을 보인다. 전기적 특성이 제조법에 민감하지 않기 때문에 전지의 성능이 비교적 균일하게 나온다는 말이다. 이처럼 일관성 있는 성능과 품질을 낼 수 있는 속성은 사업 초기에 상당히 큰 장점이 되는 부분이다. LCO 양극 소재는 성능과 안전성 측면에서도 1990년대 초에는 최선의 선택이었다.

(3) 양극 활물질 특허

리튬이온에서 가장 핵심이 되는 특허는 양극 활물질 특허이며, 이것은 LCO와 같은 층상 구조(layer structure)를 가진 4V급 양극소재에 관한 특허이다.[3] 이 특허를 보유한 업체가 영국의 AEA이다.

그림 17에 LCO 층상 구조를 도식하였다. 산소층이 골격을 이루고 있고, 산소층과 산소층 사이에 코발트 금속층이 있다. 2개의 산소층과 1개의 코발트 금속층이 하나의 단위를 형성한다. 이 기본 단위 사이에 리튬 금속층이 형성되어 있다. 리튬 금속은 산화코발트와 인터컬레이션되어 결합되면서 전지 반응을 일으킨다.

미국 텍사스 오스틴대학의 Goodenough 교수는 1970년대 안식년으로 영국 옥스퍼드대학에 가게 된다. 옥스퍼드대학은 전지 관련 연구가 활발하지 않아서 근처에 있는 AEA에 가서 1년간 연구를 한다. 이때 리튬 1차전지 업체인 영국의 Dowty가 개발비를 지원한다. 이런 상황하에서

3 J. B. Goodenough, and K. Mizushima, US Patent No. 4302518/2087858(1981).

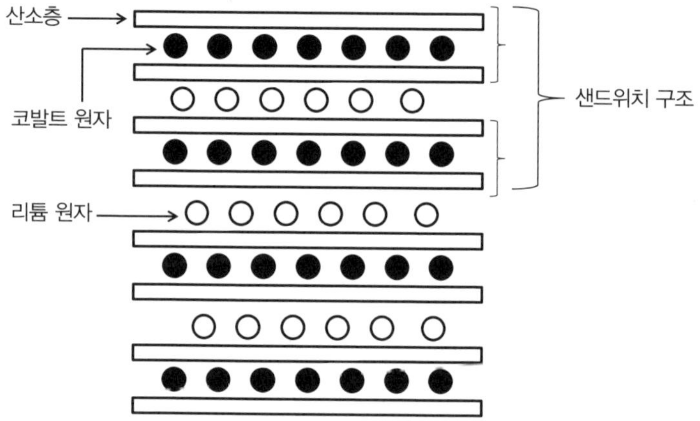

그림 17. LCO 층상 구조

개발된 것이 LCO이다. 특허권은 AEA와 Dowty가 공동으로 소유하고 있었다. 그러나 4V급 양극소재는 현실성이 없다고 판단하여 관심을 끌지 못했다. 왜냐하면 그 당시에는 4V에서 분해되지 않는 전해액 개발은 불가능하다고 생각했기 때문이다. AEA와 오랜 파트너였던 Dowty는 경영 악화로 1994년도에 일본의 MBI(Matsushita Battery Incorporation, 마쓰시다 전지)로 매각된다. 물론 Dowty가 소유한 특허도 MBI로 이전하게 되어 있었다. 이런 상황에서 AEA와 특별한 관계도 없었던 SONY가 1994년 초에 급하게 AEA를 찾아온다. Dowty가 소유한 LCO 특허가 MBI로 넘어가는 것을 막아 준다면 AEA에 특허료를 지불할 것이며, 그 이후 특허료는 양사가 동등하게 분배하자는 제안을 한다. AEA는 SONY의 뜻밖의 제안에 깜짝 놀란다. AEA는 급히 MBI와 특허 회의를 다시 해서 LCO를 특허 명단에서 빼고, 그 대신 AEA의 다른 특허를 넘겨주겠다고 제안한다. MBI는 AEA 제안에 동의한다. 1994년도까지도 리튬이온 전지는 그 정도 수준의 관심밖에 없었던 것이다. 1994년도에 주력 전지는 니켈수소 전지였다. 리튬이온 전지는 미래에 대한 불확실성이 있는 차세대 전지로만 간주되고 있었다. MBI가 그 당시 리튬이온 전지의 잠재력을 알았다면 절대 동의하지 않았을 것이다. SONY에게는 행운이고, MBI로서는 후회스러운 합의가 이루어진 것이다. 이렇게 해서 양극소재 특허는 AEA와 SONY의 공동 소유가 된다. 그 당시 영국은 영국병을 고친다는 영국 정부의 강력한 의지에 따라 국책연구소를 민간 기업으로 전환하는 작업을 하고 있었다. AEA는 AEA Technology라는 민간 기업이 되고 연구소 원장은 사장이 되는 그런 상황이었기 때문에 수입원이 절실히 필요했다. 이런 상황에서 특허료는 AEA Technology에 날개를 달아 주는 역할을 하게 된다. SONY 덕택으로 전지 업계에서 AEA Technology의 위상이 급상승하게 된다. 양사는 그 후 일본 6개 업체와 한국의 LG화학으로부터 특허료를 받았다. 조건은 특허료 120만 파운드에 러닝 로열티 2.5%였다.

LG화학은 IMF 시기였던 1998년에 특허료를 지불하였고 삼성SDI는 특허료를 지불하지 않았다. 특허 만료는 2000년대 초였다. 양사가 양산 이전이었지만 LG는 파일럿 플랜트(pilot plant)에서 만든 전지를 애프터 마켓에 판매를 하였고, 삼성은 판매를 하지 않았기 때문에 LG만 특허료를 낸 것이다. 모든 업체가 동일한 특허료를 지급했기 때문에 특허료가 사업에 미치는 영향은 크지 않았다. 텍사스대학의 Goodenough 교수는 후에 또 다른 양극소재인 LFP(LiFePO$_4$: lithium iron phosphate, 리튬인산철)의 발명자가 되면서 리튬이온 전지 업계에서 명성을 날리게 된다. 1990년대 리튬이온 전지에서 가장 공개적으로 알려졌고, 특허료에 대하여도 투명했던 특허가 바로 LCO 특허이다. 공개적으로 특허료를 지급했던 유일한 특허였는지도 모른다.

리튬이온 전지 업체는 특허권 주장이 본인들이 하는 리튬이온 전지 사업에 결코 도움이 되지 않는다는 것을 알고는 다음과 같은 방식으로 소재 관련 특허를 처리하였다. 새로운 소재 개발을 한 전지 업체는 생산 업체를 선정하여 소재 생산을 한다. 시장에서 경쟁우위 확보를 위하여 6개월간 독점 공급 계약을 맺거나 타 업체보다 싼 가격으로 소재를 공급받는 방법으로 특허료를 대신하였다. 부품이나 전지 설계 관련 특허는 양사가 비공개로 만나서 상호특허사용계약(cross-licensing)이나 특허료 지급 등의 방법으로 해결하였다. 회사 간의 특허 협상에서도 사업을 못하게 할 정도의 무리한 금액을 요구하지는 않았다. 동양권이기 때문에 가능했던 일이다. 리튬이온 전지가 지금과 같은 규모로 성장한 것은 일본, 한국과 같은 동양권에서 주도권을 잡았기 때문일 수도 있다. 일등이 독식하는 서양 문화권이었다면 특허권을 진입 장벽으로 사용하여 소재 위주의 전지인 리튬이온 전지가 성장할 수 없었을지도 모른다.

(4) 보호회로

Asahi Kasai에서 리튬이온 전지 양산 개발을 포기한 데에는 사업 문화에 맞지 않는다는 점도 작용했지만 근본적으로 실제 환경에서는 제대로 작동할 수 없는 전지라고 인식했기 때문이다. 다시 말하면 정확히 제어된 환경인 시험실에서는 우수한 성능을 보이지만 실제로 휴대용 전자기기에 넣어서 사용할 경우 전지로서 기능을 제대로 할 수 없다는 것이다. 실제 환경에서 사용할 수 없는 전지를 사용할 수 있도록 만든 업체가 SONY였다. 리튬이온 전지의 작동 원리인 흔들의자 원리(rocking chair concept)에 의한 전지는 1970년대부터 알려져 있었다. 1970년대 말에 4V급 양극 활물질이 개발되고, 1980년대에는 리튬에 인터컬레이션이 가능한 카본 음극도 개발되었다. 4V 이상의 반응창(reaction window)을 가진 전해질이 개발되면서 리튬이온 전지의 핵심기술은 완성되기에 이른다. 그럼에도 불구하고 쉽사리 양산으로 연결되지 못한 것은 실제 환경에서는 전지로서 기능할 수 없었기 때문이다.

기존 전지와는 달리 과충전, 과방전, 과전류에서 안전성 문제가 있었기 때문에 시험실이 아닌 실제 환경에서는 사용할 수가 없었다. 과충전이란 충전 전압 이상으로 계속 전기에너지가 공급되는 것이다. 충전기가 고장이 나서 발생할 수도 있고, 여러 셀(cell)을 직렬 연결해서 사용할 경우 전지 간의 용량 차이로 정상적인 작동 구간에서 일부 셀이 충전상태가 되어 과충전이 될 수도 있다. 수용액을 전해액으로 하는 납축전지, 니카드 전지, 니켈수소 전지는 과충전 시 산소 재결합(oxygen recombination) 기구라는 과충전 방지 기구의 도움으로 양극의 산소가 음극으로 가서 전압이 평형 상태에 도달하기 때문에 과충전을 방지한다. 그러나 리튬이온 전지에서는 사정이 다르다. 리튬이온 전지의 평균 전압은 3.6V이다. 충전 시에는 4.2V까지 충전시킨다. 일정한 전류로 충전시켜 전압을 4.2V까지 올린 후에 정전압으로 4.2V를 유지시키는 방법으로 충전한다. 이것을 정전류, 정전압의 혼합 모드라고 한다. 음극 입장에서 충전은 흑연의 결정구조 내로 리튬이 들어가는 현상이다. 정전류 모드는 강제로 흑연에 리튬 원자를 넣는 과정이고, 정전압 모드는 전압 지원 확산(field-assisted diffusion)으로 비어 있는 공간을 찾아서 리튬이 들어가게 하는 과정이다.

양극 활물질 입장에서 충전은 그림 18의 리튬층에서 리튬이 전해액으로 빠져나가는 현상이다. 과충전이란 리튬층의 리튬이 과도하게 빠져나가는 것이다. 리튬이 과도하게 빠져나가면 코발트 금속층의 코발트 원자가 움직이려는 경향이 발생하며 코발트 원자가 리튬층으로 이동한다. 코발트 원자의 이동은 층상 구조를 불안전하게 만들어 결정구조의 변화를 일으킨다. 층상 구조는 열역학적으로 준안정상태(meta-stable state)이므로 안정한 상태인 등방(cubic) 구조로 바뀌게 된다. 층상 구조에서 등방 구조로 바뀌면서 여분의 산소가 전해액으로 방출된다. 이때 전해액이 발화 가능 온도인 발화점 이상이 되면 산소와 결합하여 발화된다. 그래서 고온 과충전에서는 전지의 발화가 일어날 가능성이 높아지는 것이다. 리튬이온 전지는 과충전을 막을 어떤 방어 수단도 없으므로 과충전 시 발화, 폭발의 위험이 크다. 과충전은 노트북이나 HEV(Hybrid Electric Vehicle)처럼 여러 개의 전지를 직렬, 병렬 연결하여 사용할 때 특히 위험해진다.

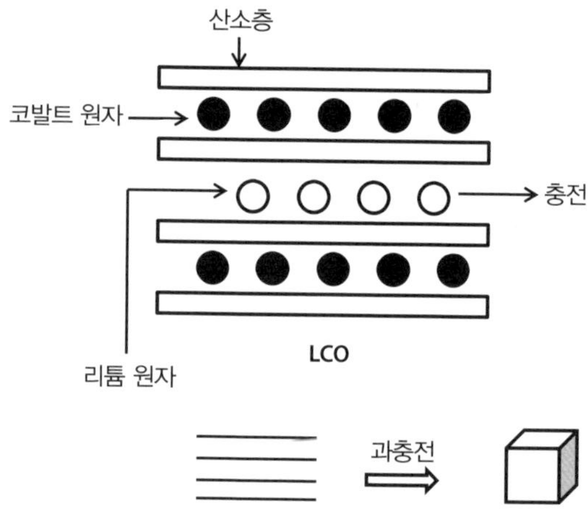

그림 18. 과충전 시 양극 활물질의 구조 변화

리튬이온 전지는 2.7~3.0V가 방전 종료 전압(cut-off voltage)이다. 일반적으로 기기에서 전류를 차단시켜 주는데 이것을 방전 종료 전압이라고 한다. 기존 전지 중에는 납축전지가 과방전 시 문제를 일으키는데, 이것은 방전 시 집전체인 그리드(grid)와 전극 간의 계면 저항이 증가하여 후속 충전을 방해하기 때문이다. 이것을 황산화(sulfation) 현상이라고 한다. 리튬이온 전지도 과방전 시 성능 열화와 안전성 문제가 생긴다.

방전이란 음극인 흑연의 결정구조에서 리튬이 빠져나가는 현상이다. 흑연 속의 리튬이 다 빠져나간 후에도 계속 방전이 이루어지면 동박(copper foil)이 산화되면서 구리 이온이 전해액으로 빠져나간다. 이것은 마치 금속 이물이 전지 내에 있는 것과 같으므로 과방전으로 형성된 구리는 하드 쇼트(hard short)를 일으킬 수 있다.

고전류가 흐르면 열이 발생한다. 리튬이온 전지는 고전류에 대한 안전성 검증이 안 된 상태이기 때문에 고전류로 인한 온도 증가는 예측할 수 없는 상황을 유발할 수도 있다. 그렇기 때문에 안전성에 대한 충분한 데이터가 축적될 때까지 고전류 방전은 위험성의 소지가 많았다. 이처럼 리튬

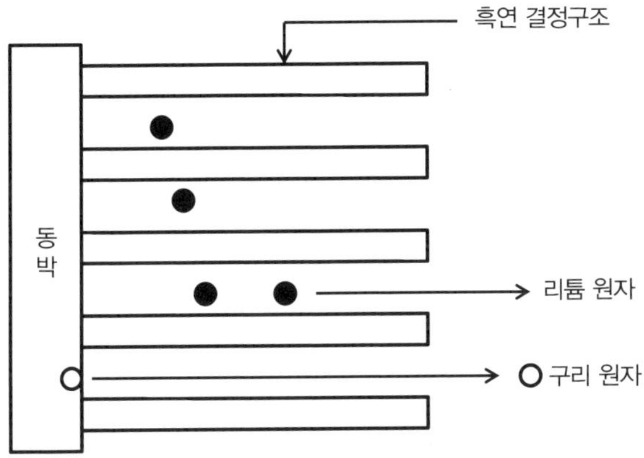

그림 19. 과방전 시 음극의 변화

이온 전지는 과충전, 과방전, 과전류에서 안전성 문제가 있는 불완전한 전지였다.

SONY에서는 강점 분야인 전자 기술을 활용하여 과충전, 과방전, 과전류 방지 회로를 개발한다. 이것을 보호회로(PCM: Protection Circuit Module)라고 불렀다. 소니 칩(SONY chip)이라 불렀던 마이크로프로세서를 개발하여 반도체 스위치인 MOSFET(Metal Oxide Semiconductor Field Effect Transistor)과 연결시켜 과충전, 과방전, 과전류 발생 시 전류를 끊어 주는 방식의 전자회로를 개발한 것이다.

보호회로 도입으로 전자기기를 가동시키는 전지에 전자회로가 부착되는 기현상이 발생한다. 지금은 당연한 것으로 여기고 있지만 그 당시에는 획기적이면서도 부자연스러운 것이었다. 이 외에도 이중 삼중으로 보호 장치를 추가하여 안전성을 강화시켰다. 그 결과 지나치게 비싼 전지가 탄생하게 된다. 18650 원통형 전지 2개를 직렬 연결한 후 보호회로를 넣어 만든 팩이 1990년대 초에 12만 원에 판매되었다. 지금은 18650 원통형 전지 1개가 2천 원 수준이다.

2) 리튬이온 전지 특성

(1) 리튬이온 전지 정의

리튬이온 전지는 기존 전지와는 다른 독특한 특징을 가지고 있다. 여기에서는 리튬이온 전지를 리튬이온 전지답게 하는 특징을 다음과 같이 세 가지로 정의해 본다.

(1) 흑연을 음극으로 하는 전지
(2) 4V 이상의 반응창을 갖는 유기용매를 전해액으로 하는 전지
(3) 알루미늄을 양극 집전체로 하는 전지

리튬이온 전지의 작동 원리는 흔들의자 원리이다. 그러므로 리튬이온 전지의 정의 중 가장 중요한 것이 흑연을 음극으로 하는 전지이다. 리튬 공급원이 없는 전지라는 것이다. 기존 전지는 자유전자가 풍부한 소재인 금속을 음극으로 한다. 전지에 사용되는 음극소재에는 아연, 납, 카드뮴, 리튬 등이 있다. 리튬이온 전지는 기존 전지와는 달리 리튬 공급원이 한정되어 있으므로 충방전 중에 리튬이 유실될 수가 있다. 리튬의 유실은 그대로 용량 저하로 이어지므로 리튬이온 전지는 충방전을 정확히 제어해 주어야 한다. 이런 역할을 하는 것이 보호회로이다. 보호회로의 목적은 안전성 확보이지만 충방전을 제어하여 리튬 공급원의 유실을 막는 것도 중요한 역할 중 하나이다. 보호회로를 제거하면 위험에 노출될 뿐만 아니라 성능에도 영향을 끼치므로 보호회로는 리튬이온 전지의 일부로 간주되어야 한다.

흑연이 다른 물질로 바뀐다고 하여도 흔들의자 원리가 유지되는 한 리튬이온 전지이므로 보호회로가 필요하다. 활물질이 바뀌어 성능이 향상된 경우에는 차세대 리튬이온 전지라는 명칭을 붙이기도 한다. 흑연을 다

른 물질로 바꾸려는 시도가 지속적으로 있었다. 이런 시도를 하는 이유 중 하나는 흑연은 결정구조가 약해서 공정 중에 파괴되기 쉬워 제조 공정이 까다롭기 때문이다. 또 하나는 성능을 향상시키려는 목적이다. 용량 증대를 위해서 비정질 주석(Sn)을 사용하기도 하고, 규소 음극이 연구 중이다. 또한, 고속 충전이 가능한 LTO(Li_2TiO_3: lithium titanate oxide, 리튬티탄산화물)가 음극으로 사용되기도 하였다. Toshiba Battery에서 스피넬 망간 양극과 결합시켜 2V급 리튬이온 전지를 만든 것이 그 예이다. 이 전지에서는 급속 충전 성능과 수명의 획기적인 향상이 있었다. 흑연을 사용하지 않더라도 흔들의자 원리에 의하여 작동되므로 리튬이온 전지 부류에 들어가는 전지들이다.

리튬이온 전지의 또 하나의 특징은 높은 전압이다. 평균 전압이 3.6V이고, 충전 전압은 4.2V이다. 평균 전압 3.6V는 1.2V인 니카드 전지나 니켈수소 전지 3개를 직렬 연결한 것과 같다. 4V의 전압에서는 대부분 물질은 분해된다. 이런 이유로 리튬이온 전지에서는 물질의 선정이 중요하며 리튬이온 전지를 소재에 바탕을 둔 전지라고 부르는 이유가 여기에 있다. 높은 전압에서 작동하기 위해서는 4V 이상에서도 분해되지 않는 전해액이 요구된다. 다시 말해서 반응창이 4V 이상이 되지 않으면 전해액으로 사용할 수 없어서 높은 반응창의 유기용매 전해질이 리튬이온 전지의 두 번째 특징이 된다.

리튬이온 전지는 양극 집전체로서 알루미늄을 사용하는 전지이다. 너무 단순한 정의인 것 같지만, 리튬이온 전지의 작동과 관련되어 중요 역할을 하는 것이 알루미늄 집전체이다. 리튬이온 전지의 충전 전압이 4V 이상이기 때문에 이런 환경에서 사용 가능한 양극 집전체는 일부 특수 금속을 제외하고는 알루미늄이 유일하다. 그렇기 때문에 리튬이온 전지의 세 번째 정의로 알루미늄 양극 집전체가 들어가는 것이다. 알루미늄 집전체를 선정하지 못했다면 리튬이온 전지는 존재하지 못했을지도 모른다.

(2) 리튬이온 전지 설계

1990년대 초에 SONY가 고유의 전지 설계로 출시한 리튬이온 전지는 18650 사이즈의 원통형 전지로서 용량 1.2Ah, 평균 전압 3.6V의 전기적 특성을 가지고 있었다. 리튬이온 전지가 전지로서 기능을 하기 위해서는 음극 활물질 표면에 견고한 SEI(solid electrolyte interphase) 필름이 형성되어 있어야 한다. SEI 필름 형성에 관여하는 물질은 음극, 전해액 용매와 리튬염이다. SEI 필름은 활성화(formation) 공정인 1차 충전에서 형성되므로 활성화 공정도 필름 형성에 영향을 끼친다. 그러므로 SONY는 SEI 필름 형성에 관여하는 물질을 찾는 데 주력한다.

전해액에는 고리 모양인 유기용매 PC(propylene carbonate)를 선정하였다. PC는 캐나다 Moli Energy사의 리튬 2차전지에서 사용한 적이 있던 전해액이고, SONY 입장에서는 PC가 출력 성능이 우수하다는 점에서 PC를 전해액의 기본 용매로 결정한 것이다. 점도를 비롯한 전해액 특성을 맞추기 위하여 PC에 사슬 모양의 유기용매 DME(dimethoxy ethane)를 넣었다. 리튬염의 가장 중요한 선정 기준은 리튬의 운반율이다. 이 수치가 1에 가까울수록 좋은 리튬염이다. 물리적으로는 리튬염의 음이온이 무거워 이동성이 낮을수록 좋다. SONY는 리튬염으로 당시에 많이 사용하던 리튬과염소산염($LiClO_4$) 대신에 리튬육불화인산염($LiPF_6$)을 선정한다. 그 이유는 다음과 같은 안전성에 대한 SONY의 연구 결과 때문이었다.[4] 리튬과염소산염은 과충전 시 음극에 덴드라이트(dendrite)라고 부르는 나뭇가지 모양의 리튬 금속을 석출시킨다. 그 반면에 리튬육불화인산염은 구(sphere)형의 리튬 금속을 석출시켜 분리막을 관통시킬 위험이 적다. 또

4 S. Fujita, A. Yasuda, and Y. Nishi, Proc. Symp. on Primary and Secondary Lithium Batteries PV 91-3 (1991) 262.

한, 전지 제조 시에는 용접 공정을 많이 사용하는데 리튬과염소산염은 용접 시 발화의 위험성도 있다. 발화의 위험성은 Moli Energy사에서 리튬 2차전지를 개발할 때 밝혀진 현상이기도 하다.

음극 활물질은 SEI 필름의 질(quality)뿐만 아니라 용량과 출력, 수명에 결정적인 역할을 하는 전지의 핵심 물질이므로 SONY에서는 많은 연구를 하였다. SONY는 여러 종류의 카본을 시험한 결과, 소프트 카본(soft carbon)보다 용량이 큰 하드 카본(hard carbon)을 사용하기로 한다.[5] 카본, 흑연은 금속을 용해, 주조할 때 사용하는 도가니의 재료로 사용되고, 복합 재료의 강화제로도 사용된다. 이 분야에서는 일본이 특히 강하다. 1980년대 일본이 카본 음극에 대하여 연구 결과를 많이 낼 수 있었던 것은 카본에 대한 개발 인프라가 잘 갖추어져 있고, 관련 데이터가 풍부했기 때문이다.

양극 활물질로는 LCO를 사용하였다. 입도는 20μm의 양극 활물질을 사용했으며, 입도가 5μm보다 작거나 40μm보다 크지 않도록 관리하였다. 양극 분말이 40μm 이상이 되면 분리막 관통의 위험이 있기 때문이다. 음극 활물질에는 분말 간 점접촉(point contact)을 막기 위하여 쌍봉의 입도 분포를 가진 하드 카본을 사용하였다. 양극에는 활물질 외에 작은 입도의 카본 블랙과 같은 전자전도 물질이 들어가므로 정상 분포를 하는 활물질을 사용하였다. 음극, 양극 공통적으로 바인더는 PVDF(ployvinylidene fluoride)가 사용되었다. PVDF 바인더는 전지 업계에서는 비교적 생소한 바인더였다. 1990년대에 미국과 유럽의 전지 업체에서는 역설계(reverse engineering) 방식으로 SONY의 리튬이온 전지를 분석하는 작업을 했었다. 그때 끝까지 밝혀내지 못한 것이 바인더였다. 바인더 분자가 분석 시에 분해되면서

---

5 H. Imoto, H. Azuma, A. Omura, and Y. Nishi, in: 58th Meeting Elctrochem. *Soc.* Japan, Nagoya, 12-13 Oct. 1991.

일관성이 없는 결과를 냈기 때문이다. 당시에는 여러 바인더를 복잡하게 섞어서 사용한 것으로 추정했었다. 1990년대 중반에 SONY가 사용한 바인더가 PVDF 바인더 한 가지라는 것이 밝혀졌을 때 리튬이온 전지 처방(formula)의 단순함에 대하여 세계 전지 업계가 놀라움을 금치 못했었다.

(3) 안전장치

분리막은 25μm 두께의 3층 건식 분리막으로 PP(polypropylene) 사이에 PE(polyethylene)가 있는 샌드위치 구소로 되어 있는 필름이다. 140℃에서 중간층인 PE가 녹으면서 기공을 막아 이온의 출입을 차단하는 화학 조리개(chemical shutter) 기능을 갖고 있다. 전지의 온도 상승에 대하여 이렇게 신경을 쓴 것은 리튬이 186℃에서 녹기 때문이다. 과충전으로 음극에 석출될 수도 있는 리튬 금속이 녹아서 액체가 되는 것을 방지할 목적으로 화학 조리개 기능을 넣은 것이다. 액체 금속은 금속의 종류에 상관없이 위험하지만, 리튬의 경우는 더욱 위험성이 증가한다. 음극에는 압연동박을, 양극에는 알루미늄박을 집전체(current collector)로 사용하였다. 금속박 제조 시에는 쿨링 오일(cooling oil)을 표면에 뿌린다. 전극과 접착력 향상을 위하여 어닐링(annealing)으로 오일을 제거한 금속박을 사용하였다. 전지 내부에는 과전류 보호 장치인 PTC(positive temperature coefficient, 정온도 계수)를 넣어서 과전류 시 전류를 차단하도록 하였다. PTC는 작은 금속 용기 내에 카본과 폴리머 선구체(precursor)가 섞여 있는 부품이다. 기준치 이상의 전류가 흐르면 고전류에 의한 온도 상승으로 고분자 중합반응이 일어나 PTC 내부가 부도체가 되어 전류를 차단한다.

전지에는 벤트(vent)가 장착되어 있다. 혹사 조건에서는 일반적으로 가스가 발생한다. 전지 내부에서 가스가 발생하여 내압이 증가하면 압력에 의하여 폭발할 수 있다. 내압 증가 시 전지 내부 가스를 외부로 방출하는 것이 벤트이다. 벤트가 터지면 전지 사용이 불가능해진다. 그러므로 벤트는 전지의 자기희생 장치이다. SONY는 원통형 18650 리튬이온 전지에 과충전 시 벤트의 역할뿐 아니라 전류를 차단하는 기능을 하는 CID(Current Interrupt Device, 전류 차단 장치)를 장착했다. CID의 작동 원리는 다음과 같다. 전극 제조 시 양극에 소량의 리튬카보네이트(Li_2CO_3)를 넣는다. 과충전되어 전압이 4.7V에 이르면 리튬카보네이트가 분해되면서 이산화탄소가 발생하여 내압이 급격히 증가한다. 5V가 되면 내압이 알루미늄 탭(tab) 절단 임계점에 도달하여 전극과 양극 단자를 연결하는 알루미늄 탭이 끊어지면서 전류가 차단된다. 전류가 차단되면 열폭주(thermal runaway) 현상을 막아 폭발을 방지할 수 있다. CID가 작동된 전지는 재사용이 불가하다. 전지가 완전히 죽기 때문이다.

리튬이온 전지는 방전 상태로 제조되기 때문에 전지를 제조한 다음에 전압을 재어 보면 전압이 뜨지 않는다. 1차 충전을 해서 전지를 활성화시켜야 전지로서 기능을 할 수 있게 된다. 이것을 포메이션(formation) 공정 또는 활성화 공정이라고 한다. 활성화 공정에서 전지 내부에 중요한 변화가 생긴다. 음극 활물질과 전해액 간의 반응으로 음극 표면에 이온 전도성 필름이 형성되는 것이다. 이것을 SEI 필름이라고 한다. 이 필름의 물리적·기계적 건전성이 전지가 죽을 때까지 전지의 삶의 질을 결정한다. 이처럼 리튬이온 전지 기술의 본질은 계면 제어 기술이다. 소재와 공정으로 계면의 특성을 제어하는 것이므로 데이터 산출과 분석이 연구개발의 핵심을 이루게 된다.

리튬이온 전지가 기존 전지와 다른 점 중 하나는 긴 화성(formation & aging) 기간이다. 에이징은 전해액이 전극의 빈 공간으로 들어가서 안정된 전해액 채널을 형성하도록 시간 여유를 주는 숙성 공정이다. 대개 1일 정도의 에이징 기간을 거치면 만족스러운 결과를 낸다. 그러나 SONY는 에이징뿐만 아니라 불량 검출 목적으로 28일이라는 긴 화성 기간을 사용했다. 28일의 화성 기간을 자격 부여 기간(qualification period)이라 부른다. 긴 화성 기간은 투자비 증가의 원인이 되는데, 전체 투자비의 3분의 1 정도가 화성 설비 투자에 사용된다.

SONY가 어떤 근거로 28일의 화성 기간을 결정했는지 알아보도록 한다. 리튬이온 전지는 분리막이 기존 전지의 100분의 1 정도로 얇아 금속 이물로 관통될 수 있다. 분리막이 관통되면 양극과 음극이 접촉되면서 쇼트가 일어난다. 이것을 하드 쇼트(hard short)라고 부른다. 관통되지 않더라도 금속 이물을 통하여 전류가 새어 나갈 수 있다. 이것을 소프트 쇼트(soft short)라고 한다. 금속 이물에는 동(Cu), 니켈(Ni), 철(Fe)이 있다. 동은 전극을 일정 크기로 자르는 슬리팅(slitting) 공정에서 음극 집전체인 동박으로부터 나올 수 있다. 원통형 전지의 캔은 저탄소강(low carbon steel)에 니켈을 도금한 것이다. 원통형 캔을 밀봉하는 공정인 비딩 앤 크림핑(beading & crimping) 공정 등에서 니켈이 나올 수 있다. 철은 장비가 주요 오염원이다. 전지에 혼입된 금속 이물은 전압을 걸어 주고 방치하면 서로 모여 커진다. 이것을 전압 지원 확산이라 부른다. 서로 모여서 커진 금속은 전압과 저항에 영향을 준다. 금속 이물 함유량이 기준 이상으로 많으면 전압 강하가 일어난다. 이것을 기준으로 불량 선별이 이루어지는 것이다. SONY의 실험 결과, 동은 확산이 완료되기까지 1~3일이 걸리고, 니켈은 약 7일이 걸린다. 철은 가장 느리게 진행되어 14일이 걸린다. SONY는 14일에 안전계수(safety factor) 2를 곱해서 28일을 화성 기간으로 정했다. 금속 이물을 줄이면 화성 기간도 줄일 수 있다. 그래서 전지 업계에서는 "이물과의 전쟁"이라는 말을 자주 사용한다.

05

:

리튬이온 전지 성능 향상

1) 용량 증대

(1) 인조 흑연 음극

1990년대 초의 리튬이온 전지는 수명이 1,000회 이상으로 휴대용 전자기기와 비슷한 수명을 갖고 있어 교체가 필요 없었다. 그러나 에너지 밀도는 경쟁 전지인 니켈수소 전지보다 낮아 동일 용량에서 부피가 더 컸다. 용량은 사용 시간을 결정한다. 충전 후 사용 시간은 휴대용 전자기기에서 중요한 경쟁 포인트이다. SONY에 이어 시장에 진출한 SANYO는 용량을 증대시키는 작업을 한다. 결정구조를 가진 흑연은 비정질의 카본보다 용량이 2배가량 높다. SANYO는 카본 대신에 인조 흑연을 음극으로 사용하기로 한다. 그러나 결정이 잘 발달된 흑연은 전해액인 PC의 분자 일부가 결정구조 속으로 들어가 리튬의 출입구를 막아 버리는 코인터컬레이션(co-intercalation) 현상 때문에 초기 수명이 급감하였다. 1980년대 그네 전지 개발이 활발하게 진행되고 있을 때 대표적인 유기용매인 PC와 흑연 간의 코인터컬레이션 현상은 리튬이온 전지 개발에 큰 걸림돌이었다. 그래서 PC

와 흑연이 만나는 것을 피하고자 용량이 불리해지는데도 불구하고 흑연 대신 카본을 음극 활물질로 선정했던 것이다.

SANYO는 카본 대신 흑연을 사용하지 않으면 휴대용 전자기기 시장에서 경쟁 전지인 고용량의 니켈수소 전지와 경쟁이 어렵다는 것을 인식하고, 흑연과 호환성이 있는 전해액 개발에 돌입한다. PC 전해액의 코인터컬레이션 현상은 PC 분자가 끊어지면서 분자 일부가 흑연의 발달된 결정구조 내로 들어가서 리튬 원자의 출입을 막기 때문에 일어나는 현상이다. 분자가 크고 복잡하기 때문에 일어나는 현상으로 분자 크기를 조절하면 코인터컬레이션 현상을 막을 수 있다. SANYO는 PC보다 분자 구조가 간단한 EC(ethylene carbonate)[1]를 전해액 용매로 사용한다. EC는 PC보다 분자가 작기 때문에 분자 일부가 잘려 흑연 결정구조로 들어가는 현상을 막을 수 있었다. 그러나 EC는 상온에서 고체이다. 액체로 만들기 위해서는 다른 용매와 혼합해 혼합용액을 만들어 녹는점을 낮추어야 했다. 고리 모양의 EC에 사슬 모양의 DEC(diethyl carbonate)나 DMC(dimethyl carbonate) 등의 용매를 넣어 녹는점을 비롯한 여러 특성을 조절하여 전해액을 완성하게 된다. 이런 과정을 거쳐서 니켈수소와 경쟁이 가능한 고용량의 리튬이온 전지가 탄생하였다.

인조 흑연은 카본으로부터 만들어진다. 카본을 2000℃ 이상의 고온에서 흑연화 열처리를 하여 비정질의 카본을 결정구조인 흑연으로 만드는 것이다. 흑연은 층상 구조로 각 층에는 탄소 원자 6개가 육각형 모양의 결정을 형성하며 육각형의 카본 원자들이 이차원으로 연결되어 벌집 모양을 만든다. 카본 섬유에서는 카본의 각 층이 그림 20(a)처럼 평행하게 배치되어 있다. 마치 양파와 같은 구조를 하고 있다. 그러나 리튬이온 전지에서

1 분자식은 $C_4H_6O_3$이고 녹는점은 35~37℃이다.

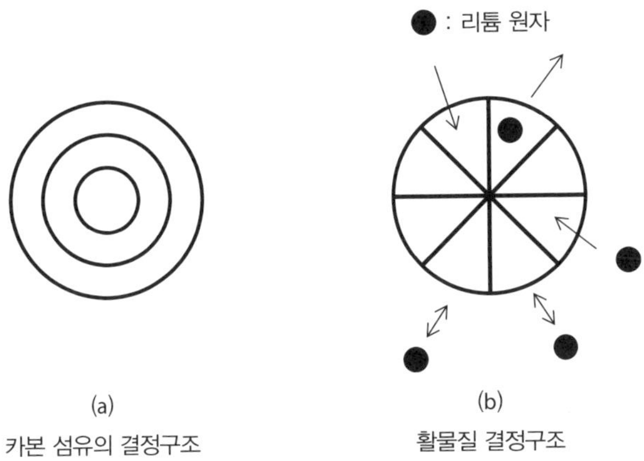

그림 20. 흑연 활물질의 결정구조

활물질로 사용 시, 양파 구조에서는 리튬 원자가 출입할 수 없게 된다. 그림 20(b)처럼 방사선 구조를 이루고 있어야 한다. 실제로 흑연 음극 활물질 개발에서 업체마다 고유 기술이 되는 부분은 얼마나 방사선 구조를 잘 만들어 리튬 원자의 이동을 자유롭게 해주느냐이다.

방사선 구조 외에 분말 자체의 형상도 성능에 중요한 역할을 한다. 전극의 미세구조는 활물질로 형성된 구조물의 빈 공간에 전해액이 채워진 형상으로 되어 있다. 이 구조물이 아름답게 지어질수록 전지의 성능은 좋아진다. 아름다운 구조의 전극을 만들기 위해서는 재료인 활물질의 모양이 아름다워야 한다. 다시 말하면 인조 흑연 분말의 모양이 성능에 직접적인 영향을 끼친다는 말이다. 인조 흑연은 분말의 모양에 따라 용량과 출력 차이가 난다. 이것은 예쁜 모양의 흑연 분말을 만드는 경쟁으로 이어진다. MBI는 구 형태의 인조 흑연인 MCMB(meso phase carbon micro bead)를, Toshiba Battery는 침상(needle) 구조인 MCF(meso phase carbon fiber)를 개발하여 용량 증대를 극대화시킨다.

또한, 흑연의 용량 증대를 위해서는 3000℃ 이상의 흑연화 온도로 결정성을 발달시키는 방법을 취한다. 그러나 이런 고용량 물질은 강도가 약해서 전극 제조 시 압연 공정에서 분말이 변형되어 기존 상태 유지가 어렵고 극판 기공 채널이 파괴되는 문제가 있다. 이에 대한 해결책으로 고용량 물질에 고강도의 고밀도 지지체 흑연을 혼합하여 사용한다. 고용량화를 위해서는 전극의 합제 밀도를 높여야 하므로 이처럼 두 종류의 흑연을 혼합하여 사용하는 것이 일반화되어 있다. 그러나 기계적으로 섞는 혼합은 시간이 지나면서 다시 2개의 상으로 분리되려는 성향이 강해진다. 소형 리튬이온 전지처럼 요구 수명이 짧은 용도에서는 상관없으나 HEV나 ESS(Energy Storage System)처럼 10년 이상의 수명을 요구하는 용도에서는 혼합 활물질에 대한 장기 신뢰성에 대하여 특별히 주의할 필요가 있다.

(2) 양극 활물질

음극은 전지 시스템을 결정하는 전극이고, 양극은 주로 성능을 결정하는 전극이다. 음극을 교체할 때에는 SANYO의 인조 흑연에서 본 것처럼 전지 시스템 전체를 다시 조율해야 하는 경우가 많다. 그 반면에 양극은 양극 활물질만 교체하면 되므로 음극에 비하여 간단하게 개선 작업을 할 수 있다. 이런 이유로 전지 업체에는 양극 활물질에 대한 연구가 활발히 진행되어 왔다. 또한, 양극 활물질은 전지 업체의 전략 소재이기 때문에 리튬이온 전지 개발 초기에 다수의 일본 전지 업체들은 양극 활물질을 직접 생산하여 내재화하기도 하였다.

전지 업체가 양극소재를 내재화할 경우에는 전량을 다 생산하는 경우는 드물고 대개 내재화 비율을 40~60%로 조정한다. 전량 생산하지 않고 내재화 비율을 조정하는 데에는 두 가지 이유가 있다. 첫째는 계속 진보하는 전지 업계의 소재 기술 정보가 차단되어 고립될 가능성을 방지하기 위하여 50% 정도는 외부 업체로부터 공급받는 것이다. 전지 분야는 특히 정보에 입각한 연구가 중요하므로 자체적으로 모든 것을 조달한다면 최신 정보에 뒤처질 수가 있다. 두 번째는 대량생산하는 소재 전문 업체에 비하여 가격 경쟁력에 대한 확신이 없기 때문이다. 그래서 게임의 규칙을 바꿀 정도의 획기적인 소재가 아닌 이상 내재화 비율을 40~60% 수준으로 유지하는 것이 바람직하다고 전지 업체들은 생각한다.

⊙ LCO 표면 코팅

LCO의 미세구조는 층상 구조이다. 산소층과 산소층 사이에 코발트 금속층이 있다. 산소, 코발트, 산소로 이루어진 기본 골격 사이를 리튬층이 놓여 있는 형태로 일종의 샌드위치 구조로 되어 있다. 산소는 마이너스(-), 코발트와 리튬은 플러스(+) 극성을 갖고 있으므로 LCO 표면은 극성을 띠고 있다. LCO와 전해액이 접촉하면 전해액의 극성 분자는 반대 전하를 띠는 표면으로 끌리면서 전해액 분자가 분해되는 현상이 발생한다. 이렇게 되면 전지의 성능이 떨어진다. 이에 대한 해결책으로 표면에 금속 코팅을 하여 표면의 극성을 없앤다. LCO 표면에 금속 코팅층이 확산 장벽(diffusion barrier) 역할을 하여 LCO 표면과 전해액의 접촉을 막아 전해액 분해를 방지하는 것이다. LCO 표면에 알루미늄과 같은 금속을 코팅하여 전해액 분해를 막아 용량을 유지하는 방법은 전지 업계에서는 잘 알려진 기술이었으나 실제로 양산에 적용한 업체는 삼성SDI였다. 삼성SDI는 LCO 표면에 알루미늄을 코팅하는 기술을 개발한 후 천안에 있는 한국유미코아에 기술을 이전하여 대량생산하였다. 2000년대 초부터 중반까지는 LCO 양극으로 만든 리튬이온 전지가 한계 성능에 도달하여 발화, 폭발을 일으키던 시기였다. 일본 업체에서는 이 시기에 LCO에 티타늄(Ti)과 지르코늄(Zr)을 코팅하는 기술을 상용화하였다. 이는 LCO의 제2세대 코팅 기술이라고 할 수 있다. 이 시기에 국내 업체에서는 공장 증설이 한창 진행되고 있었기 때문에 제2세대 코팅 기술을 거치지 않고 다음 세대의 양극 소재인 니켈계 양극 활물질 개발로 넘어가게 된다.

⊙ 니켈계 양극소재

1990년대 하반기부터 휴대용 전자기기 업체의 용량에 대한 요구 사항이 구체화되기 시작했다. 미국 동부에 있는 뉴욕에서 서부의 샌프란시스코까지 비행기를 타고 가는 데 5시간 정도가 걸린다. 이 시간 동안 노트북을 작동할 수 있는 전지의 용량이 휴대용 전자기기 업체의 요구였다. 이것을 18650 원통형 전지 기준으로 하면 3Ah 정도이다. 그 당시 18650 원통형 전지의 용량이 1.6~1.8Ah 수준이었으므로 전지 업체에 대하여 획기적인 용량 향상을 요구한 것이다. SONY에서 1990년대 초에 시장에 선보인 18650 전지의 용량이 1.2Ah였다. 전지 업체 간의 용량 경쟁으로 1.8Ah 수준까지 용량이 증대되었지만 3Ah 용량을 달성하기 위해서는 전지 소재 변경이 필요했다. 또한, 전극의 에너지 밀도를 늘리고 분리막의 두께와 집전체로 사용되는 금속박의 두께를 줄이는 방식의 에너지 밀도 향상 방법에 한계가 오고 있었다. 음극소재 변경은 전지 시스템 변경을 수반하는 경우가 많았으므로 양극소재 변경이 전지 업체의 관심사가 되었다. 이런 시장 환경하에서 LCO보다 단위 부피당 용량이 큰 LNO 양극소재가 목표 소재로 부각된다.

LNO는 LCO보다 용량은 크지만, 리튬이 과도하게 빠져나가면 니켈층에 있는 니켈 원자가 리튬층으로 이동하는 경향이 더 강하다. 니켈 원자가 리튬층으로 이동하여 등방 구조로 바뀌면서 산소층에 있는 산소가 빠져나와 전해액과 반응하여 발화를 일으키기 쉬워진다. 다시 말해서 니켈계 양극소재는 용량은 LCO보다 컸지만, 안전성에 문제가 있는 소재였다. 니켈계 양극소재의 안전성 강화를 위해서 니켈층에 있는 니켈 원자가 리튬층으로 이동하지 못하게 니켈 원자를 잡아 주는 역할을 하는 다른 금속 원자를 합금화(doping)하여 안전성을 강화하는 방법이 개발 전략으로 제시되었다. 니켈 원자를 금속층에 잡아 주는 역할을 하는 금속 원자로서 코발트(Co), 망간(Mn), 알루미늄(Al) 원자가 후보군에 올랐다. 일종의 하이브리드 양극소재를 설계하는 개발이 전지 업체를 중심으로 진행된 것이다.

금속층에 니켈과 코발트를 주성분으로 하고, 알루미늄을 소량 넣은 물질이 NCA이다. NCA는 출력이 우수했다. NCA보다 안전성이 강화된 소재를 만들기 위해서 금속층에 니켈을 50% 넣고, 나머지 50%를 코발트와 망간으로 채운 것이 NCM이다. NCM은 니켈의 장점인 고용량을 유지하면서 코발트와 망간의 장점을 결합시킬 수 있는 재료 설계였다. 또한, 금속층에 니켈, 코발트, 망간을 3분의 1 비율로 동일하게 합금화시켜 니켈, 코발트, 망간의 장점을 조합시킨 소재를 설계하였다. 이것을 간단히 3분의 1계라고 불렀다. 이 세 종류의 니켈계 양극소재 개발이 활발하게 진행되었다. 성능 측면에서는 NCA가 용량과 출력의 우위를 보였으나 안전성이 좋지 않았다. 3분의 1계는 출력과 안전성에서는 요구 조건을 만족시켰으나 용량이 작은 것이 단점이었다. 2000년대에는 다양한 니켈계 활물질이 개발되면서 여러 용도에 사용되었다. 활물질별로 장단점이 있지만 NCM이 가장 보편적으로 사용되고 있다. 그러나 HEV에서는 출력 성능이 우수한 NCA가 NCM보다 먼저 적용되었다.

⊙ NCM 양극소재

NCM의 소재 설계 철학은 LNO, LCO, LMO의 장점을 모두 겸비한 소재의 개발이다. LNO의 용량, LCO의 출력, LMO의 안전성을 조합시키는 것이 개발 목표였다. 그렇다면 이 세 활물질을 섞어 혼합하면 어떻게 될 것인가? 공교롭게도 세 활물질의 단점이 조합되는 현상이 발생한다. 그러므로 혼합법이나 고상법으로는 제조가 어렵다. 공침법(co-precipitation)을 사용해야 한다. 공칩법은 공정 확립이 용이하지 않은 세라믹 제조법이다. 이런 이유로 기술 확립에 다소 어려움을 겪었다. 1990년대와 2000년대 초까지만 하여도 니켈계 양극 활물질의 제조 가능 여부에 대하여 부정적인 의견이 많았으나 결국은 니켈계 양극 활물질 개발에 성공한다.

NCM 제조 공정은 전구체 제조 공정과 소결 공정으로 구분된다. 전구체는 공침법에 의하여 만들어지며 하이드록사이드(hydroxide) 형태를 취하고 있다. 소결 공정에서는 전구체와 리튬 화합물을 섞어서 소결체를 만든다. 소결이 끝나면 벽돌처럼 단단해지는데, 이것을 분쇄한 후 분말 크기를 조정하여 활물질을 만드는 것이다. 전구체 제조 공정에서는 촉매로 사용되는 암모니아 때문에 다량의 폐수가 나온다. 양극소재 사업에서 폐수처리 설비와 비용이 큰 비중을 차지한다. NCA는 출력 성능이 우수해서 HEV 초창기에 많이 사용했던 활물질이다. 실제로 NCA만이 HEV 요구특성을 만족시킬 수 있었다. 그러나 안전성이 취약하고, 저온 충전 시 음극에 리튬 금속을 석출시키는 문제가 있어 현재는 한정적으로 사용되고 있다. 저온 충전 시 음극에 리튬 금속 석출은 2000년대에 리튬이온 전지 채용을 막는 가장 큰 걸림돌이었다. 동력 지원 하이브리드자동차(power assist HEV)에 시동을 걸면 엔진이 돌면서 전지에 충전을 한다. 그러므로 겨울에 시동을 걸 때마다 음극에 리튬이 석출되는 현상이 발생할 수 있다. 정확한 원인은 밝혀지지 않았지만, 저온 충전 시 계면 저항이 갑자기 높아지는 현상에 기인하는 것으로 보인다. 음극을 흑연에서 소프트 카본으로 교체하거나 양극 활물질을 NCA에서 NCM으로 교체하면서 이런 문제가 해결되었다.

NCM은 안전성 보강을 위하여 LMO와 혼합하여 사용한다. 20Ah대 용량에서는 NCM에 LMO를 혼합하고, 50Ah 이상에서는 LMO에 NCM을 혼합한다. 그러나 혼합된 소재는 상황에 따라서 서로 분리될 가능성이 있어 바람직한 방법은 아니다. NCM에서는 니켈 함량이 증가할수록 고용량 구현이 가능하므로 니켈 함량을 현재의 50%에서 더 늘려 용량을 증가시키는 방향으로 개발이 진행되고 있다.

2) 가격 경쟁력 확보

(1) 천연 흑연

⊙ 천연 흑연 개발 이력

음극 활물질은 전지 시스템과 깊은 관련이 있는 전극이므로 음극 활물질을 교체한다는 것은 새로운 전지를 개발하는 것이나 마찬가지이다. 그렇기 때문에 전지에 대해 자신 있는 업체만이 음극 활물질에 도전을 해 왔다. SANYO가 카본에서 인조 흑연으로 음극 활물질을 교체한 것이 대표적인 예이다. SANYO는 MBI와 함께 세계적인 명성이 있는 전지 종합 메이커로서 전지에 대한 지식과 경험이 풍부한 업체이다. 이런 경험과 자신감으로 고용량의 인조 흑연을 도입한 것이다.

1990년대 중반에는 리튬이온 전지의 가장 큰 문제가 가격이었다. 경쟁 전지인 니켈수소 전지와 3C라고 하는 노트북(notebook PC), 휴대폰(cellular phone), 캠코더(camcorder) 시장에서 경쟁하기 위해서는 가격이 더 내려가야 했다. 이번에도 SANYO가 나섰다. SANYO는 저가의 천연 흑연을 음극 활물질로 사용하는 연구개발을 한다. 인조 흑연은 카본을 만든 다음에 고온에서 흑연화 열처리를 해야 하므로 공정에 비용이 많이 든다. 그 반면에 천연 흑연은 흑연 광산에서 채광하는 것이므로 당연히 인조 흑연보다 쌌다. 문제는 자연에서 그대로 가져온 천연 흑연을 어떻게 전지의 까다로운 요구 조건에 맞게 만드느냐 하는 것이었다. SANYO는 불순물을 제거하고, 형상도 전지 재료에 사용 가능하도록 개선한다. 이런 노력의 결과로 저가의 천연 흑연을 리튬이온 전지에 사용할 수 있게 되었다. 천연 흑연이 개발되던 시기에 일본 업체의 공정 수율도 90%를 넘겼다. 저가 소재에 수율 향상이 결합되면서 리튬이온 전지는 1990년대 하반기부터 가격 경쟁력을 확보하기 시작한다. 우수한 성능에 가격 경쟁력까지 가세하자 시장에서 주력 전지로 부각되기 시작한다. 많은 사람의 예상을 뒤엎은 결과였다. 전지 사업에서 소재의 중요성을 인식하기 시작한 시점도 이때부터였다.

⊙ 공정운영시스템 변경

음극소재의 변경은 예상했던 것처럼 새로운 공정을 필요로 했다. 카본에서 인조 흑연으로 가면서 전해액이라는 전지의 핵심 시스템이 변경되었다. 인조 흑연에서 천연 흑연으로 변경도 공정운영시스템의 큰 변화를 가져왔다. 음극 변경은 새로운 전지 개발과 동일하다는 전지 업계의 상식이 들어맞은 것이다. 천연 흑연은 비표면적이 크기 때문에 기존의 PVDF 바인더로는 접착력을 발휘하기 힘들어진다. 강력한 접착력을 가진 SBR(Styrene Butadiene Rubber) 바인더가 사용되었다. SBR은 유기용매인 NMP(*N*-methyl-2-pyrrolidone) 대신에 물을 용매로 사용하여 음극 슬러리를 만들기 때문에 수계 바인더(water-based binder)라고 부른다. SBR 바인더는 계면활성제인 CMC(carboxymethyl cellulose)와 같이 사용한다. PVDF와 SBR은 결착 원리가 다르다. PVDF 바인더는 폴리머 체인이 활물질을 감싸는 형태로 결합이 이루어진다. 그 반면에 SBR은 활물질과 활물질 간에 점접촉을 만들어 마치 스프링이 두 물체를 연결하는 것처럼 접착력을 발휘한다. 활물질 표면에는 계면활성제인 CMC가 코팅되어 있다. 이렇게 결착 원리가 달라서 SBR 바인더는 PVDF보다 소량으로 동일 접착력을 발휘할 수 있다. 바인더 양이 줄어들기 때문에 그만큼 활물질을 더 충전시킬 수 있어 수계 바인더 사용 시 용량 증대의 효과도 있다. 그러나 다음과 같은 문제점도 있다. SBR 바인더는 PVDF 바인더보다 약 5배 정도의 가스를 더 발생시킨다. 그래서 가스를 제거한 후 전지를 밀봉해야 하는 어려운 문제가 발생한다. 리튬이온 전지에서 가스는 화성 공정에서 전해액과 음극이 반응하여 음극 표면에 SEI 필름이 형성되는 과정에서 발생한다. 그러므로 화성 공정으로 가스를 제거한 후 전지를 밀봉해야 한다. 이것을 예비 충전이라고 한다. 예비 충전은 화성실이 아니라 제조실에서 이루어진다. 그러므로 기존의 조립 공정이 변경되어야 한다. 끊어짐 없이 직선으로 곧게 흘러가던 조립 라인이 예비 충전으로 인하여 물류 흐름이 단속적이 된다. 예비 충전에서 가스 발생으로 전해액이 넘쳐흐르는 전해액 범람 현상이 나올 수도 있으므로 전해액을 2차로 나누어 주입한다. 제조실에서 실시하는 예비 충전으로 30% SOC(State of Charge)까지 충전을 시킨다. 화성실에서 나머지 충전을 한 후 약 65℃에서 고온 에이징을 한다. 고온 에이징은 피막 안정화 및 균일성 확보를 위해서 하는 것으로 화성 기간을 획기적으로 줄일 수 있다.

인조 흑연에서 천연 흑연으로 음극소재를 변경함에 따라 제조 공정에서 예비 충전이 추가되었고, 화성 공정은 상온 에이징에서 고온 에이징으로 공정이 대폭 변경되었다. 국내 업체는 음극에 SBR 바인더 도입이 상당히 늦었다. 그 이유는 양산 1호기를 투자할 때 비용절감을 위해 코터기의 배관을 일반 강관으로 해서 물을 용매로 사용하는 SBR 바인더는 코터기에서 사용할 수 없었기 때문이다. 이후 양산 2호기에서 배관이 스테인리스강관으로 된 코터기를 설치한 후 SBR 바인더 기술을 적용할 수 있었다.

(2) 전해동박

동박은 제조법에 따라 압연동박과 전해동박으로 나뉜다. 압연동박은 기계적 가공법에 따라 동박을 만드는 것이고 전해동박은 전기 화학적으로 동박을 만드는 것이다. 원재료, 장비 투자비, 가공비 측면에서 전해동박이 압연동박보다 저렴하다. 그러나 전해동박은 원래 회로기판용으로 개발된 제품이기 때문에 전지용으로는 부적합했다. 그래서 SONY를 비롯한 일본 업체들은 비싼 압연동박을 사용할 수밖에 없었던 것이다. 압연동박은 용해, 주조, 열간 압연, 냉간 압연의 전통적인 금속 가공 공정을 사용하여 만든다. 원재료도 저가의 동 스크랩보다는 품질관리를 위해서 고가의 전기동을 사용한다. 압연동박은 고가의 정밀 압연기가 필요하므로 투자비가 높다. 그 결과 국내에는 압연동박을 제조하는 업체가 없다. 1990년대에 동 제련 업체인 LG금속에서 동 판재 사업을 여러 번 검토하였으나 결국은 높은 투자비와 시장 확보에 대한 불확실성으로 투자하지 못했다. 압연동박에서는 동박의 두께가 얇을수록 더 많은 하중이 필요하고 정밀도가 증가하기 때문에 두께가 얇은 박을 만들 때에는 지원롤(back-up roll)이 많은 고가의 정밀 압연기가 필요해진다. 그것이 투자비 증대의 주원인이다. 그 반면에 전해동박은 투자비가 적고 공정이 간단해서 국내의 일진과 LS에서 생산하고 있다.

전해동박 제조 원리는 다음과 같다. 동 스크랩을 황산에 녹여서 황산구리($CuSO_4$) 용액을 만든다. 티타늄 드럼이 황산구리 용액이 들어 있는 탱크에서 일정 속도로 회전하면서 드럼에 전해 채취 방식으로 동박을 연속적으로 만들어 낸다. 동 제련에서 전기동을 얻을 때 전기 화학적 방법을 사용한다. 이 공정에서 아이디어를 얻어 개발된 것이 전해동박이다. 1990년대 하반기에 일본의 Toshiba Battery는 일본의 전해동박 전문 업체와 공동으로 리튬이온 전지에 사용 가능한 전해동박을 개발한다. 전해동박이 개발되면 고가의 압연동박을 사용하지 않아도 되므로 원가절감 효과가 크다. 회로기판에 사용되는 전해동박을 전지에 사용하려면 두 가지 해결해야 할 과제가 있다. 첫째는 드럼과 접촉하는 동박의 표면과 반대쪽 표면이 색상, 조도를 비롯한 물리적 특성이 달라서 동일하게 맞추어야 한다. 둘째는 결정립이 길쭉한 형태여서 롤 방향 강도와 롤 수직 방향의 강도가 다르다. 전지에 사용하기 위해서는 동박 양면이 동일한 조도를 가지고 있어야 할 뿐만 아니라 기계적 등방성을 갖기 위하여 원형에 가까운 미세 결정립이 균일하게 분포되어야 한다.

동박 기술의 공정 변수는 전류 밀도와 황산구리 용액에 넣는 첨가제이다. 이 두 가지 변수가 모든 성능을 결정한다. 품질관리 측면에서는 사용된 첨가제를 신속히 제거하여 불순물로 들어가지 못하게 하는 기술이 필요하다. 전해동박 업체에서는 전류 밀도와 첨가제 조정을 통하여 전지에서 요구하는 특성의 전해동박을 개발하는 데 성공한다. 전지용 전해동박은 동박 제조 후에 표면 처리를 하는 후처리 공정이 생략되기 때문에 기존의 전해동박보다 오히려 공정이 더 간단하다.

리튬이온 전지에서는 용도에 따라 동박의 요구 두께가 다르다. 휴대폰, 노트북과 같은 휴대용 전자기기에서 동박은 용량에 기여하는 물질이 아니다. 그러므로 얇을수록 전지에 유리하다. 그래서 휴대용 전자기기에서는 10μm 이하의 얇은 동박이 사용된다. HEV와 같은 고출력 분야에서는 동박이 전자를 수집하여 전달해 주는 적극적인 역할을 하므로 전자 이동의 병목현상이 일어나지 않도록 어느 정도 두께가 되어야 한다. 또한, 20C 이상의 고출력을 요구하는 전동공구에서는 20μm 수준의 두꺼운 동박이 요구되기도 한다. Toshiba Battery가 전지용 전해동박 개발에 성공한 이후에 압연동박에서 전해동박으로 급격히 바뀌었으며, 전해동박의 채용은 원가절감에 중요한 역할을 했다. 음극은 저가의 전해동박에 저가의 천연 흑연 사용으로 원가에 큰 기여를 하게 된다. 음극에서 가격 혁신이 일어난 것이다. 의도적인 것은 아니었지만 음극은 가격, 양극은 용량과 안전성을 목표로 개발이 진행되어 왔다.

3) 전지 종류 다양화

(1) 원통형 전지

⦿ SONY의 원통형 전지

원통형 전지는 가장 범용적인 전지이다. 생산 속도에서는 각형의 2배, 파우치 전지의 3배이며 에너지 밀도는 가장 높고 단위 에너지당 가격($/Wh)은 가장 낮다. 원통형 전지는 일반적으로 제조기술로 경쟁하기 때문에 전지 경험이 많은 업체를 추월하기가 어려운 분야이다. 1990년대 중반에 삼성SDI와 LG화학이 리튬이온 전지 사업 전략을 수립할 때 원통형은 선두 업체인 일본 업체와 경쟁하기 어려울 것으로 판단하여 1개 라인 정도만 투자하는 것으로 하였다. 그러나 시간이 지나면서 원통형 전지의 공급 부족 현상이 심화되자 원통형에 집중 투자하는 것으로 전략을 수정하였다.

1990년대 초 SONY가 만든 원통형 전지는 세 종류였다.[2] 1차전지인 알칼리 전지의 주력 사이즈이며 AA라고 하는 14500, 니카드 전지와 니켈수소 전지에서 많이 사용되고 있는 20500 사이즈와 SONY에서 캠코더용으로 특별히 설계한 18650이다. 용량은 14500이 450mAh, 20500과 18650은 1200mAh였다. 14500은 용량이 너무 작아서 적당한 용도가 많지 않았기 때문에 20500과 18650 사이즈가 주로 사용되었다. 이 전지의 에너지 밀도는 각각 261Wh/L, 253Wh/L였고, 단위 무게당 용량인 비에너지는 110Wh/kg, 108Wh/kg이었다. 무게와 부피가 적절한 조화를 이루는 전지로 평가할 수 있다. 일상생활에서 시각적으로 어떤 물건을 보았을 때 예상되는 무게가 있다. 그런 예상 무게를 염두에 두고 그 물건을 실제로

2 K. Ozawa, *Solid State Ionics* 69 (1994) 220.

들어 보았을 때 예상이 딱 들어맞았을 때 손에서 오는 느낌이 제일 좋다. 그런 측면에서 보면 니켈수소 전지는 너무 무겁다. 그래서 전지의 무게가 니켈수소 전지의 단점이 된 것이다.

리튬이온 전지의 에너지 밀도는 당시 경쟁 전지인 니켈수소 전지보다 낮았지만, 수명이 1200회 이상으로 300회의 니켈수소 전지보다 4배 이상 긴 장수명 전지로 태어났다. 장수명의 원천은 흔들의자 원리와 보호회로이다. 원통형이 각형이나 파우치 전지에 비하여 에너지 밀도가 높은 것은 둥글게 감는 젤리롤(jelly-roll)의 효율성 때문이다. 또한, 젤리롤 제작 시 충분한 압력이 전극에 가해지기 때문에 캔에서 과도하게 압력을 가할 필요가 없어 각형보다 캔의 두께가 얇다. 캔이 차지하는 부피가 작으므로 그만큼 더 많은 활물질을 넣을 수 있어서 에너지 밀도 증대에 기여하게 된 것이다. 원통형 전지 캔은 가공성이 좋은 저탄소강으로 만들며 부식 방지를 위해서 표면에 니켈 도금을 한다.

⊙ 에너지 밀도 증가

1990년대 초 1200mAh 용량을 갖고 있던 18650 원통형 리튬이온 전지는 200mAh 단위로 용량이 증대된다. 음극소재가 카본에서 흑연으로 교체되면서 약 1500mAh로 용량이 증가한다. 일부 업체에서는 1400mAh나 1450mAh로 용량을 낮추어 출시하고, 일부 업체에서는 1500mAh로 출시한다. 그 이후에는 전지 설계 기술에 따른 용량 증대이다. 1200회 이상의 수명은 휴대용 전자기기 업체에서 요구하는 수준인 500회를 훨씬 상회하는 수준이었다. 1200회 수명을 가진 리튬이온 전지는 여분의 700회 수명을 용량으로 전환하는 작업을 한다. 전극을 두껍게 해서 활물질량을 늘리고 압연 공정에서 압연율을 늘려 전극의 합제 밀도를 높였다. 용량에 기여하지 않는 분리막, 동박, 알루미늄박의 두께를 줄여서 활물질이 들어갈 수 있는 공간을 늘렸다. 또한, 전지 제조 기술이 향상되면서 양극과 음극 간의 쇼트 방지를 위한 음극의 여유 면적인 상쇄 용량 크기를 줄였다. 전극의 상쇄 용량은 전극 간의 하드 쇼트를 막기 위하여 음극을 양극보다 크게 만들어 와인딩 공정에서 직진도 실수를 방지하는 역할을 한다. 이런 과정을 거쳐서 1990년대 말에는 1800mAh 용량에 500회 수명을 가진 리튬이온 전지가 만들어졌다. 니켈수소 전지는 역으로 용량을 줄이면서 수명을 300회에서 500회로 늘려 휴대용 전자기기 업체의 요구에 부응하였다. 1990년대 말이 되자 리튬이온 전지와 니켈수소 전지의 수명은 500회로 동일하고, 에너지 밀도를 말하는 용량은 리튬이온 전지가 더 컸다. 리튬이온 전지가 시장 요구에 따른 전지 설계 변경으로 장수명 전지에서 고용량 전지로 탈바꿈한 것이다.

전지 업계의 많은 전문가들은 리튬이온 전지의 이론 한계 용량을 2000~2200mAh로 보고 있었다. 실무자들은 1800mAh에서 멈추어야 한다는 주장을 하였다. 그러나 에너지 밀도로 니켈수소 전지를 시장에서 몰아낸 리튬이온 전지의 용량 경쟁은 계속되었다. 1990년대 말에는 누가 먼저 2000mAh 벽을 넘는지에 대한 경쟁이 치열하였다. 전극의 전극 밀도를 더 높이고, 금속박과 분리막의 두께는 더 줄이면서 제조 공정에서 설계 마진을 계속 줄여 갔다. 그 결과 2000년대에 들어와서는 2000, 2200mAh 용량의 전지가 출현하였고, 마침내 2400mAh 전지도 출현하게 되었다. 10년 조금 넘는 기간에 용량이 2배가 된 것이다.

⊙ 센터핀

원통형 전지는 각형 전지보다 에너지 밀도가 높고 전지 크기가 커서 더 많은 에너지가 캔에 들어 있다. 따라서 내압이 커졌을 때 가스를 방출하는 벤트 기능에 전류를 차단하여 열폭주를 막는 CID가 젤리롤과 전지 뚜껑 사이에 추가적으로 장착되어 있다. CID는 전자 흐름의 길목에서 전자의 흐름을 방해하기 때문에 각형 전지에 비하여 원통형 전지가 출력 성능이 떨어진다. 와인딩 공정으로 젤리롤을 만들 때 맨드릴(mandrel)을 축으로 하여 음극, 양극과 분리막 두 장을 감는다. 양면 코팅한 전극을 사용하기 때문에 분리막이 두 장 필요한 것이다. 와인딩이 끝나면 맨드릴에서 젤리롤을 뺀다. 그렇게 하면 맨드릴 자리가 비게 된다. 이 젤리롤 원통형 중심 구멍을 통하여 용접봉을 집어넣어 캔 내부 바닥과 음극 탭을 용접한다. 다시 말해서 원통형 모양의 젤리롤은 중심축이 비어 있는 형태이다. 18650 원통형 전지 용량이 2000mAh가 넘게 되면서 젤리롤의 무게 때문에 젤리롤 중심축에 지지대를 넣을 필요성이 생겼다. 이런 목적으로 젤리롤 중심에 넣은 구조물이 센터핀(center pin)이다.

초기에는 금속봉이나 세라믹봉이 센터핀으로 사용되었다. 중심을 잡아주는 구조물이기 때문에 튜브보다는 강도가 높은 봉 형태가 더 바람직한 설계라고 생각했기 때문에 봉을 선정한 것이다. 그런데 센터핀을 사용할 경우 전지의 안전성이 더 악화되는 현상이 발견되었다. 안전성 강화를 위하여 장착한 부품이 안전성을 더 악화시킨 것이다. 그러자 센터핀의 역할에 대한 분석이 시작되었다. 원통형 모양의 젤리롤 중심부는 혹사 조건에서 연기가 빠져나가는 연통의 역할을 한다. 이런 연기의 통로를 금속봉이나 세라믹봉으로 막아 놓다 보니까 연기가 제대로 빠져나가지 못해서 안전성이 악화된 것이다. 전지 업체에서는 봉에서 튜브로 센터핀을 교체하기로 한다. 튜브 선정 과정에서 튜브의 단면적에 따라 안전성 수준이 달라지는 것을 발견한다. SBR 바인더를 사용한 천연 흑연 음극의 18650 원통형 전지의 경우 혹사 조건에서 젤리롤 중심부의 단면이 하트 모양으로 변형된다는 것을 알아낸다. 그래서 하트 모양 단면을 가진 스테인리스 튜브가 센터핀으로 선정되어서 2000mAh 이상의 18650 원통형 전지에 사용되었다.

원통형은 젤리롤의 구조상 열발산이 잘 안 된다. 특히 고출력을 내야 하는 중대형 전지에서는 원통형의 나쁜 열발산 때문에 심각한 문제가 발생하기도 한다. 불균일한 열 분포로 전극이 국부적으로 타는 현상도 발생한다. 리튬이온 전지는 외부 공기와 접촉하면 안 되므로 완전 밀봉(hermetic sealing)을 한다. 통조림 캔을 밀봉하는 것처럼 밀봉하는데, 내부에서 젤리롤이 움직이지 않도록 비딩(beading) 공정으로 고정시키고, 크림핑(crimping) 공정으로 밀봉한다. 비딩 시에 균일한 힘이 가해지지 않으면 나중에 응력 부식[3]이 일어날 수 있다. 응력 부식이 일어나는 이유는 잘록하게 단면이 줄어든 비딩 부위에 응력 집중[4] 현상이 일어나기 때문이다.

⊙ CID 아크 발생 현상

1990년대에는 여러 개의 전지를 연결시켜 팩을 만들어 사용해야 하는 고전압 분야에는 리튬이온 전지를 많이 사용하지 않았다. 노트북에서 4S×3P로 18650 원통형 전지를 3개 병렬 연결하고, 그것을 4개 직렬 연결하여 평균 팩 전압을 14.4V로 만든 전지가 가장 많이 사용된 예가 될 것이다. 물론 대량생산이 아닌 특수 용도로는 더 많은 전지를 연결하여 사용한 예가 종종 있었다. 2000년대에 들어서면서 HEV 시장이 부각되었다. HEV용 팩은 전기모터를 구동시켜야 하므로 전압이 300V가 넘는다. 리튬이온 전지 90개 정도가 직렬 연결된다. 300V가 넘는 HEV용 팩에서 1개의 원통형 전지가 과충전으로 CID가 열렸을 때 300V가 넘는 팩의 전압이 열린 CID에 몰리는 현상이 관찰되었다. 자동차 업계에서는 이때 CID에 아크(arc)가 발생할 수 있다는 가능성에 대하여 크게 염려하였다. 차 사고 발생 시 화재가 나는 것은 대부분 아크로 인한 것이므로 자동차 업계에서는 특히 아크 발생에 대하여 민감하다. 만약에 아크가 발생한다면 유기용

---

3 응력 부식은 부식 환경에서 응력이 가해지는 부분에 일어나는 부식이다.

4 응력 집중은 기하학적으로 각이 져 있는 부분에서 응력이 증폭되는 현상이다.

매인 전해액이 발화될 수 있기 때문이다. HEV Top 3 업체인 TOYOTA, HONDA, Ford는 이 문제를 심각하게 받아들였다. Ford는 2006년에 전지 업체인 삼성SDI를 통하여 이 문제에 대한 분석 작업을 하였다. 납축전지를 사용하여 CID에 고전압을 걸어 주고 아크가 발생하는지를 촬영하는 작업이 진행되었다. 전압이 200V가 넘으면서 아크가 발생되는 것이 관찰되었고 이 현상은 비디오로 촬영되었다. 그다음 단계는 아크 발생을 방지하는 것이지만 CID가 금속 부품으로 되어 있기 때문에 금속 부품을 사용하는 한 아크를 피할 수는 없었다. CID의 아크 발생은 전압이 높기 때문에 일어나는 현상으로 리튬이온 전지 입장에서는 새로운 경험이었다. 안전성 강화를 위해서 추가로 원통형에 장착한 CID가 새로운 안전성 문제를 일으키게 된 것이다.

(2) 각형 전지

⊙ 휴대폰 작동 전압

1990년대에 가장 큰 시장은 휴대폰과 노트북이었다. 이 시장에서 니켈수소와 리튬이온 전지의 경쟁은 치열했다. 가격 경쟁력과 안정된 성능으로 니켈수소 전지는 주력 전지로서 위치를 굳혀 가는 경향을 보였지만, 리튬이온 전지의 전망은 시장 예측 전문 기관에서 어둡게 보았다. 그 당시 휴대폰은 5V에서 작동하였다. 1.2V의 니켈수소 전지는 5개가 직렬 연결되어 6V 전압의 팩을 구성하였고, 리튬이온 전지는 3.6V 셀 2개가 직렬 연결되어 7.2V 팩을 구성하였다. 전압 호환성 측면에서도 리튬이온 전지가 불리했던 것이다. 당시에는 직류 전압의 크기를 변경시키는 DC/DC 컨버터의 성능이 좋지 않았기 때문에 전압 변환에 따른 손실도 무시할 수 없었다. 그 당시 니켈수소 전지는 껌 전지라고 부른 작은 각형 전지를 사용하였고, 리튬이온 전지는 18650 원통형 전지를 사용했기 때문에 팩 기준으로 보면 니켈수소 전지 팩이 작아서 경쟁력이 있었다. 각형 리튬이온 전지는 용량도 작았고, 2개를 직렬 연결하려면 상하로 전지를 놓아야 하므로 전지 간 접촉 면적이 커서 열발산 문제도 심각했다. 이런 이유 때문에 18650 원통형 전지를 사용할 수밖에 없었던 것이다. 3V급 휴대폰이 가능했지만 문제는 전력 증폭기의 전압이었다. 이런 상황에서 Motorola는 3V급 전력 증폭기를 개발하여 3V에 작동하는 휴대폰 개발에 성공한다. 리튬이온 전지 1개로 팩이 가능하게 된 것이다. 이것을 계기로 리튬이온 전지의 경쟁력이 급상승한다. Motorola가 3V급 휴대폰 개발에 적극적이었던 것은 리튬이온 전지의 경쟁력을 높여 휴대폰의 영업에서 전지를 차별화 전략으로 내세우기 위한 것도 있었다. 당시 전지는 휴대폰에서 경쟁력에 중요한 역할을 하는 핵심 부품이었다. 휴대폰은 기능이 단순하였으므로 성능은 큰 차이가 없었고 외관이 차별화 포인트였다. 그렇기 때문에 작고, 가볍고, 얇은 휴대폰을 만들기 위해서는 전지가 큰 역할을 할 수밖에 없었던 것이다.

⊙ 휴대폰 업체

전지의 중요성을 간과했다가 몰락한 업체가 Motorola, Nokia와 함께 1990년대 휴대폰 Top 3 업체였던 스웨덴의 Ericsson이다. Ericsson은 각형 니켈수소 전지와 리튬이온 전지 채용을 주저하다가 경쟁력을 잃으면서 SONY에 매각된다. 1990년대 리튬이온 전지는 과전류에서 위험할 수 있기 때문에 2C 이상 방전이 안 되도록 설계되어 있었다. 그렇기 때문에 하이 펄스(high pulse) 방전을 하는 GSM(Global System For Mobile Communication, 유럽 방식)에서는 휴대폰에서 요구하는 파워를 공급할 수가 없었다. 이런 이유로 CDMA(Code Division Multiple Access, 미국 Qualcomm사에서 개발한 통신 방식)에 국한되어 사용되었던 것이다. GSM 주력 업체인 핀란드의 Nokia는 SANYO의 니켈수소 전지를 사용하였다. 1999년도에 리튬이온 전지의 과

전류 안전성이 확보되면서 고출력 방전이 가능하게 된다. 실제로 1999년부터 2000년대 초까지는 리튬이온 전지가 그동안 진출하지 못한 시장에서 경쟁력 확보를 위하여 다양한 개발 시도를 했던 기간이다. 2000년대에 들어와서 당시 휴대폰 선발 업체인 Nokia가 GSM 휴대폰에 리튬이온 전지를 채용한다. Nokia의 이 결정은 역사적인 결정으로 기록된다. 니켈수소 전지가 휴대폰 시장에서 사라지는 결정타가 되었기 때문이다. 전지 업계에서 Nokia와 SANYO의 관계는 모든 전지 업체에서 부러워할 정도로 유명했다. 휴대폰 일등 업체인 Nokia에 전지 일등 업체인 SANYO가 니켈수소 전지를 독점 공급했다. Nokia의 상품기획 회의에도 SANYO가 참석하여 "남보다 한발 앞선 개발"로 경쟁 업체의 추월을 미연에 방지했다. 그러나 Nokia가 GSM 휴대폰에 리튬이온 전지를 채용하면서 구매선을 다각화하자 SANYO와의 관계도 멀어졌다. Nokia는 SANYO의 리튬이온 전지 외에 MBI의 리튬이온 전지도 사용하기 시작하였고, 삼성의 리튬이온 전지를 채용하면서 다각화에 의한 저가 구매를 실현하였다. 시장 예측 전문기관의 예측과는 달리 불리할 것으로 생각했던 리튬이온 전지가 전지 업체와 휴대폰 업체의 전략적 의사 결정과 문제 해결 노력으로 주력 전지로 자리잡게 된다.

전지 사업 속성을 이야기할 때 빈번히 사용하는 말이 "무빙 타깃(moving target)"과 "남보다 한발 앞선 개발"이다. 상품기획의 중요성을 이야기하는 것이다. 네트워크나 파트너 관계를 통하여 시장의 정보를 미리 파악하고 이에 부합되는 제품을 남보다 6개월 앞서 출시하여 프리미엄 가격으로 판매하는 것이 전지 사업에서 성공하는 길이라는 것이다. 이런 이유 때문에 전지 사업에서 주요 핵심 업체를 확보하는 것이 매우 중요했다. 실제로 주요 핵심 업체 확보가 승패를 좌우해 왔다. 주요 핵심 업체란 시장을 주도하여 게임의 규칙을 정할 수 있을 정도로 업계에서 영향력을 발휘하는 업체를 말한다. 국내의 삼성SDI와 LG화학의 소형 리튬이온 전지 사업도 주요 핵심 업체 확보 시점을 기준으로 발전 단계를 구분할 수 있다. 또한, 선발 업체인 LG화학, 삼성SDI가 국내 후발 업체와 구분되는 기준도 주요 핵심 업체 확보 여부이다. 그러므로 아무리 생산 규모나 매출액이 크다고 하더라도 주요 핵심 업체 시장에 진출하지 못했다면 전지 양산 업체로 인정받기 어려워진다.

⊙ 전지의 푸트프린트

휴대폰의 슬림(slim)화 경향에 맞추어 알루미늄캔 각형 전지가 개발된다. 껌 전지라고 하는 니카드, 니켈수소 전지의 각형은 얇은 판재 형태의 전극을 사용하는데 리튬이온 전지는 전극을 와인딩한 젤리롤을 사용하는 것이 차이점이다. 초기에는 가로 30mm, 세로 48mm의 전지 사이즈가 주류를 이루었다. 휴대폰의 폭이 넓어지자 가로 34mm, 세로 50mm의 사이즈가 도입되어 용량 증대 효과를 가져왔다. 두께는 8mm에서 6mm로 줄어들다가 휴대폰 슬림화 경쟁이 가속화되면서 3mm 대의 얇은 각형 전지가 개발되었다. 각형 전지의 가로, 세로 크기를 푸트프린트(foot print)라고 한다. 각형 전지에서 모든 조합의 푸트프린트가 가능한 것은 아니다. 캔은 젤리롤과 전해액을 담는 용기의 기능 외에 전지 성능을 지원해 주는 역할도 한다. 캔이 젤리롤을 균일한 힘으로 눌러야 설계된 성능이 나오게 된다. 마치 치약을 짜내는 것처럼 캔이 전류를 짜내는 역할을 한다. 각형에서 가로와 세로의 비율이 맞아야 전극에 균일한 힘을 가할 수 있다. 30×48, 34×50과 같은 비율이 전극에 균일한 힘을 가할 수 있는 가로, 세로 비율이다.

파우치 전지의 장점을 이야기할 때 설계 유연성이라는 말을 자주 한다. 이는 자유로운 형태로 전지를 만들 수 있다는 의미가 아니라 가로, 세로의 비율을 자유롭게 정할 수 있다는 의미이다. 다시 말해서 파우치 전지의 설계 유연성은 자유로운 푸트프린트에 국한된 말이다. 파우치 전지는 젤리롤을 싸고 있는 파우치가 전극에 압력을 가하는 역할을 하지 않는다.

파우치 전지에서 푸트프린트를 자유롭게 정할 수 있는 것은 전극이 분리막과 붙어 있기 때문이다. 젤리롤이 라미네이션이 안 된 경우에는 파우치 전지의 성능이 저하된다. 전류를 짜내는 힘이 약하기 때문이다. 원통형 전지의 캔보다 각형 전지의 캔 두께를 두껍게 하는 것은 알루미늄과 강철 간의 강도 차이 외에도 기하학적으로 각형이 원통형에 비하여 전류를 짜내는 능력이 떨어지기 때문에 이를 보강하기 위한 방안이다.

1990년대에 MBI는 노트북의 슬림화 추세에 맞추어 각형 전지를 노트북에 사용하는 시도를 하였다. 이런 목적으로 개발된 것이 가로 34mm, 세로 50mm의 34×50의 푸트프린트에 두께가 10mm인 각형 전지였다. 12개의 각형 전지를 직렬, 병렬 연결하여 14V급 노트북용 팩을 만들어 장착하였는데 전지의 온도가 급상승하여 성능 열화가 심했기 때문에 각형 전지 채용을 보류하였다. 원통형 전지는 전지 간 접촉이 선이다. 그러나 각형에서는 전지 간 접촉이 면이 된다. 접촉 면적이 증가하면서 열발산 능력이 떨어져 전지 온도가 올라간 것이다. 열은 전지의 성능을 열화시키는 주범이다. MBI는 각형 전지의 측면을 타원형으로 바꾸어 열발산 능력을 개선하였다. 전지 간 선 접촉을 유도한 것이다. 이후 34×50 각형 푸트프린트는 휴대폰에서 성공을 거둔다. 휴대폰은 1개의 전지로 팩을 구성하기 때문에 전지 간 접촉에 의한 열발산 문제에 대하여 염려할 필요가 없는 용도이다.

⊙ 각형 전지의 벤트

각형 전지의 뚜껑에 해당되는 탑 부위에는 전해액 주입구 외에 벤트가 있다. 이것을 클래드 벤트(clad vent)라고 한다. 벤트는 원통형의 CID와는 달리 내압이 일정 수준 이상으로 증가했을 때 파열되면서 가스를 외부로 내보내는 기능만 하고 전류를 차단하는 기능은 없다. Toshiba Battery와 삼성SDI에서는 클래드 벤트 대신에 저가의 사이드 벤트(side vent)를 사용하여 원가 구조를 개선하였다. 사이드 벤트는 캔의 측면 윗부분에 일정 모양의 새김눈(notch)을 만든 것이다.

사이드 벤트와 클래드 벤트는 작동 원리가 다르다. 전지에 내압이 차면 젤리롤이 변형된다. 젤리롤 변형에 의한 기계적인 힘으로 사이드 벤트가 터진다. 가스의 힘만으로 터지는 클래드 벤트와는 달리 젤리롤의 변형 시 발생하는 기계적인 힘으로 벤트가 작동하는 것이다. 그러므로 정교한 설계에서는 사이드 벤트 대신 클래드 벤트를 사용하는 것이 바람직하다. 에너지 밀도가 커서 전지 내부의 여유 공간이 작을 때에는 젤리롤이 변형되는 과정에서 다른 부품과의 간섭이 일어날 수 있나. 전지에서 부품 간의 간섭은 발화, 폭발과 같은 필드 사고의 원인이 된다. 에너지 밀도가 증가하여 전지 내의 자유 공간이 작아지면 혹사 조건에서 부품 간의 간섭이 일어날 가능성이 커지므로 사이드 벤트를 사용해서는 안 된다.

(3) 파우치 전지

금속캔 대신 알루미늄 포장지로 만든 케이스를 사용하는 전지가 파우치 전지이다. 알루미늄 포장지로 전극이 들어갈 전극 주머니를 가공한다. 젤리롤도 와인딩이 아니라 적층법(stacking) 또는 폴딩 앤 적층(folding & stacking)법을 사용한다. 파우치 전지의 조립법은 1990년대 초 미국의 Valence Technology사가 LPB(lithium polymer battery) 양산 공정을 개발할 때 창의적인 아이디어로 기초를 잘 잡아 놓았다. 대표적인 예가 젤리롤 조립법과 전극 주머니 가공법이다.

⊙ 리튬이온 폴리머 전지

1990년대에 전지 업체에서 목표로 했던 파우치 전지는 리튬이온 폴리머 전지(LiPB: Li-ion polymer battery)였다. 리튬이온 전지와 동일한 양극·음극 활물질을 채용하며, 집전체도 리튬이온 전지와 동일하게 동박과 알루미늄박을 사용한다. 차이점은 분리막과 전해액이다. 리튬이온 전지의 분리막과 전해질의 역할을 동시에 하는 폴리머 전해질(polymer electrolyte)이 양극과 음극 사이에 라미네이션되어 전지의 4대 구성 요소를 이룬다. 리튬이온 전지의 전극에는 활물질로 되어 있는 미세구조물 사이의 빈 공간에 전해질이 흐른다. 이것을 전해액 채널이라고 한다. LiPB에서는 전극의 전해액 채널 자리에 폴리머 전해질이 채널을 형성하여 리튬이온의 통로 역할을 한다. 전해질이 고체이고, 전극과 폴리머 전해질이 라미네이션되어 있어서 캔에서 압력을 가할 필요가 없다. LiPB는 알루미늄 포장지로 케이스를 만들어 전극을 집어넣으면 리튬이온 전지보다 에너지 밀도를 비롯한 전지 성능도 우수해지고, 공정이 간단해져서 공정 비용도 절감된다. 이런 장점 때문에 1990년대에 미국, 유럽을 중심으로 활발하게 연구가 진행되었다.

그러나 리튬이온 전지 성능에 대적할 수 있는 성능 구현이 가능한 폴리머 전해질 개발에 성공하지 못하면서 개발 활동은 답보 상태가 계속되었다. LiPB는 아직까지도 실험실에서 연구 대상으로 남아 있는 상태이다. LiPB의 목표는 액체 전해질과 동일한 이온 전도도의 폴리머 전해질을 개발하는 것이다.

Bellcore 연구소의 PLI(plastic lithium ion) 전지를 LiPB로 착각하는 사람들도 있지만 PLI 전지는 폴리머 전해질을 사용한 것이 아니라 PVDF 공중합체(copolymer)에 합침 되어 있는 유기용매가 이온 전도 매개체 역할을 하는 것이다. 또한, 저가의 금속박 대신에 고가의 금속 그물망(mesh)을 사용해야 한다. 가장 결정적인 문제점은 전극의 활물질량이 적어 에너지 밀도가 낮아 동일 용량에서 리튬이온 전지보다 부피가 커진다는 점이다. 전지 업체에서 목표로 했던 LiPB와는 거리가 먼 전지라고 할 수 있다.

⊙ SONY의 파우치 전지

SONY가 리튬이온 전지 사업을 시작한 1991년에 SONY의 목표시장은 캠코더와 전기자전거였다. 휴대폰이나 노트북 같은 주요 시장에서 SANYO,

MBI 같은 전지 전문 업체와 경쟁할 의도는 별로 없었다. SANYO는 휴대폰 시장용으로 각형 전지를 개발하여 시장에 선보이면서 SONY를 자극한다. 그럼에도 불구하고 SONY는 각형 전지 사업을 하지 않고 원통형 전지 사업에만 집중하였다. 그러나 시장이 커지면서 휴대폰 시장은 SONY로서는 무시할 수 없는 시장으로 다가오게 된다. SONY는 SANYO의 각형 전지와 휴대폰 시장에서 경쟁하기 위한 목표 전지로 파우치 전지를 선정한다. SONY의 목표는 성능에서는 각형 전지와 동일하고, 에너지 밀도에서 각형 전지보다 우수한 파우치 전지의 개발이었다. 그 당시 휴대폰은 기능보다는 크기와 무게로 경쟁하였으므로 작고 가벼운 전지를 선호하였다. SONY는 폴리머 전해질로는 에너지 밀도에서 각형 전지와 경쟁이 어렵다는 것을 인정하고 리튬이온 전지와 동일한 분리막을 사용한다. 리튬이온 전지와 동일한 전극에 리튬이온 전지보다 얇은 분리막을 사용하였다. 분리막 위에 폴리머 전해질을 얇게 코팅하여 전극과 라미네이션하였다. 이때가 1990년대 하반기였다. 그 당시에는 파우치 전지에 분리막을 사용한다는 개념 자체가 파격적인 것이었다.

SANYO의 각형 전지와 SONY의 파우치 전지 간에 본격적인 경쟁이 시작된다. SONY는 알루미늄캔을 사용하는 각형 전지가 따라올 수 없도록 푸트프린트를 조정하면서 두께를 4mm로 줄였다. 예상외로 SANYO는 4mm 두께의 금속캔 제조 기술을 개발하여 대응하였다. 많은 사람들이 4mm가 한계 두께라고 생각했다. 에너지 밀도가 올라가면서 SONY는 두께를 3mm 대로 줄였다. SANYO는 3mm 대 두께의 캔을 만들어 대응하면서 전지 업계를 놀라게 했다. 캔이 3mm 대가 되면 젤리롤 삽입이 어려워지므로 공정 개선도 필요해진다. SANYO는 공정 문제도 해결하였다. 각형 전지와 파우치 전지는 휴대폰 시장에서 에너지 밀도와 두께 측면에서 이처럼 치열하게 경쟁하였다.

파우치 전지는 개발 기간이 짧아 각형 전지 전문 업체에서 빠른 대응을 위한 전지로 활용하기도 한다. 휴대폰에서 초기 모델은 파우치 전지로 대응한다. 왜냐하면 각형 전지보다 공정 유연성이 좋아 개발 기간을 줄일 수 있고 금형비와 같은 개발비가 적게 들어가기 때문이다. 파우치 전지의 초기 모델 중 히트상품이 되어 물량이 늘어나면 동일 사이즈의 각형 전지로 대응하여 높은 생산성의 장점을 활용한다. 이처럼 파우치 전지는 각형 위주의 사업을 하는 업체에서 전극 개발을 위한 시험용 전지나 간이 개발 전지로 활용되기도 하였다. 국내 업체의 경우 휴대폰용 소형 리튬이온 전지에서 삼성SDI가 일본의 SANYO처럼 각형 전지 위주로 생산하고 있고, LG화학이 SONY처럼 파우치 전지 위주로 시장에 대응하고 있다.

⊙ LG의 파우치 전지

1990년대 LG화학 경영진의 파우치 전지에 대한 사업 방향은 명확했다. 차별화 기술이 확보되면 파우치 전지 사업을 하겠지만 그렇지 않으면 파우치 전지 사업을 하지 않겠다는 것이었다. 연구소에서는 경영진의 요구에 부응하여 차별화 기술을 개발하게 된다. 이런 이유로 LG화학의 젤리롤 설계가 다른 업체와 다른 것이다. LG화학의 파우치 전지는 타 업체 제품보다 견고하다. 일반 파우치 전지와 각형 전지의 중간 정도 견고성을 갖고 있다. 이런 특징은 10년 이상의 수명을 요구하는 HEV와 같은 중대형 전지 시장에서 유리하게 작용한다. LG화학은 차별화된 파우치 전지를 개발하자 LG전자 생산기술연구원과 공동으로 제조 설비를 설계한다. 2001년에 자체 개발된 장비를 사용한 파우치 전지 양산 공장이 건설된다. 파우치 전지의 자동화가 어려워서 제조 설비가 커지는 단점은 있었지만 자체 제작한 장비는 무난히 돌아갔다. 분리막이 얇아서 센서가 제대로 위치를 포착하지 못하여 생기는 자동화 문제도 무난히 해결하였다. 그러나 예상치 않던 곳에서 복병을 만난다. 전지의 부풀음 현상으로 계속 불량이 나온 것이다. 상당한 시간이 지난 후 작업자가 시운전 중에 전해액 주입 노즐을 알코올로 세척하여 전지 부풀음 현상이 발생하였다는 것이 밝혀진다. 부풀음 불량의 원인이 제거되면서 LG화학의 파우치 전지 사업은 본격적으로 시작된다. 2001년에 건설된 LG화학의 파우치 전지 양산 1호기는 자체 개발된 국산화 장비를 사용하였고, 설계 단계에서부터 6시그마 기법인 DFSS(Design for Six Sigma)를 사용하였다는 데에서 의의를 찾을 수 있을 것이다. 이런 자신감을 바탕으로 하여 LG화학은 HEV용 목표 전지도 파우치 전지로 결정한다.

LG화학에서 1990년대 말 파우치 전지의 개발 목표는 파우치 전지와 각형 전지의 장점을 겸비한 하이브리드 형태의 파우치 전지였다. 파우치 전지는 설계의 유연성, 우수한 출력 성능과 부품 수가 적다는 것이 장점으로 언급되고 있으나 견고성 측면에서 문제점을 갖고 있었다. LG화학은 금속캔 각형 수준의 견고성을 갖는 파우치 전지를 개발하기 위해서 전극 설계를 통한 전지의 견고성을 확보하게 된다. 손으로 만져보면 LG화학의 파우치 전지가 가장 딱딱하다. HEV와 같은 중대형 전지에서는 제품 수명이 10년 이상으로 길기 때문에 전지의 견고성이 중요해진다. 견고성 측면에서 합격점을 받았기 때문에 LG화학이 파우치 전지를 HEV 시장의 목표 전지로 정할 수 있었던 것이다.

(4) 플라스틱캔 각형 전지

⊙ LFP 양극소재

LMO가 층상 구조인 LCO, LNO보다 안전한 것은 스피넬(spinel) 구조라는 안정된 등방 결정구조를 가지고 있기 때문이다. LFP도 올리빈(olivine)이라는 안정된 결정구조로 되어 있다. 또한, 산소가 PO_4의 사면체 구조로 인(P)에 묶여 있기 때문에 LMO보다 안전성이 더 우수하다. LFP의 안전성은 관통 시험(Nail penetration test)을 해 보면 확연히 알 수 있다. 그러나 전기 전도도가 낮아서 양극 활물질로 사용할 수가 없었다. 이 문제를 해결한 업체가 캐나다의 전력회사인 Hydro-Quebec이다. Hydro-Quebec은 LFP 분말 표면에 카본 코팅으로 전기 전도도를 획기적으로 향상시켰다. LFP는 다른 활물질과 비교했을 때 전압이 3.2V로 낮다. 그 결과 에너지 밀도가 낮아 부피가 커지는 단점이 있다. 또한, 집전체인 알루미늄박과의 접착력이 나쁘다. 제조법으로는 고상법, 수열합성법이 사용된다. LFP 전지는 주로 중국 업체에서 사용했기 때문에 중국 전지로 인식되고 있다. 중국의 안전성 기준이 높았기 때문에 초기에는 LFP 전지만 안전성 기준을 통과할 수 있어서 중국에서 LFP 전지 위주로 생산했던 것이다. 그러나 이제는 다른 전지도 중국의 안전성 기준을 통과하고 있다. 또한, 후발 업체인 중국 전지 업체는 제조 기술이 약해서 고안전성의 LFP를 선호하기도 하였다.

LFP의 장점으로 업체에서 내세우는 것이 안전성과 가격이다. 그러나 아직 가격은 저가를 실현하지 못하고 있다. 전지에서 안전성은 가격으로 표출될 수 있을 때에만 의미가 있다. 안전성으로 인한 팩 가격 인하가 가능해야 하는데 팩 설계는 타 양극소재와 동일한 수준이다. 또한, 보존 수명이 자동차 업체 기준에 미치지 못하고 있는 것도 문제점으로 지적되고 있다. 2000년대에 LFP 전지가 관심을 끌었던 이유는 당시 리튬이온 전지 일등 업체였던 SANYO가 LFP 전지를 만들어 전동공구 업체에 제공했을 때 전동공구 업체의 반응 때문이었다. 전동공구는 고출력으로 연속 방전을 해야 하므로 출력 측면에서 가장 혹독한 조건이라 할 수 있다. 이런 이유로 집전체도 가장 두꺼운 것을 사용한다. SANYO의 LFP 전지를 시험한 전동공구 업체는 매우 만족해하면서 앞으로는 LFP 전지만 받겠다는 반응을 보였으며 이것이 전지 업계에 퍼지면서 LFP에 대한 관심이 높아졌던 것이다. 그러나 2010년대에 들어와서 시장의 팽창 속도가 느리고 NCM 전지의 안전성이 향상되면서 점점 시장에서 축소되는 양상을 보이고 있다. 무엇보다도 시장 팽창의 가장 큰 걸림돌은 한국과 일본의 주요 전지 업체가 LFP 양극을 채용하지 않고 있다는 점이다. 특허 장벽도 문제이지만 LFP 전지가 장점을 나타낼 수 있는 시장을 찾기 어렵다는 점이 주요 전지 업체가 큰 관심을 보이지 않는 이유이다.

⊙ 대용량 리튬이온 전지

리튬이온 전지의 단점 중 하나는 대용량 구현이 어렵다는 점이다. 안전성을 고려하여 도달할 수 있는 최대 용량은 100Ah 미만이다. 중국에서는 기존의 전지와는 다른 방법으로 대용량을 구현하였다. 플라스틱캔과 안전성이 우수한 LFP 양극을 결합한 대형 전지이다. 플라스틱캔 각형 전지는 100Ah 이상의 대형 전지를 만들기 위하여 중국에서 개발된 전지로, LFP 양극을 사용한 전지가 주류를 이루고 있다. 국내 골프장의 골프카에도 중국산 플라스틱캔 각형 전지가 사용되고 있다. 젤리롤은 와인딩 타입이 아니라 파우치 전지처럼 폴딩 타입(folding type)의 젤리롤을 사용한다. 또한, 에이징 기간이 짧은 것이 특징이다. 투자비와 공정 비용 절감을 위하여 공정을 단순화한 리튬이온 전지라고 할 수 있다. 열전달 특성이 좋지 않은 재료인 플라스틱캔에 많은 에너지를 넣었기 때문에 열발산 특성이 나쁘다. 2C 방전에서 전지 온도가 40℃ 이상 올라가기 때문에 고출력 방전은 어렵다. 나쁜 열발산으로 인하여 저온 성능은 오히려 우수하다. -20℃에서 80~90% 용량을 보여 준다. 또 한 가지 문제점은 플라스틱캔 사용으로 전지 표면 온도 측정이 어렵다는 점이다. 전지 온도는 BMS(Battery Management System, 배터리 관리 시스템) 설계 시 SOC 계산의 핵심 변수이므로 플라스틱캔 전지는 정교한 BMS 설계를 할 수 없다. 또한, 40Ah 이하의 전지는 생산이 안 되고 있다. 플라스틱캔의 전지 구조와 제조법상 40Ah 이하의 전지 구현이 어려운 것으로 추정된다. 플라스틱캔 전지로 만든 ESS용 팩의 BMS를 보면 셀 밸런싱 기능이 없다. 직렬 연결된 전지 중

충전 시 가장 먼저 충전 종지 전압에 도달하는 전지를 기준으로 충전이 종료되는 방식으로 작동된다. 제조업체로는 중국의 Calb, Winston, GBS, Sinopoly 등이 있다.

⦿ IB의 LFP 전지

미국의 IB(International Battery)는 중국의 ThunderSky(現 Winston)의 플라스틱캔 각형 전지를 공급받아 전지 팩을 만들어 미국 육군에 군수용으로 공급하는 사업을 하는 전지 팩 업체였다. 중국에서 들어오는 전지의 품질이 일정하지 않아 팩 품질관리에 어려움을 겪던 IB는 중국 ThunderSky로부터 전지 제조 기술을 도입하여 직접 전지를 제조하기로 하고 기술 인력을 1년간 ThunderSky에 보내서 기술을 흡수한다. 기술 흡수가 끝나자 2008년에 ThunderSky의 기술을 사용하여 미국에 플라스틱캔 각형 전지 공장을 건설한다. 플라스틱캔 각형 전지 공장은 75억 원이라는 저가로 건설되었다. 대부분의 고가 공정을 생략한 것이 플라스틱캔 각형 전지의 특징이므로 가능했던 것이다.

당시 효성의 회장이 전경련 회장을 맡고 있었고, 미국과 한국 정부는 적극적으로 전지 사업을 지원해 주고 있었다. 이런 상황에서 효성은 전지 사업을 추진하기로 한다. 이때 효성과 연결된 업체가 ThunderSky로부터 기술을 흡수하여 미국에 전지 공장을 건설한 IB였다. IB는 한국에 합작법인으로 전지 공장 건설을 제안하였고 효성은 긍정적으로 검토하였다. 그런데 문제는 효성이 국내에서 플라스틱캔 각형 전지에 맞는 시장을 확보할 수가 없다는 것이었다. 효성의 목표시장은 당시 중대형 전지 주력 시장이었던 HEV 시장이었다. 그러나 IB의 전지로 대응 가능한 시장은 납축전지 대체 시장이었다. 따라서 효성은 리튬이온 전지 사업을 보류하고 전해동박으로 방향을 선회한다. 그러나 전해동박은 이미 일진과 LS라는 안정된 시장을 갖고 있는 경쟁업체가 있었다. 그 이후 분리막 사업도 기획하였으나 시간이 지남에 따라 전지 사업에 대한 효성의 열기는 시들어갔다. 효성의 예에서처럼 정부에서 전지 시장에 대한 홍보를 많이 하다 보니 전지 사업에 대한 진입 장벽을 너무 낮게 보는 경향이 있다. 전지나 전지 관련 사업은 투자비 측면에서는 진입 장벽이 낮은 반면, 지속적인 연구개발 추진 능력과 의지가 있어야만 살아남을 수 있는 사업이다. 일본의 Panasonic(MBI+SANYO), SONY, LG화학, 삼성SDI의 공통적인 핵심역량은 연구개발력이다. 또한, 2008년부터 HEV 시장에 본격 참여한 SK도 연구 역량이 우수한 업체이다. 다국적 기업인 Dow Chemical에 전지 기술과 NCM 양극소재 기술을 판매한 KoKam의 경우 업체 규모는 작지만 전지 연구개발력뿐만 아니라 전지 제조 장비를 설계할 수 있는 기술도 있었다. KoKam은 전지 기술뿐 아니라 제조 장비까지 Dow Chemical에 판매하였다.

효성은 1990년대에 리튬이온 전지 사업을 위해서 파일럿 플랜트를 건설하고 상당히 오랫동안 전지 개발을 했었던 업체이다. 1998년 외환위기 때 사업을 정리하면서 전지 분야도 정리하였다. 이후 약 10년 후에 다시 전지 사업을 시도했지만, 10년 전에 했던 전지 사업에 대해서는 아무것도 남아 있지 않은 상태에서 백지에 그림을 그리는 식으로 처음부터 시작할 수밖에 없었다. 사람, 자료, 경험 중에서 아무것도 남아 있는 것이 없었다. 신사업을 도중에 중지하거나 포기할 때에는 정리를 잘해야 한다. 그렇지 않으면 실패했던 사업을 다시 하면서 같은 실수를 반복하게 되어 있다. 업체별로 갖고 있는 고유의 속성과 문화는 변하지 않기 때문에 이처럼 역사가 반복되는 것이다.

4) 고출력 전지

(1) 전동공구용 전지

⦿ 1990년대 리튬이온 전지 용도

리튬이온 전지의 한계 중 하나로 지적되었던 것이 고출력 방전 시 안전성이었다. 그래서 보호회로에서 2C 이상 전류가 흐르면 차단하도록 되어 있었다. 이런 이유 때문에 1990년대에 리튬이온 전지는 구동 모터를 돌리지 않는 용도에 한정되어 사용되었다. 1990년대의 고성장 시장이 휴대폰, 노트북, 캠코더와 같은 휴대용 전자기기였다. 이 시장들을 3C 시장이라고 불렀다. 3C의 공통점은 구동 모터가 없다는 점이다. 그래서 고전류 방전을 할 필요가 없다. 다행스러운 것은 이 시장들이 전지 시장 성장을 주도했다는 점인데 만약 이 시장이 틈새시장에 머물러 있었다면 리튬이온 전지는 니켈수소 전지와의 경쟁에서 이기지 못했을 것이다.

전지의 용도는 불을 켜는 것과 구동 모터를 돌리는 것이 주를 이룬다. 자동차를 예로 들면 자동차에 있는 12V 납축전지는 시동모터를 돌려서 엔진에 시동을 거는 역할과 전구에 불을 켜는 역할을 한다. 그러므로 구동 모터를 돌리는 기능을 하기 어렵다면 시장 팽창에 치명적인 한계일 수밖에 없다. 리모컨으로 조종되는 장난감 자동차에도 구동 모터가 사용되므로 리튬이온 전지를 적용할 수가 없었다. 구동 모터를 돌리는 고급 장난감 시장은 니켈수소 전지가 독점하였다. 전파를 쏘는 통신 분야도 높은 펄스 파워를 요구하기 때문에 고출력 방전을 하지 못하도록 설계된 리튬이온 전지는 개선이 필요했다. 1991년 양산을 시작한 리튬이온 전지는 1990년대에 거의 10년간 큰 사고 없이 잘 사용되었다. 리튬이온 전지의 안전성에 대하여 불안감을 가졌던 휴대용 전자기기 업체에서는 우리가 생각할 수 있는 모든 상황을 가정하여 다양한 안전성 시험 방법을 만들었고 리튬이온 전지는 그 시험을 다 통과하였다. 이렇게 리튬이온 전지가 신뢰할 만한 실적을 갖게 되자 시장 확대를 위한 고출력 전지 개발이 시작된다.

⊙ 고출력 전지 설계

고출력이란 전자의 흐름이 많은 것을 말한다. 물에 비유하면 물이 흐르는 파이프의 직경이 커진 것이다. 전지에서 파이프에 해당되는 것이 전극과 외부 단자를 연결시키는 탭(tab)이다. 그러므로 고출력을 구현하기 위해서는 탭의 면적이 커져야 한다. 고출력 전지에서는 탭의 설계가 그림 21처럼 변경되었다. 그림 21은 젤리롤을 펼친 전극의 모습이다. 휴대용 전자기기에 사용되는 고용량 전지의 경우는 전극의 모퉁이에 코팅이 안 된 금속박인 무지부가 있으며 여기에 탭을 용접한다. 무지부에 연결된 탭은 젤리롤 형태로 캔에 삽입된 이후에 탑캡(top cap)과 용접되어 전자 통로를 만든다. 이 통로를 통하여 전극과 외부 단자 간에 전자 이동이 일어나는 것이다. 고출력 전지에서는 전자 이동의 양이 많기 때문에 그림 21(a)와 같은 설계를 사용하면 탭 부분에 병목현상이 일어난다. 이를 개선하기 위해서 그림 21(b)처럼 무지부를 옆에서 위로 옮겨 면적을 넓혔다. 고출력 전지 개발 초기에는 그림 21(b)와 같은 무지부에 다수의 탭을 용접하여 사용하였다. 그러나 HEV와 같이 큰 전지에서는 탭 용접 없이 무지부 자체를 탭으로 사용한다. 탭 설계 변경은 전극 코팅 방법의 변경을 가져왔다. 소형 리튬이온 전지에서 그림 21(a)와 같은 무지부를 만들기 위해서는 간헐 코팅을 해야 한다. 간헐 코팅은 무지부를 코팅 방향과 수직으로 만드는 코팅법이다. 그러나 그림 21(b)와 같이 전극에 평행하게 무지부를 만들기 위해서는 무지부가 코팅 방향에 따라 생기는 스트립 코팅을 해야 한다.

전지 반응은 이온과 전자의 이동 때문에 일어난다. 그러므로 고출력으로 가면 전극의 설계도 변경되어야 한다. 이온과 전자의 이동 거리를 줄이기 위해서 전극의 두께를 줄여야 한다. 그래서 고용량 전지 대비 전극

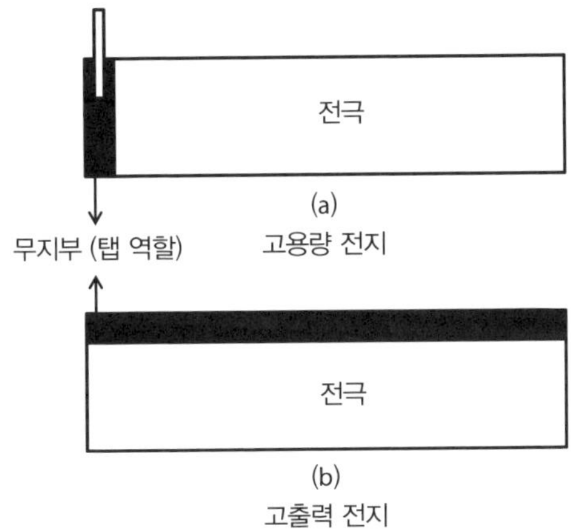

그림 21. 고출력 전지의 탭

두께가 반으로 줄어든다. 전극의 성분비에도 변화를 주었다. 고용량 전지의 경우 일반적으로 양극에서 활물질 96%, 카본 블랙과 같은 전자전도 물질 2%, 바인더 2%를 넣지만 고출력에서는 전자전도 물질의 양을 높여서 출력을 증대시켜야 한다. 그러면 상대적으로 활물질량은 90% 수준으로 떨어지게 된다. 또한, 집전체인 금속박의 두께도 어느 수준 이상을 유지시키지 않으면 전자 이동의 병목현상이 일어나므로 필요한 출력 성능에 따라 금속박의 두께를 조정해야 한다.

⊙ 전동공구용 전지

고출력 리튬이온 전지 개발은 1990년대 말 일본 전지 업체를 중심으로 진행되었다. 국내 업체의 경우는 리튬이온 전지를 양산하기 전이었기 때문에 고출력 전지 개발보다는 양산 기술 개발이 더 중요했다. 고출력 리튬이온 전지 개발은 1999년에 완성된다. 일본 업체는 고출력 전지를 적용할 시장을 전동공구 시장으로 설정한다. 전동공구에는 니카드 전지가 주력 전지인데 니카드 전지는 원가가 더 이상 내려가지 않는 상황이었다. 반면에 리튬이온 전지는 지속적으로 원가가 내려가고 있었다. 시간에 따라 평행선을 유지하고 있는 니카드 전지 가격과 시간이 가면서 계속 떨어지고 있는 리튬이온 전지 가격이 만나는 시점을 2000년대 중반 정도로 예상하고 니카드 전지의 전동공구 시장을 공략하기 시작하였다. SONY, SANYO, MBI가 18650 원통형과 20500 원통형 고출력 전지를 시장에 출시한다. 음극에 새로운 활물질인 주석(Sn)을 흑연과 혼합하였고, 양극에는 NCA 또는 NCM과 LMO를 혼합한 새로운 활물질을 사용하였다. 그 당시 국내 전지 업체에서는 NCA와 NCM의 기술적 가능성에 대하여 상당히 어두운 전망을 하고 있었기 때문에 일본이 시장에 출시한 고출력 리튬이온 전지는 국내 업체를 깜짝 놀라게 하였다. 일본의 SONY, SANYO, MBI가 만든 전동공구용 리튬이온 전지는 전동공구 업체로부터 큰 호응을 얻는다.

삼성SDI는 전동공구용 리튬이온 전지 개발을 결정하고 2003년 12월 독일의 BOSCH와 전동공구용 리튬이온 전지 공동개발에 합의한다. 이것이 사실상 2008년 BOSCH와 HEV 사업을 위한 합작법인인 SBL 설립의 발단이 된다. 삼성SDI는 2002년에 전지 소재 개발을 중지하고 개발 대신 소재 업체 발굴로 방향 전환을 하였기 때문에 자체적으로 니켈계 활물질을 확보할 수가 없었다. 삼성은 일본 Mitsubishi Chemical의 NCA와 NCM을 사용하게 된다. 삼성SDI와 Mitsubishi Chemical은 묘한 인연이 있다. 제일모직이 전해액 개발을 하고 있을 때 삼성SDI는 전해액을 만들고 있던 Mitsubishi Chemical과 자주 접촉을 하고 있었다. 제일모직이 전해액을 국산화하자 Mitsubishi Chemical은 삼성SDI가 자기네 기술을 흡수해서 제일모직에 주었다고 생각하게 된다. 거친 항의가 여러 번 있었지만, 삼성SDI에서 반응이 없자 Mitsubishi Chemical은 삼성SDI의 경쟁사인 LG화학에 접근하여 LG화학 인력을 초청하여 전지 관련 연구소와 공장을 견학시켜 주겠다고 제안한다. LG화학으로서는 거절할 이유가 없었다. 2000년에 전지 사업부 인력 1명, 연구소 인력 2명으로 구성된 LG화학

파견단은 1주일간 Mitsubishi Chemical의 전지 관련 시설을 자세하게 견학한다. 물론 항공료, 숙박료를 비롯한 모든 비용은 Mitsubishi Chemical에서 부담하였고 VIP 대우를 해주었다.

Mitsubishi Chemical은 1990년대에 리튬이온 전지 사업을 하려고 하다가 진출 시기를 놓쳐 전지 사업을 하지 못했다. 그 대신 전지의 4대 구성 요소인 전지 소재 사업을 한 후 그것을 바탕으로 2000년대에 HEV와 같은 중대형 전지 사업을 할 계획이었다. 그래서 전지 소재 사업을 하게 되었고, 전지 소재 사업 업체로서는 전지 관련 연구를 많이 하고 있었다. 특히 전지 성능을 이론적으로 예측하는 전지 모델링 기술이 뛰어났다. Mitsubishi Chemical은 삼성SDI에 전동공구용 니켈계 활물질을 공급하기는 했지만 상당히 경계하였다.

전동공구에서는 연속 고출력 방전이 요구된다. 20C에서 연속 방전을 요구하기 때문에 집전체인 금속박이 두껍다. 또한, 심한 진동에 용접 부위가 떨어질 수 있기 때문에 드럼 시험을 시행한다. 전지를 넣은 드럼통을 트럭에 싣고 돌아다니는 것이다.

리튬이온 전지의 전동공구 시장 진출은 리튬이온 전지로서는 시장 팽창의 가장 큰 장애물이 제거된 것을 의미한다. 3C 시장에서 니켈수소 전지를 몰아내고, 니카드 전지 시장까지 잠식하면서 중대형 전지로 시선을 돌릴 수 있게 되었다. 만능 전지를 향한 첫걸음이 시작된 것이다.

(2) HEV용 전지

⊙ 캘리포니아 주 에너지규약

자연은 인간이 해를 끼친 만큼 보복하는 속성이 있다. 그 한 예가 스모그(smog)이다. 스모그는 연기(smoke)와 안개(fog)가 합쳐진 말이다. 1952년 12월 12,000명이 런던에서 스모그로 죽었다. 스모그는 원인에 따라 런던형 스모그와 LA형 스모그로 구분된다. 화석 연료가 원인인 런던형 스모그와는 달리 LA형 스모그는 자동차 배기가스가 원인이다. 자동차 배기가스에서 나온 질소 산화물이 햇빛을 받아 일어나는 광학적 스모그인 것이다.

친환경 자동차에 대한 논의는 미국 캘리포니아 주에서 1990년대에 시작되었다. Los Angeles는 스모그에 대한 쓰라린 경험으로 환경 보호에 대한 의식이 강했다. 대기환경오염의 주범은 자동차이다. 자동차의 배기가스 배출을 제한하는 법령인 캘리포니아 주 에너지규약(California mandate)은 이런 역사적 배경에서 탄생했다. 캘리포니아 주 정부는 Top 7 자동차 회사가 캘리포니아 주에서 자동차 판매를 하고자 한다면 일정량의 ZEV(Zero Emission Vehicle, 무공해 자동차)를 의무적으로 판매해야 한다는 법령을 제정한다. ZEV는 전혀 배기가스를 배출하지 않는 자동차로 전기자동차와 연료전지 자동차를 말한다. 그러나 ZEV의 지나치게 비싼 제조비용 때문에 현실성이 없다는 것이 밝혀지자 캘리포니아 주 정부는 양보안으로 부분 점수제(partial credit)를 제시한다. HEV에 대하여 부분 점수를 인정한다는 것이다. 전지 우세 하이브리드자동차(Battery dominant HEV)는 0.2, 엔진 우세 하이브리드자동차(Engine dominant HEV)는 0.1의 부분 점수 비율을 정한다. HEV를 5대나 10대를 팔면 ZEV 1대 판매한 것과 동일하게 인정해 주겠다는 것이다. HEV는 직렬형과 병렬형으로 분류된다. 직렬형 HEV는 전기모터로 자동차가 움직이고 엔진은 전지를 충전하는 역할만 하는데, 이것을 전지 우세 하이브리드자동차라 부른다. 병렬형 HEV는 엔진과 전기모터가 동시에 자동차를 가동하는데, 이것을 엔진 우세 하이브리드자동차라 한다. 물론 직렬형이 병렬형보다 더 큰 용량의 전지를 사용한다.

⊙ 친환경 자동차

부분 점수제 이후 친환경 자동차에 관한 관심이 높아졌다. 추진 전략은 업체마다 다양했다. 디젤 엔진이 주를 이루는 유럽 업체는 전지를 사용하는 자동차보다는 디젤 엔진을 중심으로 연비와 환경오염 문제를 해결하려고 하였다. 또한, 보수적인 성향의 독일 업체는 그 당시에도 니켈수소 전지와 리튬이온 전지 같은 새로운 전지보다는 오랜 전통의 납축전지에 집착하고 있었다.

GM과 현대자동차와 같은 업체는 HEV를 과도기적인 제품으로 보았다. 결국은 연료전지 자동차(FCEV: Fuel Cell Electric Vehicle)가 최종 제품이 될 것으로 생각하고 장기적으로 연료전지 자동차에 개발 역량을 집중하였다. HEV에 대해 연구하는 과정에서 일부 업체는 캘리포니아 주 에너지규약을 충족하기 위한 개발보다는 친환경 자동차를 통하여 경쟁력이 있는 새로운 자동차를 시장에 내놓자는 계획을 세운다. 이런 적극적인 전략으로 탄생한 것이 새로운 개념의 HEV인 TOYOTA, HONDA, Ford의 동력 지원 하이브리드자동차이다.

HEV의 사업성 개선을 위해서는 전지 가격을 낮추어야 했다. 전지 가격은 용량에 비례한다. 동력 지원 하이브리드자동차는 전지의 용량을 7Ah 대로 획기적으로 낮춘 것이다. 또한, 외부 충전 없이 사용할 수 있도록 하였다. 기존 자동차와 가장 가까운 형태의 HEV를 설계한 것이다. 동력 지원 하이브리드자동차는 기존 자동차보다 작은 용량의 엔진을 사용하면서도 우월한 파워 성능을 보였다.

엔진은 동일한 회전 속도(RPM)로 가동된다. 엔진이 일정한 속도로 회전되면 배기가스를 최소화할 수 있고, 연비가 증가한다. 속도를 높일 때에는 전지에 의하여 구동되는 전기모터가 엔진의 부족한 파워를 지원한다. 브레이크를 밟으면 엔진의 남은 에너지가 전지에 충전된다. 동력 지원 하이브리드자동차는 SSA(Start Stop Application) 기능도 갖고 있다. SSA 기능은 신호 대기 중에는 엔진이 꺼졌다가 다시 출발할 때에는 일정 속도까지 전기모터로 움직인다. 그러나 동력 지원 하이브리드자동차는 수동 기어 자동차와는 호환성이 없어 수동 기어 자동차를 선호하는 유럽에서는 관심을 끌지 못했다. 또한, 교통 체증이 적고 주로 고속도로 주행을 하는 미국에서는 연비 개선 효과가 크지 않다. 동력 지원 하이브리드자동차는 일본, 한국과 같은 교통 환경에 적합하도록 설계된 친환경 자동차이다.

⊙ HEV용 전지의 경쟁

친환경 자동차는 유럽의 디젤엔진 자동차, GM의 연료전지 자동차, 일본과 Ford의 동력 지원 하이브리드자동차로 갈라지게 된다.

이 중에서 HEV 개발에 집중한 TOYOTA, HONDA, Ford를 HEV Top 3 업체라고 부른다. 이 업체만이 HEV의 동력전달 장치 기술을 가지고 있어 HEV를 양산할 수 있었다. TOYOTA의 PRIUS, Ford의 ESCAPE가 대표적인 초기 HEV 모델이다. HEV 동력전달 장치 개발을 마친 HEV Top 3 업체는 HEV에 적합한 전지를 찾는 작업을 하게 된다. 그때 마침 HEV의 요구 성능에 적합한 전지가 있었다. 일본 SANYO와 MBI의 D 사이즈[5] 고출력 니켈수소 전지였다. 그 당시 니켈수소 전지는 전 세계적으로 여러 업체에서 생산하고 있었지만 오직 SANYO와 MBI의 제품만이 까다로운 HEV 요구 성능을 충족시켰다. 이 업체의 고출력 니켈수소 전지는 구동 모터를 돌리는 전기자전거 등에 팩으로 공급하여 많은 이익을 내고 있었다. 자전거의 왕국인 네덜란드에서는 이들 업체의 전지 팩이 고가였기 때문에 셀로 공급할 것을 요구하였으나 SANYO와 MBI는 팩 공급 원칙을 고수하면서 높은 이익률을 유지했다.

TOYOTA는 MBI와 PEVE(Panasonic Electric Vehicle Energy)라는 합작 법인을 설립하여 직접 전지 사업에 진출하였다. TOYOTA는 후에 PEVE

5 지름 34.2mm, 높이 61.5mm의 중대형 원통형 전지이다.

의 지분을 흡수하여 단독으로 사업을 한다. 이 과정에서 MBI 출신 인력들이 대거 퇴사하게 되며, 이 인력들이 국내 업체에 들어오면서 중대형 전지 기술 개발에 어느 정도 기여하게 된다. HONDA와 Ford는 PEVE보다는 SANYO에서 구매하는 것을 선호했다. 왜냐하면, PEVE가 TOYOTA 외의 업체에 니켈수소 전지를 판매할 때에는 모기업인 TOYOTA의 승인을 받아야 했는데, HONDA와 Ford 입장에서는 경쟁사인 TOYOTA에 전지 구매에 대한 정보가 노출된다는 것이 반갑지 않았기 때문이다. HONDA는 HEV의 전원으로서 슈퍼 커패시터(super capacitor)를 자체적으로 개발하였다. 실제로 개발한 것은 슈퍼 커패시터가 아니라 이중층으로 용량을 늘린 울트라 커패시터(ultra capacitor)였다. 슈퍼 커패시터는 마치 전지와 같이 화합물을 음극, 양극에 사용한 커패시터로, 일반적으로 울트라 커패시터까지 포함해 슈퍼 커패시터라고 한다. 슈퍼 커패시터의 문제점으로 지적되는 것이 작은 용량이었다. 그러나 실제로 HONDA에서 HEV용 슈퍼 커패시터를 개발한 사람에 의하면 실장 시험을 해 보면 용량뿐만 아니라 출력도 예상 출력에 못 미친다고 한다. HONDA는 슈퍼 커패시터 개발을 중지하고 전지에 집중한다.

수소저장합금에는 중국에서 많이 생산되는 희토류 금속이 들어간다. 리튬이온 전지의 활물질인 LCO에 들어가는 코발트 금속은 정치적으로 불안정한 상태에 있는 아프리카에 광산이 있다. 벨기에의 Umicore가 코발트 관련 사업을 하는 것은 이런 이유에서이다. 이처럼 희토류 금속과 코발트는 자원 문제가 있다. HEV 시장이 본격적으로 열리면 물량이 대량으로 필요하므로, 초기 개발 시점부터 자원 문제를 심각하게 고려해서 목표 전지를 선정해야 했다. 이런 이유로 니켈수소 전지의 비교적 만족스러운 성능에도 불구하고 HEV Top 3 업체는 리튬이온 전지 개발에 관심을 돌리지 않을 수 없었다. 리튬이온 전지 중에서도 자원 문제가 없는 니켈계와 망간계로 만든 리튬이온 전지 개발이 필요했다. HEV는 출력 위주의 용도이다. 모든 스펙이 출력 기준으로 되어 있으며 용량은 단지 참고 사항이다. 단적으로 이야기해서 연료가 다 떨어졌을 때 주유소까지 갈 수 있는 용량만 있으면 된다. 리튬이온 전지가 SANYO와 MBI의 고출력 니켈수소 전지 성능을 추월하지는 못했다. 특히 저온 충전 출력에서는 니켈수소 전지가 우수한 성능을 보였지만 사업적인 측면에서 보았을 때에는 리튬이온 전지로 방향을 전환하지 않을 수 없었던 것이다. 리튬이온 전지 개발도 HEV Top 3 업체가 주도하게 된다.

⊙ HEV용 리튬이온 전지 확보

HEV용 리튬이온 전지 개발에 가장 많이 기여한 업체는 전지 업체가 아니라 자동차 업체인 TOYOTA이다. TOYOTA는 MBI와 합작법인인 PEVE와는 별도로 리튬이온 전지를 개발하였다. 원통형, 각형 전지에 파우치 전지까지 모든 종류의 전지를 개발하고 문제점을 도출하였다. 팩에서 과충전 방지를 위한 전지 셀 밸런싱, 팩 냉각시스템, SOC 계산법과 HPPC(Hybrid Pulse Power Characterization) 측정법 등이 다 이때 개발된 것이다. 잘 알려지지 않았지만 2000년대 초반에 TOYOTA는 리튬이온 전지의 안전성을 시험하기 위해 리튬이온 전지를 실제로 자동차에 장착하여 판매하기도 했다. 즉, 원통형 리튬이온 전지 4개를 직렬 연결하여 14V 팩을 만들어서 운전석 시트 밑에 설치하고 SSA 기능을 실제 상황에서 점검한 것이다. HONDA는 슈퍼 커패시터 개발을 보류한 후 리튬이온 전지에 관심을 돌린다. TOYOTA처럼 자체적으로 전지 사업을 하는 것은 어렵다고 판단한 HONDA는 2009년에 일본의 리튬이온 전지 업체인 GS Yuasa와 BEC(Blue Energy Corporation)라는 리튬이온 전지 합작법인을 설립하여 전지 사업에 진출한다. GS Yuasa는 1990년대 초부터 리튬이온 전지 사업을 하던 업체로서 원래는 납축전지 업체이다. 그러나 다른 업체와는 달리 1990년대에 고도성장을 한 휴대폰, 노트북과 같은 휴대용 전자기기 시장에는 진출하지 않았다. 1990년대부터 GS Yuasa의 목표시장은 중대형 전지 시장이었다. 대표적인 예가 1990년대의 에코파워(Eco Power)이다. 에코파워는 사무실 건물 천장에 설치된 ESS이다. 사무실의 전등을 중대형 리튬이온 전지와 연결시킨 것으로 퇴근 후 사무실의 전원이 꺼지면 이때부터 심야 전력을 공급받아 에코 파워에 충전한다. 근무 시간이나 저녁에 전기를 사용할 때에는 사무실 건물에 설치된 ESS에서 전기를 공급해 준다.

Ford도 단독으로 전지 사업을 하는 것은 무리라고 생각하고 전지 업체 확보에 주력한다. 2005년에 삼성SDI와 협력관계를 구축하고 공동연구를 한다. 그러나 2007년에 삼성SDI가 Ford와 결별하고 독일의 BOSCH와 SBL이라는 리튬이온 전지 합작법인을 설립함으로써 삼성SDI와의 관계가 끊어진다. Ford는 삼성에서 SBL을 설립한 대부분의 경영진이 교체된 후인 2014년에 다시 삼성SDI와의 관계 구축을 위한 첫발을 내딛는다.

2006년은 중대형 리튬이온 전지에 있어 중요한 해였다. TOYOTA가 HEV용 리튬이온 전지 공장 건설을 계획하고 있었기 때문이다. 세계 최초로 HEV용 리튬이온 전지 공장이 건설되고 이를 계기로 HEV 시장이 활성화될 것으로 기대하였다. 그러나 TOYOTA는 갑자기 계획을 바꿔 리튬이온 전지 공장 건설을 계획하고 있던 부지에 니켈수소 전지 공장을 증설하기로 결정한다. 아직 리튬이온 전지에 대하여 불확실한 것이 많다는 이유에서 계획을 바꾼 것이다. 이 결정으로 HEV 시장은 급속히 냉각된다. 만약에 리튬이온 전지 사업이 안 된다면 SANYO와 MBI의 고출력 니켈수소 전지가 유일한 해결책인데 이렇게 한정된 전지 자원으로는 시장 팽창을 기대할 수 없었기 때문이다.

⦿ PHEV로 부활

GM은 HEV 시대는 오래 못 가고 어느 정도 시간이 지나면 연료전지 자동차 시대로 접어들 것이라 생각하고 1990년대에 연료전지 자동차 개발에만 자원을 집중하였다. 그러나 2000년대에 들어서면서 전략이 잘못되었다는 것을 깨닫고 연료전지 자동차 개발을 포기하고 HEV 사업 진출을 모색한다. 하지만 그때에는 이미 HEV Top 3 업체와 격차가 너무 큰 상태였기 때문에 추월이 불가능했다. 2007년도에 GM은 다른 형태의 HEV인 플러그인 하이브리드자동차(PHEV: Plug-in HEV) 개발을 결정하고 전지 업체를 물색한다. PHEV는 충전의 필요성으로 인하여 현실성이 없다고 인식되었던 모델이었으나, GM이 그런 편견을 뒤집으려는 시도를 한 것이다.

PHEV는 외부에서 충전을 하는 HEV이다. 처음에는 전지로 가동되는 전기모터로 자동차가 구동된다. 전기자동차 모드(EV 모드)로 주행하는 것이다. 전지 용량이 어느 수준 이하로 떨어지면 엔진이 가동되면서 동력지원 하이브리드자동차 모드로 전환된다. HEV와는 달리 PHEV에서는 니켈수소 전지보다 리튬이온 전지가 절대적인 우위를 보일 수 있었다. 요구 용량이 커지기 때문이다. 전지의 용량이 커질수록 전기자동차 모드 가능 시간은 길어진다. GM은 오랫동안 준비해 왔던 LG화학과 2007년 중반에 협력관계를 구축하면서 정식으로 친환경 자동차 시장에 진출한다.

06

전지 제조 공정

1) 공장 구조

리튬이온 전지는 기존 전지와는 다른 특징이 있다. 전지 조립을 드라이룸(dry room)에서 하고 화성 기간이 최장 28일로 길다는 것이다. 화성 기간 중에는 전지의 발화, 폭발 가능성도 있다. 이런 특수성 때문에 화성실이 별도의 건물에 있는 구조를 하고 있다. 그림 22에서 화살표는 물류 흐름 방향을 표시한다. 중대형 전지는 전지 크기가 크고, 소형 리튬이온 전지보다 생산 속도가 느리기 때문에 다른 형태의 전지 공장이 나오기도 했으나 초기

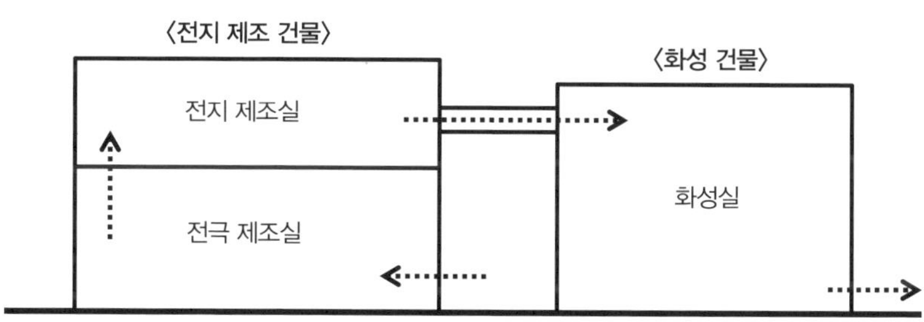

그림 22. 리튬이온 전지 공장 구조

에 소형 리튬이온 전지 공장을 건설한 일본 업체와 국내의 LG화학, 삼성 SDI의 공장은 그림 22와 같은 구조로 되어 있었다.

리튬이온 전지 공장은 전지 제조 건물과 화성 건물로 구성되어 있다. 제조실과 화성실은 구름다리 복도로 연결되어 있으며, 전지는 무인운반차(AGV: Automated Guided Vehicle)에 의해서 제조실에서 화성실로 이동된다. 화성이 별도의 건물에서 이루어진다는 점이 기존 전지와 차이점이다. 전극은 제조실 1층에서 만들어진다. 전극 제조 공정은 믹싱(mixing), 코팅(coating), 압연(roll pressing), 슬리팅 공정으로 구성되어 있으며 양극과 음극 간의 상호 오염(cross-contamination)을 방지하기 위해서 라인을 완전히 분리시켜 놓는다.

전기 화학 반응은 전자의 이동과 이온의 이동이 별개의 장소에서 일어난다. 이를 위해서 양극과 음극을 분리막으로 완전히 분리시켜 놓는다. 전극 제조에서도 양극과 음극 제조 설비를 완전히 분리시켜 놓는다(그림 23). 그러므로 양산 공장에서는 동일한 장비가 두 세트씩 필요하다. 일반적으로 전지에서 파일럿 플랜트와 양산 장비를 구분할 때 이것을 기준으로 하기도 한다. 파일럿 플랜트는 장비 크기에 상관없이 동일 장비로 양극과 음극을 제조한다. 장비를 세척할 시간이 충분히 있기 때문이다.

제조실 2층에서 조립이 이루어진다. 제조실은 -40℃ 상대 습도가 유지되는 드라이룸이다. 수분과의 접촉을 막기 위해서이다. 1층의 전극 제조실과 2층의 전지 제조실을 연결시켜 주는 것이 진공 건조 공정이다. 조립 공정은 젤리롤 제조, 캔에 젤리롤 삽입, 양극·음극 탭 용접, 전해액 주입, 캔 밀봉으로 구성되어 있다. 초기에 소형 리튬이온 전지에서는 대개 제조실에 원통형 조립 라인 1개와 각형 조립 라인 2개를 설치했다. 원통형의 생산 속도가 각형의 두 배이므로 동일 물량의 원통형과 각형을 제조하기 위해 그런 배치가 나온 것이다. 원통형과 각형은 조립 방법이 다르다. 원통형은 전해액을 주입한 후 비딩 앤 크림핑(beading & crimping) 공정으로 밀

그림 23. 전극 제조 라인

봉하지만, 각형은 레이저 용접으로 캔과 뚜껑에 해당되는 탑캡을 붙인 후 전해액 주입구를 통해서 전해액을 주입한다. 전해액 주입이 끝나면 주입구를 작은 볼로 막아서 전지를 밀봉시킨다. 탑캡의 조립은 별도로 하거나, 외부에서 조립하여 공급받는다. 조립이 끝난 전지는 드라이룸 밖으로 이동되어 캔에 묻은 전해액을 씻어내는 세척 공정을 거친다. 세척 공정을 하지 않으면 전해액에 의한 부식이 발생할 수 있다. 캔 표면이 세척된 전지는 무인운반차를 타고 화성실로 이동되어 화성 공정을 거치게 된다.

화성 공정은 1차 충전인 포메이션 공정, 전해액 채널을 안정시키는 에이징(aging) 공정, 이물이 혼입된 불량 전지를 선별하는 불량 선별 공정으로 이루어져 있다. 화성 공정은 자동창고를 벤치마킹했기 때문에 화성실 건물이 마치 유통 업체의 창고와 같은 모양을 하고 있다. 화성 공정을 마친 전지는 용량 분류 작업인 그레이딩(grading) 작업을 거친다. 용량 분류는 전압과 용량을 기준으로 한다. 그레이딩을 마친 전지는 출하된다. 리튬이온 전지의 공정 폐기물은 인가된 업체에서 수거하도록 되어 있다. 공정 중 나온 폐기물이나 불량 전지는 소금물에 담가서 공정 증거를 제거한 후 모아 놓으면 업체에서 주기적으로 회수해 간다. 공정 폐기물을 모아 놓은 곳에서 화재가 나지 않도록 특별히 주의해야 한다.

2) 전극 제조

(1) 믹싱 공정

믹싱은 코팅 슬러리를 만드는 공정으로 플래니터리 밀(planetary mill)을 사용한다. 음극 활물질인 흑연은 결정구조가 약하기 때문에 볼밀링(ball milling)과 같이 강한 압력을 가하는 밀링법은 사용하기 어렵다. 결정구조가 깨져 리튬의 인터컬레이션이 일어나지 않기 때문이다. 일반적으로 바인더 용액에 분말을 넣어서 분산시키는 용액 믹싱 방법을 사용한다. 믹싱의 원리는 용매인 NMP에 바인더인 PVDF를 고속 회전으로 녹여 폴리머 체인이 풀어진 바인더 용액을 만든 후 분말인 활물질과 전자전도 물질을 분산시키는 것이다.

수계 바인더의 경우는 계면활성제인 CMC의 분산이 어려워 믹싱 조건을 맞추기가 까다로우므로 분말끼리 먼저 섞는 분말 믹싱법을 채용하기도 한다. 분말 믹싱법은 마치 커피 믹스를 물에 타는 것과 비슷하다. 먼저 음극 활물질, SBR, CMC 분말을 섞어 커피 믹스에 해당되는 분말 믹스를 만든 후 물에 녹이는 것이다. 음극에만 사용되던 수계 바인더가 양극 활물질로 전파되는 경향을 보이고 있다. 중국에서 많이 사용하는 양극소재인 LFP는 유기계 바인더 대신 수계 바인더를 사용하여 슬러리를 만든다. 수계 바인더는 활물질 결착 방법이 다르기 때문에 바인더 양이 줄어들어 용량 증대 효과도 있다. 믹싱 공정에서 코팅 슬러리의 점도와 고형분 함유량을 조절한 후 코팅 공정으로 넘긴다.

믹싱 공정이 잘못되면 후속 공정을 아무리 잘해도 품질을 확보하기가 힘들다. 그러므로 믹싱 공정의 철저한 관리가 중요하다. 믹서를 분해해 보면 믹서 속에 블레이드(blade)의 회전을 저해할 정도로 큰 이물들이 발견되는 경우가 있다. 작업자의 실수와 관리자의 관리 태만 결과이다. 이런 이물이 믹서에 들어가면 블레이드의 축이 비뚤어져 블레이드와 믹서 벽 사이의 유격이 변하게 된다. 그렇게 되면 블레이드가 믹서 벽에 닿으면서 생긴 금속 분말이 코팅 슬러리에 혼입되는 사고가 발생하게 된다. LCO는 혼입된 수분이 진공 건조 공정에서 쉽게 제거된다. 1차 구조인 단순 구조로 되어 있기 때문이다. 그러나 니켈계 활물질과 LFP 양극소재는 작은 분말이 모여서 큰 분말을 이루는 2차 구조로 되어 있기 때문에 혼입된 수분 제거가 용이하지 않다. 그래서 이런 소재의 경우는 믹싱실을 드라이룸으로 해서 수분 혼입을 방지하는 조치를 취하는 경우가 많다.

(2) 코팅 공정

코터기(coater)는 코팅 헤드(coating head), 건조 파트(dry zone), 구동 파트로 구성되어 있다. 구동 파트는 전극을 움직이게 하는 와인딩 롤(winding roll)과 언와인딩 롤(unwinding roll)을 지칭한다. 와인딩 롤 앞에 베타선으로 전극의 두께를 측정하는 설비가 있어서 코팅 두께를 제어한다. 코팅 방식에 따라 코마롤(comma roll)과 슬릿 다이(slit die) 방식이 있다. 양산 1호기에서 LG는 일본 Hirano의 코마롤 방식 코터기를, 삼성은 일본 Toray의 슬릿 다이 방식 코터기를 설치하였다. LG는 비디오테이프 사업 경험이 있고 삼성은 없다. LG는 SONY처럼 비디오테이프 제조에 많이 사용했던 코마롤 방식을 채택하였고 삼성은 속도가 빠른 슬릿 다이 방식을 선호한 것이다. 건조 방식은 여러 방법이 있으나 주로 건조 공기를 위에서 노즐을 통하여 분사하는 방법을 사용한다. 건조 파트는 별도의 박스가 나란히 붙어 있는 형태로 되어 있으며 개별적으로 온도와 건조 공기 분사 속도를 조정할 수 있다. 건조 파트는 각각의 역할이 다르므로 그 역할에 맞게 가동 조건을 설정해야 한다. 건조 파트 1과 2는 전극에서 바인더의 위치를 결정해 주는 역할을 하므로 유체 속에서 바인더의 움직임을 제어하는 기술이 요구된다. 건조 파트 3은 바인더의 위치를 고정시켜 주며 건조 파트 4는 전극을 안정시켜 준다. 전극이 유체 상태에 있는 건조 파트 1과 2의 건조 조건이 성능 결정에 중요한 역할을 한다. 코팅의 목적은 바인더를 전극에 골고루 배치시켜 균일한 성능과 원하는 수명을 확보하는 것이다. 수계 바인더에서는 특히 건조 파트 1의 온도가 중요하다. 건조 파트 1의 온도를 60℃ 이하로 유지하는 것이 바람직하다. 건조 파트 1의 온도가 높으면 계면활성제인 CMC가 위로 떠올라 접착력 문제를 발생시킨다. 수계 바인더는 활물질을 계면활성제인 CMC가 감싸고 있고, CMC에 바인더인 SBR이 스프링과 같은 형태로 붙어서 다른 활물질과 연결시켜 주는 방식으로 결착이 이루어진다. 활물질을 점과 점으로 연결시키는 점접촉 방식인 것이다.

코팅 속도는 생산성에서 중요한 요소이다. 1990년대에는 점진적으로 코팅 속도를 높였다. 전극 품질과 생산성의 균형을 유지하면서 코팅 속도를 증가시킨 것이다. 한 면이 코팅된 전극은 다시 코팅 헤드 쪽으로 가져와서 반대편을 코팅하는 방법으로 양면 코팅을 한다. 전극이 수평으로 이동하기 때문에 동시 양면 코팅이 안 된다. 동시 양면 코팅을 하려면 수직으로 움직이거나 수평선과 각을 이루면서 전극이 이동해야 한다. 양극·음극 탭을 용접하기 위해서는 코팅이 되지 않은 부분인 무지부가 있어야 하는데, 이를 위해서는 간헐 코팅을 한다. 간헐 코팅에서는 코팅된 부위와 무지부 경계가 얼마나 날카롭게 형성되느냐가 중요하다. 전지 간 용량의 균일도를 결정하는 중요 요소가 되기 때문이다. 중대형 전지에서는 스트립 코팅으로 무지부를 만든다. 무지부가 코팅 방향으로 형성되는 코팅법이다. 코팅 공정에서 중요하지만 종종 무시되는 것이 진동이다. 진동을 최소화해야 한다. 코팅 공정에서 전극의 양이 결정되는데 이것을 로딩 레벨(loading level)이라고 하며 단위 면적당 전극의 무게로 나타낸다. 리튬이온 전지는 리튬 원자의 공급원이 한정된 전지이므로 기존 전지와는 달리 음극과 양극의 용량 비율이 중요한 설계 변수가 된다. 음극과 양극의 용량 비율을 엔피 비율(N/P ratio, N=음극 P=양극)이라고 하며 업체마다 설계 규정으로 최소 엔피 비율을 규정해 놓고 있다. 일반적으로 최소 엔피 비율은

1.12 수준이다. 엔피 비율이 낮으면 용량은 증가하지만 안전성이 악화되고 엔피 비율이 높으면 수명 성능이 향상된다. 엔피 비율이 1.06 이하일 경우 전극 두께가 균일하지 않으면 국부적으로 엔피 비율이 역전되어 1.0 이하로 떨어진다. 엔피 비율이 1.0 이하가 되면 충전 시 국부적으로 음극에 리튬 금속이 석출되어 발화, 폭발 등의 위험에 노출될 수 있다. 실제로 발화, 폭발 등의 필드 사고가 난 전지를 분석해 보면 엔피 비율이 1.06 이하인 경우가 대부분이다.

(3) 압연과 슬리팅 공정

⊙ 압연 공정

압연기는 실제로 전극과 접촉하여 압력을 가하는 작업롤(working roll)과 전극에 가해지는 압력을 지원해 주는 지원롤(back-up roll)로 구성되어 있다. 지원롤이 많을수록 더 높은 로드를 가할 수 있고, 정밀도가 증가한다. 전극 제조에 사용되는 압연기는 작업롤 1개와 지원롤 1개로 구성된 가장 간단한 압연기이다. 이것을 2단 압연기라 부른다. 롤에 가열 설비가 내장되어 있어 고온에서 압연을 하여 압연율을 증가시킬 수도 있으나 두께 정밀도가 떨어져서 대부분 상온 압연을 실시한다.

롤 프레싱(roll pressing)이라고도 부르는 압연 공정의 목적은 세 가지이다. 첫째는 두께를 줄여 전극 밀도를 높이는 것이다. 전지의 고용량화 방법이다. 둘째는 양극의 알루미늄박과의 접착력 향상이다. 알루미늄은 표면에 산화알루미늄(Al_2O_3)이 덮여 있기 때문에 결착력이 나쁘다. 압연은 알루미늄 표면의 산화물층을 부수어 전극과의 기계적 접착력을 향상시킨다. 셋째는 출력 향상이다. 전극에 압연을 하면 활물질 결정구조에 방향성이 생기면서 리튬이온의 출입을 원활하게 해준다. 전극에 결정구조 방향성을 주는 것이다. 압연 공정에서 전극의 밀도가 결정된다. 이것을 합제 밀도라고 한다. 용량 경쟁이 치열한 소형 리튬이온 전지에서는 합제 밀도를 높이는 방향으로 연구가 진행되었다. 합제 밀도를 높이고, 용량에 기여하지 않는 분리막, 집전체의 두께를 줄여서 용량을 높였다. 그러나 합제 밀도가 너무 높으면 전해액 침투가 잘 안 되고 압연기에 무리가 갈 수 있다. 또한, 합제 밀도가 너무 높으면 과충전으로 CID가 열리며 가스가 방출될 때 젤리롤과 전해액이 폭발적으로 캔 바깥으로 나올 수 있다. 이렇게 되면 발화와 폭발로 이어질 수 있으므로 합제 밀도에 지나치게 의존하는 전지 설계보다는 요소 기술에 의한 설계가 더 선진화된 방법이다. HEV와 같은 중대형 전지는 10년 이상의 수명을 보장해야 하므로 합제 밀도를 적정 수준으로 유지하는 것이 중요하다. 합제 밀도가 높으면 압연 시 무지부에 주름이 발생한다. 또한, 합제 밀도가 낮아야 10년 이상의 수명을 확보할 수 있다. 그 이유는 충방전 중 극판의 스트레스에 대응을 잘할 수 있고, 전해액의 함유량을 높일 수 있기 때문이다. 압연기에 롤 크라운 현상[1]을 교정할 수 있는 장치가 없어 압연율이 높으면 롤 크라운에 의하여 중앙이 전극의 측면 부위보다 더 두꺼워진다. 압연기에서는 롤 관리가 품질과 직결되므로 주기적으로 롤 표면을 가공해 주어야 한다. 롤 표면 결함에 의한 불량은 포착하기도 어렵고 일단 발생하면 대규모 품질 사고로 이어진다.

⦿ 슬리팅 공정

압연 공정 다음에는 전극을 롤 방향으로 잘라서 여러 개의 롤을 만드는 슬리팅 공정이 실시된다. 슬리터는 본체와 블레이드 유닛(blade unit)으로 구성되며 블레이드 유닛은 전지의 사이즈에 따라 달라진다. 전지 업체는

---

1 롤 크라운(roll crown)은 압연 시 롤의 탄성 변형으로 중간 부위의 롤 간격이 좌우 모서리 부분보다 커지는 현상이다.

다양한 사이즈의 전지를 만들기 때문에 여러 개의 블레이드 유닛을 보유하고 있다. 각형은 금형, 지그(jig)를 교체하면 하나의 라인에서 여러 사이즈의 전지를 만들 수 있는데 이것을 형교환이라고 한다. 슬리팅 공정으로 만들어진 전극을 점보롤(jumbo roll)이라 부른다. 소형 리튬이온 전지에서는 A, B, C, D… 등 여러 개의 레인(lane)으로 슬리팅이 이루어진다. 압연 시 롤 크라운 현상으로 레인별로 전극의 양이 차이가 날 수 있으므로 슬리팅에서는 레인별 관리를 통해 서로 섞이는 것을 최대한 방지해야 한다. 또한, 슬리팅 시에는 집전체로 쓰이는 금속의 분말이 혼입될 수 있다. 알루미늄은 표면에 산화알루미늄 피막을 형성하여 부식과 같은 전기 화학 반응을 방지한다. 알루미늄은 산화 피막으로 인하여 전기 화학적으로 비활성 물질에 가깝다. 그러므로 알루미늄 분말 혼입은 전압에 큰 영향을 끼치지 않는다. 그러나 동 분말 혼입은 전압에 영향을 끼친다. 동 분말이 많이 혼입된 전지는 화성 공정에서 불량 전지로 선별된다. 슬리팅 공정에서는 블레이드 상태 관리가 중요하다. 또한, 점보롤의 잔류 응력(residual stress)이 후속 공정에 영향을 끼치므로 롤의 장력(tension)이 조업 변수가 된다. 파우치 전지의 경우는 슬리팅 공정 다음에 스탬핑(stamping) 공정이 추가된다. 스탬핑 공정은 전극을 카드 모양으로 자르는 것이다.

3) 조립 공정

(1) 와인딩 공정

진공 건조는 전극 제조 공정에서 혼입된 수분을 제거하는 공정으로 물의 기화 온도 이상에서 12시간 이상 실시한다. 점보롤은 1층에서 넣고, 건조가 완료된 롤은 2층에서 빼낸다. 점보롤을 감을 때 가해진 응력이 중요한데 점보롤의 내부 응력에 따라 진공 건조 시에 롤이 변형될 수 있기 때문이다. 롤 변형이 일어나면 젤리롤을 만드는 후속 와인딩 공정에서 불량을 유발할 수 있다. 리튬이온 전지 와인더는 콘덴서 와인더를 바탕으로 설계되었다. 양극·음극 점보롤과 분리막 2개로 젤리롤을 만든다. 양면 코팅된 전극을 사용하기 때문에 분리막이 2개 필요한 것이다. 젤리롤에 들어가는 전극의 길이는 18650 원통형 전지의 경우 60cm를 조금 넘고, HEV용 전지는 3m 이상으로 다양하다. 젤리롤 제작 시 무지부에 양극·음극 탭을 붙인다. 각형은 플랫 와인딩(flat winding)으로 젤리롤을 만드는 경우도 있고, 마름모 형태로 와인딩한 후 프레싱하여 만들기도 한다. 각형 젤리롤은 굴곡이 큰 엣지(edge) 부위에 리튬 금속이 석출될 수도 있으므로 각속도(angular velocily)를 일정하게 와인딩하는 것이 중요한 공정 기술이다. 전극의 두께가 균일하지 않으면 와인딩 시 불량이 많이 발생한다. 그러므로 와인딩 공정으로 전극 공정의 상태를 파악할 수 있다.

와인딩 시 전극과 분리막에 가해지는 장력은 전지 성능에 중요한 역할을 한다. 와인딩은 단순히 감아서 젤리롤을 만드는 공정이 아니라 성능 제어 기능을 갖고 있는 중요한 공정이다. 특히 각형에서는 회전의 축이 되는 맨드릴의 설계가 업체마다 고유 기술로 되어 있다. 수명 성능을 결정하는 주요 변수는 젤리롤의 건전성이다. 충방전을 하면 젤리롤의 부피 변화가 생긴다. 반복되는 부피 변화로 젤리롤이 변형될 수 있는데 젤리롤 변형은 수명 열화의 원인이 된다. 젤리롤의 건전성은 전극의 균일도와 와인딩 공정에 달려 있다. 와인딩 공정을 결정하는 것은 맨드릴 설계, 와인딩 시 전극의 직진도와 전극에 가해지는 장력 등이다. 충방전 사이클이 계속되어도 초기의 젤리롤 모습을 그대로 유지할 수 있도록 하는 것이 와인딩 공정의 목적이다.

원통형 와인딩 속도는 각형보다 빨라 생산성이 높다. 원통형의 경우 와인딩 시 너무 높은 장력을 가하면 고출력 방전 시 열발산이 잘 안 되어서 국부적으로 전극이 타는 경우가 생긴다. 전극의 두께가 균일하지 않으면 젤리롤에서 국부적으로 응력이 달라져 열이 모이게 되어 전극과 분리막이 타서 달라붙게 되는 것이다. 파우치 전지는 전극과 분리막을 라미네이션한 경우에는 잔류 응력 영향을 덜 받지만 그렇지 않은 경우에는 젤리롤 변형이 심해질 수 있다.

(2) 원통형과 각형의 조립 공정

원통형은 니켈 도금된 저탄소강으로 캔을 만들고, 각형은 알루미늄캔을 사용한다. 원통형의 경우 음극 탭을 캔 바닥에 용접하고, 양극 탭을 캔의 덮개 부위인 탑캡에 용접하므로 탑캡이 양극이 되고 캔이 음극이 된다. 각형의 경우 양극 탭을 알루미늄캔 벽에 용접하고, 음극 탭을 탑캡에 용접하기 때문에 원통형과는 달리 캔이 양극이 되고 탑캡이 음극이 된다. 캔은 전문 업체로부터 공급받지만, 캔의 개발은 전지 업체의 업무이다. 실제로 휴대폰용 각형 전지의 슬림화 경쟁이 치열했을 때에는 얇은 캔 제조 기술로 승부가 결정 나기도 하였다. 캔은 판재를 디프 드로잉(deep drawing) 공정으로 만든다. 디프 드로잉은 판재를 금형 위에서 눌러 금속 컵을 만드는 공정이다. 대표적인 디프 드로잉 제품이 총알 탄피이다. 캔의 지름과 같은 높이의 컵이 디프 드로잉으로 만들 수 있는 최대 높이의 컵이다. 그러므로 캔의 지름보다 높이가 몇 배 큰 전지 캔은 여러 단계(6~7단계)로 디프 드로잉을 해야 한다. 이것을 단계적 스탬핑이라 부른다. 각형 전지의 경우 단계가 높아짐에 따라 캔의 단면적이 원, 타원, 직사각형의 순서로 변하게 된다.

니켈수소 전지는 전극과 분리막이 두껍고 견고하며 공극도 많다. 그렇기 때문에 전해액을 넣고 원심력을 가해 전해액을 전극과 분리막에 침투시킨다. 반면에 리튬이온 전지는 전극과 분리막이 얇고 밀도가 높기 때문에 원심력으로는 전해액을 침투시킬 수 없어서 진공 가압 방식을 사용한다. 진공을 걸어서 전지 속의 공기를 빼낸 다음에 전해액을 주입한 후 압력을 가하여 침투하도록 하는 것이다. 전지의 종류에 상관없이 밀봉 타입(sealed type) 전지에서는 전해액의 양이 중요하다. 전해액 주입 전후의 전지 무게를 측정하여 전해액 주입량을 잰다. 전해액 주입 장치에는 정량 펌프인 하이바 펌프(HIBAR pump)가 사용되는데 일본 업체에서는 하이바 펌프만 전적으로 관리하는 사람이 있을 정도로 정확한 전해액 주입에 신경을 쓴다.

전지에서 핵심 기술 중 하나가 용접이다. 리튬이온 전지에서 사용되는 용접은 레이저 용접, 저항 용접, 초음파 용접 등 다양하다. 전지 제조 시 용접 기술이 부족하면 치명적인 상황이 발생할 수 있다. 용접 부위가 떨어지면 전류의 흐름이 차단되어 죽은 전지(dead cell)가 되기 때문이다. Motorola에서 샘플을 평가할 때 탭의 용접부가 단락되어 세 번이나 불합격된 적도 있었다. 용접 기술의 중요성을 인식하지 못한 결과이다. 각형의 알루미늄캔과 탑캡은 레이저 용접으로 용접한다. 니켈 탭은 저항 용접을 사용하는데 저항 용접은 니켈과 니켈을 열로 접합 부위를 녹여서 접합하는 것이다. 알루미늄 탭은 알루미늄캔과 초음파 용접을 한다. 초음파 용접은 초음파 진동을 이용한 마찰 압력 접합 방식이다. 용접 기술이 전지의 핵심 기술 중 하나이기 때문에 전지 업계는 새로운 용접 기술 선정에 적극적일 수밖에 없다.

용접은 접합 부위를 녹인 후 응고시키는 방법으로 2개의 금속을 접합시키는 기술이다. 에너지원이 강력하고 금속의 전기 전도도가 낮을수록 용접성이 우수하다. 에너지원 측면에서 아크 용접, 플라즈마 용접, 레이저 용접, 전자빔 용접 순으로 에너지가 큰 용접인데 전지 업계는 레이저 용접을 성공적으로 사용해 오고 있으며, 전자빔 용접으로 관심을 돌리고 있다. 용접에서 용접부의 용해, 응고 시 흥미로운 것은 용접부의 결정립이 모제의 결정립과 연결되어 성장한다는 점이다. 이런 현상을 에피택시얼 성장(epitaxial growth)이라고 한다. 에피택시얼 성장은 반도체에서 회로를 새겨 넣을 실리콘을 성장시킬 때 사용하는 방법이다. 또한, 용접부 주변의 금속은 열에너지로 결정립이 커지게 되는데 이 부위를 HAZ(heat affected zone, 열영향부)라고 부른다. HAZ는 균열 발생과 부식에 취약하므로 HAZ 부위가 작을수록 좋다. 초음파 용접은 파우치 전지에서 전극의 탭을 용접할 때 사용되는 공정이므로 파우치 전지 업체에 특히 필요한 기술이다. 전동공구용 전지는 심한 진동을 견뎌야 하므로 특히 강건한 용접이 요망된다. 용접 기술을 단순히 접합하는 것으로 간주하는 경우가 많은데 용접 기술이 전지 업체의 기술 수준을 결정하는 중요한 잣대가 될 수도 있다. 전지의 모든 부품은 대개 용접으로 연결된다. 용접은 전극에서 외부 단자까지의 전자 통로를 만드는 작업이다. 용접 공정에서도 코팅과 마찬가지로 작업장의 진동에 주의해야 한다. 진동이 용접의 질에 큰 영향을 끼치므로 드라이룸 내의 진동을 최소화할 필요가 있다.

전지 제조 시 DC-IR과 AC-IR 두 종류의 저항을 측정한다. DC-IR은 부품이 제대로 연결되었는지를 점검하는 것으로서 전자 통로의 건전성을 측정한다고 보면 된다. 반면에 AC-IR은 전해액 채널의 건전성을 측정하는 것으로 전극의 미세구조와 전해액 침투 상태를 알려준다.

4) 화성 공정

(1) 공정운영시스템

화성실을 별도의 건물에 두는 것은 화재의 위험 때문이다. 실제로 일본에서는 화성 공정에서 화재를 겪었던 업체가 상당수 있었다. 리튬이온 전지 공정 설계를 할 때 기본 설계 철학은 역추적이 가능하도록 하는 것이다. 리튬이온 전지는 잠정적으로 발화, 폭발과 같은 필드 사고의 가능성이 높기 때문에 품질 사고나 필드 사고 발생 시 어떤 조건의 소재와 설계로 어떻게 제조하였는지를 파악할 필요가 있다. 이런 목적으로 설계된 공정운영시스템을 통해 개별 전지의 이력 관리가 가능하게 되었다. 그러므로 전지에 대한 모든 정보가 모여 있는 곳이 바로 화성 공정이라 할 수 있다. 화성 공정을 정보의 센터이고 전지 공장의 컨트롤 타워라고 부르는 이유가 바로 여기에 있다.

화성 공정에서 전지의 발화, 폭발 등의 사건이 발생하면 제조 라인을 중지시키고 원인 추적에 들어가게 된다. 안전성 관련 사건이 일어난 배치(batch)는 전부 폐기 처분하고 발화, 폭발의 원인 분석이 이루어지고 대책이 강구된 이후에 제조 라인을 재가동하는 게 일반적인 운영 방법이다. 휴대폰과 노트북 사용 시 발화, 폭발 등의 필드 사고가 발생했던 전지를 역추적해 보면 대부분 화성 공정에서 발화, 폭발 등의 사건이 있었던 배치임을 알 수 있다. 이런 면을 보았을 때 리튬이온 전지의 공정운영시스템이 상당히 잘 설계되었다는 것을 알 수 있다.

화성은 팔레트 단위로 이루진다. 제조실에서 화성실로 전지가 이동될 때 팔레트에 넣어서 이동시키며 화성 작업이 끝난 빈 팔레트는 제조실로 다시 이동된다. 화성 공정에서 품질 결정 요소는 전지의 양극·음극 단자와 화성 장비의 단자 간 전기적 접촉 상태이므로 이물 등으로 단자가 오염되거나 접촉이 불량하면 성능과 품질에 영향을 준다. 또한, 팔레트에 배열된 전지의 온도 분포도 품질에 영향을 준다. 온도에 따라 성능이 크게 변하므로 팔레트 내의 열 분포를 균일하게 유지하는 것이 중요하다. 팔레트를 오래 사용하거나 취급 시 주의하지 않으면 미세하게 중심이 잘 맞지 않아서 휘어지거나 뒤틀릴 수가 있다. 이런 미세한 치수 차이도 팔레트 내의 열 분포를 불균일하게 하고 단자의 전기적 접촉 불량을 유발할 수 있으므로 팔레트 관리도 전지 품질에 중요한 역할을 한다.

(2) 화성 방법

화성 공정에서는 불량 전지를 선별한다. 불량 선별 공정은 전기 화학적으로 영향을 주는 금속 이물인 동, 니켈, 철이 기준 이상으로 들어가 있는 전지를 골라내는 공정이다. 표면 피막 때문에 전기 화학적으로 비활성 상태에 가까운 금속인 알루미늄과 스테인리스강의 혼입은 선별이 어렵다. 화성 공정에서는 전지 전압과 저항을 측정해서 전압과 저항이 기준과 차이가 나면 불량으로 선별해 낸다. 리튬이온 전지의 불량 선별 철학은 화성 공정에서 불량은 철, 동, 니켈의 금속 이물에 의한 하드 쇼트와 소프트 쇼트만 존재한다는 가정에 기초를 두고 있다. 그렇기 때문에 만약 다른 불량이 나오면 불량 선별이 제대로 되지 않는다. 금속 이물에 의한 불량 외의 불량이 화성 공정에서 나오는 업체는 양산 준비가 아직 안 되어 있다는 것을 의미하기도 한다. 그러므로 화성 공정에서 나오는 불량의 종류를 분석함으로써 전지 업체의 양산 기술 수준을 파악할 수도 있다. 불량 선별은 다음과 같은 순서로 한다. 먼저 하드 쇼트 전지를 선별한다. 1차 충전을 하는 포메이션 공정으로 활성화된 전지를 일정 온습도에서 48시간 동안 방치 후 전압과 저항을 측정하여 하드 쇼트 전지를 선별한다. 그다음 단계는 소프트 쇼트 전지 선별이다. 일정 온습도에서 약 16일간 방치한 후 전압과 저항을 측정하여 선별한다.

천연 흑연 사용 시 비표면적이 증가하기 때문에 접착력이 우수한 수계 바인더(SBR+CMC)를 사용한다. 수계 바인더는 음극 표면에 SEI 필름 형성 시 전해액과 반응하여 가스를 많이 발생시키기 때문에 충분히 가스를 제거한 후 전지를 제조하기 위하여 예비 충전 공정을 사용한다. 제조실에서 실시되는 예비 충전 공정에서 가스 발생으로 전해액이 넘쳐흐르는 전해액 범람 현상이 생길 수도 있으므로 전해액을 2차로 나누어 주입한다.

예비 충전 공정의 예를 들어보면 다음과 같다. 전해액의 10%를 1차로 주입한 후 1C의 전류로 6분간 충전시켜 SOC 10%를 만든다. 그다음에 전해액의 20%를 주입하고 1C의 전류로 12분간 충전시켜 SOC가 30%가 되도록 한다. 예비 충전이 완료되면 나머지 70% 전해액을 주입하고 전지를 밀봉한 다음에 화성실로 보낸다. 화성실에서 나머지 포메이션을 한 후 60℃ 이상에서 고온 에이징을 한다. 고온 에이징은 피막 안정화 및 균일성 확보를 통해 화성기간을 획기적으로 줄일 수 있다.

07

:

전지 관리법

1) 전지 성능 평가

(1) HPPC 시험

휴대폰, 노트북과 같은 휴대용 전자기기도 다양한 사용 전류 프로필을 갖고 있다. 이것을 듀티 사이클이라고 한다. 그러나 소형 2차전지에서는 듀티 사이클 시험을 하지 않는다. 펄스 방전보다 연속 방전이 주를 이루고 있으며, 기본적인 전지 성능 시험 결과로 듀티 사이클 성능을 유추할 수 있기 때문이다. 이런 이유 때문에 소형 2차전지의 성능 평가는 비교적 간단하다. C rate별 방전 용량, 온도별 방전 용량, 자가 방전율과 수명으로 전지의 기본 성능 평가가 이루어진다.

2000년대 HEV 개발이 본격화되면서 전지 업계에서는 생소한 용어가 사용되기 시작했다. DOD(Depth of Discharge) 대신에 SOC(State of Charge)를 사용했고, SOH(State of Health)라는 용어도 사용되었다. HEV와 같은 중대형 전지 성능 평가에서 가장 중심적인 위치를 차지하는 것이 HPPC(Hybrid Pulse Power Characterization) 시험이다. 전지와 자동차를 연결

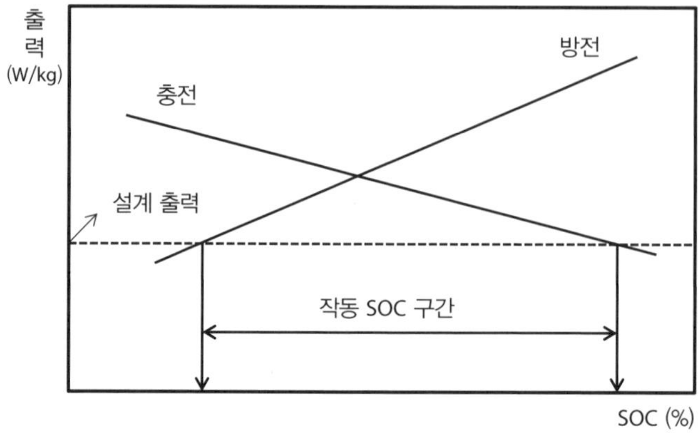

그림 24. HPPC 시험 곡선

시켜 주는 가교 역할을 하는 성능 평가 방법이고 HEV 설계의 중심이 된다. HPPC는 펄스 충방전 시험을 통하여 출력(W/kg)과 SOC의 그래프를 구하는 것이다. 그림 24는 HPPC의 시험 곡선이다. 이 그래프에는 충전 곡선과 방전 곡선이 "X" 자 모양으로 서로 교차한다. 사용 SOC가 정해지면 HPPC 시험 곡선에서 필요 출력을 구할 수 있다. HEV와 같이 출력 위주의 용도에서는 HPPC 시험 곡선의 차이는 전지의 용량 차이를 낳는다. HEV에서 니켈수소는 7Ah의 전지를 사용하였으나 리튬이온 전지는 4.5Ah 용량으로 충분하였다. 이것은 HPPC 시험 곡선의 차이 때문이다.

소형 2차전지에서는 전극 개발 인력이 주도적인 역할을 했다. 그러나 HEV와 같은 중대형 전지에서는 성능 평가 인력이 주도적인 역할을 하게 된다. 성능을 분석하여 전극과 조립 개발 파트에 개선 방법까지 제시하는 것이 성능 평가 인력의 임무이다. 중대형 전지에서 성능 평가는 기차의 기관차처럼 전체를 이끄는 역할을 한다. 그러므로 중대형 전지의 성능 평가는 전극 개발, 조립, 화성을 다 경험한 인력이 맡아야 전체 개발 시스템이 원활히 돌아갈 수 있다.

(2) 안전성 시험

리튬이온 전지는 기존 전지와는 달리 혹독하게 안전성 시험을 하는 것으로 유명하다. 성능은 만족스럽지만 안전성이 항상 불안 요소였기 때문이다.

안전성 수준은 다음과 같이 5단계로 구분한다.

L0: No change(이상 없음) L1: Leakage(전해액 누액)
L2: Smoke(연기) L3: Smoke(연기, 전지 표면 온도 고온)
L4: Fire(발화) L5: Explosion(폭발)

안전성 시험은 전기적·기계적·환경적 시험으로 분류된다. 안전성 시험은 이미 발생했거나 발생할 수 있는 상황에 대하여 전지가 어느 정도의 안전성을 보이는지를 시험하는 것이다. 소형 리튬이온 전지에서는 2000년대 초까지 휴대용 전자기기 업체와 전지 업체의 협업을 통해서 안전성 시험 방법과 기준을 수정 보완해 왔다. 예를 들어서 길거리에 버려진 휴대폰 위를 승용차가 지나가면서 불이 나는 사고가 발생했다면 이 사건을 계기로 안전성 시험 방법과 기준을 수정시키는 방법으로 안전성 시험의 종류가 수정 보완되어 왔다. 중대형 전지에서는 용도에 맞게 기존의 안전성 시험을 보강하는 작업을 해 오고 있다. 사용 환경이 다르면 전지의 혹사 조건도 달라지기 때문이다. 전지 업체의 가장 일반적인 안전성 8대 시험은 단락, 과충전, 압축, 충돌, 열노출, 연소로 이루어져 있다. 일반적으로 안전성 8대 시험을 기본으로 하여 업체마다 고유의 안전성 시험법을 추가하는 방법을 취하고 있다. 주요 업체처럼 전지를 사용한 경험이 풍부한 업체일수록 고유의 안전성 시험법이 많다.

8대 안전성 시험법을 다음과 같이 간략하게 소개하기로 한다.

(1) 상온 단락: 최고 0.1Ω 이하의 단락 선으로 (+), (-)를 상온(25℃)에서 단락시킨다.

- 불합격 기준: 발화, 폭발, 셀 표면 온도가 150℃ 이상

(2) 60℃ 단락: 최고 0.1Ω 이하의 단락 선으로 (+), (-)를 60℃에서 단락시킨다.

- 불합격 기준: 발화, 폭발, 셀 표면 온도 150℃ 이상

(3) 과충전: 12V, 1C로 2.5시간 동안 과충전시킨다.

- 불합격 기준: 발화, 폭발

(4) 압축: 압축 면이 금속인 압축기에 1325kg의 힘이 도달될 때까지 압축한다.

- 불합격 기준: 발화, 폭발

(5) 충돌: 높이 61cm에 무게 9.1kg의 물체를 시료 위에 올려놓은 지름 15.8mm 쇠봉에 떨어트린다.

- 불합격 기준: 발화, 폭발

(6) 열노출: 5℃/분으로 시료를 승온한 뒤 150℃에서 10분간 방치한다.

- 불합격 기준: 발화, 폭발

(7) 연소 1: 시료와의 거리가 91cm 위치에 가제 천을 설치하고 시료를 불에 직접 가열하여 천에 불이 붙는지 확인한다.

- 불합격 기준: 천에 불이 붙음

(8) 연소 2: 대각선 61cm, 높이 30.5cm인 알루미늄 6각 망 가운데 시료를 놓고 불을 시료에 직접 가열하여 천에 불이 붙는지 확인한다.

- 불합격 기준: 파편이 망을 뚫음

안전성 8대 시험 외에 관통 시험도 많이 한다. 관통 시험은 못(nail)이 전지를 완전히 관통하도록 하여 강제로 내부 단락을 시키는 것이다. 관통 시험은 못이 가늘고, 관통 속도가 느릴수록 에너지의 집중도가 높아지는 조건이므로 더 혹독한 환경이 된다.

2) 수명 열화 기구

사람이 태어나서 어떻게 늙어 죽는지를 안다면 건강하게 오래 사는 법도 알 수 있을 것이다. 마찬가지로 전지가 태어나서 어떤 과정을 거쳐 수명을 다하는지를 안다면 오래 사용하는 방법도 개발할 수 있을 것이다. 전지가 늙어 가는 것을 열화라고 한다. 열화가 누적되면 마침내 생명을 다하게 된다. 전지는 뼈, 근육, 혈관의 순으로 늙어 간다. 좀 더 과학적으로 표현하면, 젤리롤 변형, 전해액 채널의 파괴, 전해질 고갈의 세 단계로 열화가 진행된다. 사람도 어느 시점이 되면 은퇴를 한다. 전지도 마찬가지이다. 전지는 자기 용량의 80%가 남아 있을 때를 수명이라고 정의한다. BOL(Beginning of Life)에서 EOL(End of Life)까지 전체 용량(에너지)의 20%만 사용하는 것이다. 1990년대 중반까지만 하여도 자기 용량의 60%가 남아 있을 때를 EOL로 정의하여 전체 용량의 40%까지 사용했었다. 그러나 전지가 싸고 흔해지면서 EOL이 앞당겨졌다. EOL은 용도에 따라 큰 차이를 보인다. HEV와 같은 경우는 자동차 주행 프로필에 맞게 펄스 출력의 듀티 사이클을 1 사이클로 정의하고, 이런 듀티 사이클이 30만 회 반복할 때까지 초기 출력의 60% 이상을 유지해야 한다. 수명은 전지 열화의 표출이므로 일반 성능과는 구별하여 판단하고 관리할 필요가 있다.

(1) 좋은 전지의 정의

좋은 전지에 대한 정의는 시대와 상황에 따라 달라져 왔다. 1990년대 용량 경쟁이 치열할 때에는 에너지 밀도가 높은 전지가 좋은 전지였다. 업체마다 세계 최고 용량의 전지 개발이라는 보도를 하려고 개발에 박차를 가했었다. 휴대폰 업체에서도 용량을 기준으로 업체의 수준을 파악했었다. 그 당시에 에너지 밀도는 시장을 유지하기 위해서 반드시 달성해야 할 목표이기도 했다. 예를 들어서 어느 휴대용 전자기기 업체에 전지를 공급하는 전지 업체가 세 곳이라고 하자. 그중 한 업체가 10% 높은 용량의 전지를 제시했을 때 나머지 두 업체는 6개월 내에 높은 용량을 제시한 업체와 동일 수준의 용량을 가진 전지를 공급해야 한다. 그렇지 못하면 가격을 내리든지, 아니면 시장을 포기해야 한다. 이런 식의 경쟁이 이루어지다 보니 경쟁에서 이기는 고용량의 전지가 좋은 전지로 인정받게 되었다. 그러다가 2000년대 초반부터 중반까지 발화, 폭발 같은 필드 사고가 자주 발생하자 안전성이 우수한 전지가 좋은 전지로 인정받기 시작했다. 세라믹 분리막 개발이 이루어지고 강건설계라는 말을 자주 사용했던 시기가 이때였다. 업체마다 전지 설계 기준을 재점검하면서 필드 사고 요인을 제거해 나가는 작업에 열중했다.

전지 업체의 경험이 단적으로 표출된 것이 전지 설계 기준이다. 전지 설계 기준이란 전지를 개발하는 사람들이 준수해야 할 규칙으로서 최소 N/P ratio라든지, 전지 내의 빈 공간 비율과 같이 안전성과 관련된 기준을 규정해 놓은 설계 규정집이다. 업체마다 경험이 다르기 때문에 전지 업체의 경험을 요약 정리한 설계 기준은 업체마다 다르다. 그래서 선발 업체와 후발 업체의 차이는 설계 기준을 통해서 알 수 있다. 목표 성능을 달성하려고 전지 설계를 무리하게 변경하는 것을 막기 위해서 관리자가 항상 점검해야 할 자료가 설계 기준이다. 만약에 설계 기준 없이 전지 설계와 개발을 하는 업체가 있다면 관리가 안 되고 있다는 것을 의미한다.

고용량에서 고안전성으로 좋은 전지의 정의가 변한 것처럼 좋은 전지의 정의는 시대에 따라 변해 왔다. 그럼에도 불구하고 좋은 전지에 대한 핵심은 변하지 않았다. 그것을 요약하면 다음과 같다.

첫째, 균형 잡힌 성능을 가진 전지이다. 전지의 주요 성능이 서로 균형을 이루는 전지이다. 성능의 균형은 용기에 에너지가 균일하게 분포된 것과 같다고 할 수 있다. 용기에 에너지가 균일하게 분포되어 있으면 약한 부분이 없기 때문에 에너지가 외부로 터져 나오지 않는다. 안전한 전지라는 말이다. 전지에 담겨 있는 에너지는 마치 물이 차 있는 풍선과 같다. 균형이 맞지 않으면 약한 부분으로 터지게 되어 있다. 이것이 수명 열화로 표출되기도 하고, 심한 경우에는 발화, 폭발의 필드 사고로 연결된다.

둘째, 동일한 설계 변수에서 수명이 우수한 전지이다. 수명도 설계 변수를 조정하면 큰 폭으로 변경시킬 수 있기 때문에 동일 설계 변수에서 비교해야 한다. 수명은 성능이 아니라 전지의 열화가 표출된 것으로 전지가 늙어가는 속도를 나타낸다. 제대로 만들어진 전지는 다른 전지보다 젊음을 오래 유지할 수 있다. 수명이 좋지 않다는 것은 전지가 병이 들었다는 의미이다. 이런 전지는 안전성 측면에서도 위험하다. 열화란 용량이 줄어드는 것이다. 용량이 줄어든다는 것은 인체의 혈액에 해당되는 전해액이 제대로 돌아다니지 못하는 것을 의미한다. 대개 이런 부위에서부터 전지의 문제점이 표출된다.

셋째, 전지 간 균일성이 우수한 전지가 좋은 전지이다. 예를 들어 한 달에 1,000만 개의 전지를 만든다고 했을 때 1,000만 개의 전지가 용량을 비롯한 주요 성능이 거의 동일하다면 그 업체의 기술 수준은 높은 것이다. 이런 균일성을 갖기 위해서는 전극 제조 공정에서 분포가 거의 선으로 나타나야 한다. 6시그마로는 부족하다. 소형 리튬이온 전지의 경우는 한 달에 수천만 개 수준으로 전지가 만들어진다. 이런 규모로 공장에서 대량생산하는 것과 실험실에서 소량 만드는 것과는 필요 역량이 다르다. 전지 양산 기술의 핵심은 누가 언제 만들더라도 동일한 성능과 동일한 수명을 갖게 하는 균일성의 구현이다. 동일한 수명을 가지려면 동일하게 열화되어야 한다. 이것의 중요성을 강조하기 위하여 SOH(State of Health)라는 좀 어색한 용어까지 탄생하였다.

(2) 수명 열화 단계

⦿ 1단계: 젤리롤 변형

전지는 충방전을 하면서 부피가 변한다. 부피가 커졌다 작아지기를 반복하는 것이다. 이것을 전지가 숨을 쉰다고 표현한다. 충방전 시 전지의 부피 변화의 원인을 알기 위해서는 그림 25에서처럼 양극 활물질에서의 변화를 살펴볼 필요가 있다. 충전이란 양극 활물질에서 리튬 원자가 빠져나가는 현상이다. 층상 구조로 되어 있는 LCO나 NCM에서 리튬이 빠져나가면 (-) 전하의 산소층끼리 쿨롱(C)의 법칙에 의하여 척력이 작용한다. 이 척력으로 산소층 간의 거리가 멀어지므로 부피가 증가한다. 일반적인 상식으로 리튬이 빠져나가기 때문에 부피가 줄어들 것으로 생각하기 쉽지만 실제로는 반대 현상이 벌어지는 것이다.

리튬이온 전지는 전극을 와인딩하여 만든 젤리롤이 캔에 들어가 있는 젤리롤 구조로 되어 있다. 그러므로 그림 25와 같은 원리에 의하여 충방전 시에 젤리롤의 부피도 변하게 된다. 젤리롤의 부피 변화 양상은 젤리롤을 만들 때 형성된 잔류 응력에 따라 달라진다. 와인딩 공정에서 젤리롤을 만들 때 잔류 응력이 균일하게 분포되도록 작업하면 충방전에 따른 부피 변화 시 모양 변형이 별로 없다. 그러나 젤리롤 제조 공정을 제대로 하지 못하면 젤리롤의 모양이 변형되면서 전해액 분포가 불균일해져 수명이 짧아진다.

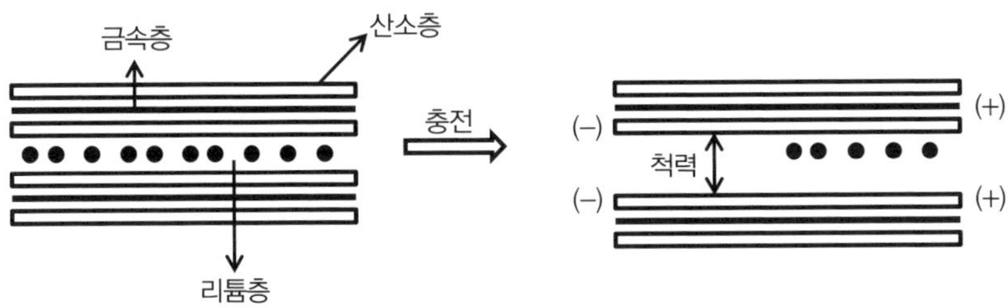

그림 25. 충전 시 양극소재의 부피 변화

그러므로 젤리롤 변형을 얼마나 잘 방지하느냐가 전체 수명 성능에 결정적인 역할을 하게 된다. 젤리롤 변형은 초기 200회에서 일어나므로 초기 200회 정도까지의 수명 곡선이 일정하게 진행되어야 한다. 수명 곡선이 일정하게 진행된다는 것은 충방전으로 인한 젤리롤의 부피 변화 시 젤리롤 변형이 일어나지 않고 있다는 증거이다. 만약에 초기 200회에서 수명 곡선이 슬로프를 그린다면 충방전 시 젤리롤의 소성 변형이 일어나고 있음을 알려주는 것이다.

전지 업체의 기술 수준을 평가하는 가장 손쉬운 방법은 50회, 100회 정도 충방전 사이클을 돌린 후 전지를 분해해서 새 전지(fresh cell)에 비하여 젤리롤이 얼마나 변형되었는지를 보는 것이다. 실제로 공장에서 만든 전지를 분해하여 젤리롤을 분석해 보면 세월이 지남에 따라 젤리롤 변형 시간이 늦추어지는 것을 알 수 있다. 이것은 전지 업체의 양산 기술이 시간이 지나면서 그만큼 진보되었음을 의미한다. 그러므로 전지 양산 기술과 젤리롤 변형을 막는 강건설계와 공정은 분명히 연관이 있는 것으로 보인다. 젤리롤 변형이 많이 일어난 전지는 성능뿐만 아니라 안전성에도 문제를 일으킬 수 있다. 와인더 맨드릴 설계와 와인딩 시 가해지는 장력, 젤리롤 설계, 캔에 삽입 공정 등이 젤리롤 변형과 관련된 변수이다. 전지 조립 공정에서 조립 후에 X선 검사로 캔 내부의 부품 배치의 정확도를 점검한다. 젤리롤 삽입 깊이, 빗감김, 측면 긁힘 등의 불량이 있는 전지를 화성 공정 전에 선별하기 위한 목적이다. X선 검사는 젤리롤의 장기 건전성도 점검할 수 있다.

⊙ 2단계: 전해액 채널 파괴

금속은 피로파괴(fatigue failure)를 한다. 피로파괴는 탄성 영역에서 로드가 반복적으로 가해지면 이 로드가 누적되어 소성변형이 일어나 파괴되는 현상이다. 자동차나 오토바이의 부품이 파손되는 경우는 대개 피로파괴로 인한 것이다. 피로파괴의 원인은 지엽적인 소성변형이다. 거시적인 응력은 항복 강도(yield strength)[1] 미만이지만, 응력 집중 현상으로 지엽적으로는 항복 강도 이상이 되는 곳이 생긴다. 이런 지엽적 소성 변형이 축적되어 파괴되는 것이 피로이다. 전극은 동박과 알루미늄박이 많은 부분을 차지하고 있다. 금속의 피로 현상으로 200회 정도 충방전이 계속되어 부피 변화가 지속되면 회복되지 않는 소성변형이 일어나면서 젤리롤의 모양이 변형된다. 금속박을 사용하는 한 영원히 처음 상태를 유지할 수는 없는 것이다. 수명 곡선은 자세히 관찰하면 우리에게 많은 것을 알려준다. 비교적 일정하게 진행되던 수명 곡선이 변곡점을 보이면서 용량이 약간 떨어지기 시작하는 부분이 발생한다. 이때부터 전해액 채널 파괴인 2단계 열화가 시작되는 것이다.

전해액은 인체의 혈액과 같다. 전극은 활물질로 이루어진 구조물의 빈 공간을 전해액이 흐르는 구조로 되어 있다. 전해액이 흐르는 길을 전해액 채널이라 한다. 인체와 비교할 때 활물질은 세포, 전해액 채널은 혈액이 흐르는 혈관에 해당된다. 열화의 다음 단계는 음극에서 먼저 일어난다. 젤리롤의 변형이 일어나면 전해액 채널에서 리튬의 흐름이 불균일해지면서

---

1 소성변형이 일어나기 시작하는 응력을 의미한다.

리튬이온의 밀도가 높은 곳과 낮은 곳으로 분리되어 리튬이온의 흐름이 많은 곳에서는 음극 표면에 형성된 SEI 필름이 파괴된다. SEI 필름이 파괴되면 음극 활물질과 전해액이 반응하여 새로운 SEI 필름을 만든다. 이 과정에서 전해액이 소모되고 가스가 발생한다. 가스 발생이 심하면 전지의 부풀음(swelling) 현상으로까지 발전할 수도 있다. 초기에 발생하는 부풀음 현상은 전지 제조 과정과 관련이 있고, 사용 후 상당한 기간이 경과한 후에 발생하는 부풀음 현상은 이처럼 SEI 필름 파괴로 인한 전지 열화와 관련이 있다. SEI 필름이 파괴되고 다시 생성되는 과정을 반복하면서 전해액 채널이 변형되게 된다. 전지 설계와 전지 제조 공정 설계는 결국 바람직한 전해액 채널을 설계하는 과정이라고 말할 수 있다. 또한, 공정의 마지막 단계인 에이징은 설계도대로 만들어진 전해액 채널을 안정시키는 과정이다. 우리가 바라는 전해액 채널은 균일하게 분포된 활물질 사이를 균일하게 흐르는 리튬이온의 모습이다. 이런 모습이 오래 유지되도록 해주는 것이 화성 공정에서 형성된 SEI 필름이다. 그러나 시간이 경과되면서 초기에 만들어진 전해액 채널은 변형되기 시작한다. 변형 과정에서 리튬이온 흐름의 불균일로 전극 내부에 전해액이 제대로 흐르지 않는 고립 지역이 만들어진다. 인체와 마찬가지로 전해액이 흐르지 않고 고립된 활물질은 죽게 된다. 활물질이 죽으면 죽은 양만큼 용량이 떨어져 수명이 저하된다. 양극도 동일한 방법으로 고립된 활물질이 생겨 수명이 저하된다. 2단계가 가장 오래가는 단계로 열화의 핵심이라고 할 수 있다.

금속을 음극으로 사용하는 기존 전지의 경우는 전지가 오래될수록 안전성이 취약해진다. 음극으로 사용되는 금속의 표면이 시간이 지남에 따라 거칠어지기 때문이다. 금속 표면이 거칠어진다는 것은 반응성이 높아지는 것을 의미하므로 위험해질 수 있다. 금속 표면이 거칠어지다가 분말 형태로 되면 폭발성을 갖게 된다. 금속 분말을 만드는 공장에서 발화, 폭발 사고가 잦은 이유가 바로 여기에 있다. 반면에 금속을 사용하지 않는 리튬이온 전지의 경우는 초기 안전성이 좋지 않다. 제조 후 6개월까지의 초기 시점이 위험하다. 그 이유는 이 기간이 SEI 필름이 안정되고, 제조 시 만들어진 SEI 필름이 시간을 두고 검증되는 기간이기 때문이다. 통계적인 데이터는 아니지만 대부분 출하 후 6개월 이내의 리튬이온 전지가 필드에서 발화, 폭발 사고를 일으킨다. 출하 후 1년 이상 된 전지가 필드 사고를 내는 경우는 드물다.

⦿ 3단계: 전해액 고갈

리튬이온 전지는 외부 공기와의 접촉을 완전히 차단한 밀봉 타입이다. 이것을 완전 밀봉이라 한다. 전해액 부족 시 추가 전해액 공급이 불가능하므로 만들어질 때 들어간 전해액으로 평생 살아야 한다는 의미이다. 그러므로 정확한 양의 전해액을 넣어야 한다. 양이 너무 적으면 수명이 짧아지고, 양이 너무 많으면 안전성 문제가 생긴다. 전극과 분리막에 흡수되지 않고 단독으로 존재하는 전해액을 자유 전해액이라고 하는데 자유 전해액 양은 안전성과 밀접한 관련이 있다. 전해액은 분해되거나 고립되어 실제로 사용되는 전해액 양은 서서히 줄어들게 되는데 전해액이 줄어들어서 전지 작동이 중단되는 시점을 전해액 고갈이라고 한다. 전지가 완전히 죽는 것이다. 휴대용 전자기기에 사용되는 소형 리튬이온 전지의 경우 전해액 양보다는 정확한 양을 주입하여 전지 간 편차를 줄이는 것이 중요했다. 전지 간 전해액 양이 차이가 나면 SOH에서 큰 차이를 보이기 때문이다. 그러나 HEV와 같은 중대형 전지로 가면서 요구 수명이 10년 이상으로 늘어났다. 이런 전지를 설계할 때에 어려운 부분이 필요한 전해액 양을 구하는 것이다. 전해액 양은 전지 내부의 자유 공간과 연관성이 있다. 또한, 자유 공간은 안전성과도 상관관계가 있다. 전지 업체에서는 두 가지 방향으로 이와 같은 설계 데이터를 축적하고 있다.

첫 번째 방법은 전지 모델링이다. 이론적으로 예측하는 것이다. 그러나 모델은 모델일 뿐이며 실제로 시험 데이터로 검증이 필요하다. 시험 데이터를 얻기 위해서 가속 시험 방법을 많이 사용한다. 그러나 가속 시험도 가설이 들어가 있으므로 전적으로 신뢰할 수는 없다. 실제로 10년 동안 시험을 해야 한다. 데이터는 전지 업체의 자산일 뿐만 아니라 자동차 업체를 설득시키고 신뢰감을 줄 수 있는 강력한 수단이기 때문에 이런 장기 신뢰성 데이터를 많이 축적한 업체가 시장 확보에 유리하다. 장기 신뢰성 데이터를 확보하고 축적하기 위해서는 방대한 시험 설비가 필요하다. 또한, 시험 데이터를 분석하고 종합할 수 있는 인력이 필요하다. 전지 사업의 진입 장벽은 생산설비 투자가 아니라 개발 역량이다. 개발 역량에는 이런 장기 신뢰성 데이터를 축적할 수 있는 인프라도 포함되어 있다.

전지 사업은 다른 사업에 비하여 개발 조직이 상당히 크다. 그 이유는 앞에 설명한 것처럼 개발로 경쟁하는 사업이기 때문이다. 그럼에도 불구하고 효율적이고 작은 개발 조직을 운영한 업체들이 매출뿐만 아니라 높은 영업 이익을 확보해 왔다. 또한, 소수 정예의 개발 조직을 운영해 온 전지 업체가 시장을 주도해 왔다. 1990년대에 일본의 전지 업체들은 개발 조직을 최소화하려는 노력을 많이 해 왔다. 휴대용 전자기기에 사용되는 소형 리튬이온 전지는 10개월 단위로 용량 증대가 이루어진다. 이것을 버전업(version-up)이라 한다. 일본 업체는 현장의 작업자를 중심으로 소재가 바뀌지 않는 용량 증대 개발 활동을 하였다. 작업자의 역량 증대와 적절한 규모의 개발 조직을 유지하기 위한 방안이다. 연구 조직의 소수 정예화 방안 중 하나는 현장 중심의 개발 업무를 활성화시키는 것이다. 또한, 전지 소재, 전지 설계, 공정 개발과 평가에 이르는 전지 개발의 전 영역을 다 경험한 인력을 다수 육성하는 것이 중요하다. 이렇게 되면 연구 인력은 당연히 소수 정예화가 된다. 국내 전지 업계에서는 아직 이런 자격을 갖춘 전지 기술자가 심각하게 부족한 상태이다.

3) 필드 사고

(1) 리튬이온 전지 공정 설계

전지의 누액, 부풀음 현상, 저전압 등의 불량이 출하 후 발생하여 전지를 회수하는 것을 품질 사고라고 한다. 반면에 출하된 전지가 발화, 폭발 등의 사고를 낸 경우에는 필드 사고라고 하여 품질 사고와 구분한다. 품질 사고와 필드 사고는 업체에서 느끼는 강도가 다르다. 필드 사고는 캐나다 Moli Energy사의 리튬 2차전지처럼 회사 문을 닫게 할 수도 있는 심각한 것이다. 또한, 필드 사고가 인명 사고와 연결되면 더 심각해진다. 리튬이온 전지 업체에서 가장 꺼렸던 용도 중 하나가 로봇 청소기였다. 사람들의 주거지인 아파트에서 로봇 청소기로 인해 필드 사고가 난다면 치명적이기 때문이다. 리튬이온 전지는 잠재적으로 위험성이 있는 전지이기 때문에 불량 전지가 출하되지 않도록 안전장치를 만드는 것에 주력하여 공정 설계를 하였다. 불량 전지는 만들지 말아야 하겠지만, 만든다고 하여도 외부로 나가는 것은 막아야 한다는 것이 리튬이온 전지 제조 공정의 설계 철학이다.

화성 공정을 최장 28일 동안 한 이유는 포메이션과 에이징이라는 원래 목적 외에 불량 선별의 목적이 추가되었기 때문이다. 화성 공정에서 전지가 발화, 폭발될 수 있기 때문에 화성실을 제조 공장과는 별개로 위치시켰다. 전지 업체에서는 화성 공정 중 전지의 발화, 폭발을 공정 불량 사건이라고 부르는데 생각보다 자주 발생한다. 리튬이온 전지 공정 설계에 의하면 화성 공정에서 공정 불량 사건이 발생하면 제조 라인을 정지시켜야 한다. 라인을 정지한 후 원인 분석에 들어가며 공정 불량 사건이 발생한 배치는 전부 폐기 처분한다. 1990년대 일본 업체의 수율 추이를 보면 30% 수준에서 95%로 급상승한다. 30% 수율은 라인 정지에 의한 폐기 처분으로 수율이 저조했던 것이고, 95% 수준은 더 이상 화성 공정에서 공정 불량 사건이 발생하지 않을 정도로 공정이 안정된 것을 의미한다. 실제로 수율이 30% 수준일 때 화성실에서 화재가 발생한 적도 있었다. 국내 업체의 경우는 70% 수준의 수율로 시작해서 꾸준히 상승하였다. 국내 업체의 이런 수율 데이터 추이는 공정 불량 사건 발생 시 라인 정지 결정을 신중하게 했다는 것을 암시한다. 전지 사업부장이나 사장의 입장에서는 손익계산서에 입각한 경영을 할 수밖에 없으므로 라인 정지는 쉽지 않은 결정이다. 일부 업체에서는 라인 정지 대신에 다른 방법을 취하기도 하였다. 화성공정에서 공정 불량 사건이 일어난 배치의 전지를 5~10회 정도 충방전 사이클을 돌려서 이상이 없는 전지를 선별하여 출하하였다. 물론 충방전 시험기가 충분히 여유가 있었기 때문에 가능했던 선별법이다. 이렇게 하게 된 근거는 리튬이온 전지는 초기 사이클에서 불량이 표출되는 성질이 있기 때문이다. 필드 사고를 일으킨 전지를 역추적해 보면 해당 배치의 전지가 화성 공정에서 공정 불량 사건을 일으킨 경우가 대부분이다.

(2) 필드 사고 원인

리튬이온 전지의 에너지 밀도는 계속 증가해 왔다. 18650 원통형 전지 기준으로 1990년대 초 1.2Ah였던 것이 10년도 되지 않은 2000년대 초에는 2.0Ah 벽을 돌파했다. 1.8Ah 용량까지는 필드 사고가 거의 발생하지 않았다. 그래서 그 당시에는 전지가 발화되고 폭발된다는 것을 실감하지 못했었다. 그러나 용량이 2.0Ah를 넘고 2.2Ah가 되면서 필드 사고가 발생하기 시작하였다. 그것도 선발 업체인 SANYO, SONY의 전지에서 발생하였다. 전지 기술과는 상관없이 출하 물량이 많은 업체에서 발생한 것이다. 그러므로 필드 사고의 가장 근본적인 원인은 과도한 에너지 밀도라고 말할 수 있다. 한정된 부피를 가진 밀폐된 용기에 에너지가 지나치게 많이 들어 있으면 약한 부분으로 에너지는 흘러나오게 되어 있다. 여분의 에너지가 흘러나오는 것이 발화, 폭발과 같은 필드 사고이다. 전지 개발의 근본적인 목적은 약한 부분이 생기지 않도록 설계하는 것이다. 그러나 에너지 밀도가 높아 에너지가 흘러넘친다면 약한 부분이 없도록 전지를 설계하는 것이 현실적으로 어려워진다. 그래서 전지 설계 기술이 뛰어난 업체에서도 예외 없이 필드 사고가 발생한 것이다. 흑연을 음극으로 하고, LCO를 양극으로 하는 리튬이온 전지는 한계 용량이 2.0Ah 미만이라는 것이 필드 사고를 통하여 입증된 것이다. 한계 용량에 도달했을 때에는 두 가지 대응법이 있다. 첫 번째는 장기적으로 고용량 소재를 개발하는 것이다. 두 번째 방법은 공정 기술을 향상시켜 줄어드는 설계 마진을 극복하는 것이다. 두 번째 방법을 채택한 업체에서는 그 후에도 상당히 심각한 필드 사고를 당하게 된다. 대부분의 업체는 결국 첫 번째 방법으로 필드 사고에 대응하게 된다.

⦿ 품질 사고 예: 믹서 이물 혼입

믹싱 조업을 하면서 작업자가 볼펜을 믹서에 빠트렸다. 작은 물건이기 때문에 믹싱 조업에 영향이 없을 것으로 생각하고 관리자에게 보고를 안 했다. 시간이 흘렀다. 작업자가 믹서에서 활물질을 투입하면서 활물질 포대 조각을 빠트렸다. 보고 여부를 갈등했지만 보고하지 않았다. 아무 일 없이 시간이 흘렀다. 이번에는 라이터를 빠트렸다. 위험할 것 같다는 생각이 들었지만, 이전에도 이물이 들어갔는데 별 이상이 없었기 때문에 이번에도 별일 없을 것으로 생각하여 보고하지 않고 넘어갔다. 아무 일 없이 시간이 흘렀다. 그러나 믹서 내부에서는 아무 일이 없었던 것이 아니었다. 외부에서 흘러들어간 이물들이 믹싱 조업 때마다 여기저기 끼면서 기계에 영향을 주었다. 믹서 내벽과 블레이드 사이의 간격을 유격이라고 한다. 믹싱 효율을 높이기 위해서 유격은 작게 만든다. 시간이 흐름에 따라 유격이 외부에서 혼입된 단단한 이물 때문에 틀어지게 되었다. 유격이 변경되면서 회전축에 무리가 가고 마침내는 블레이드와 믹서 내벽이 서로 부딪쳐 닳게 된다. 블레이드 회전 시에 서로 닿으면서 금속 분말이 긁혀져 나와 슬러리에 혼입되는 현상이 발생하였다. 금속 이물이 혼입되면 화성 공정에서 전압 강하나 저항 증가가 있기 때문에 이상을 감지할 수 있다. 그리고 다량의 금속 분말이 혼입되면 전지 발화, 폭발 등의 공정 불량 사건도 발생하게 된다. 그러나 금속 이물이 코팅 슬러리에 혼입된 지 한 달이 넘도록 화성 공정에서는 이상 징후를 발견하지 못했다. 그러다가 화성 공정에 배치된 지 얼마 안 된 작업자가 이상 징후를 감지하고 역추적을 하게 된다. 그 결과 믹서에서 금속 분말이 지속적으로 혼입되고 있었다는 사실을 알아냈다.

금속 분말 혼입을 인식하지 못한 것은 화성 공정 작업자들의 책임이다. 그러나 금속 분말이 스테인리스강이었기 때문에 발견이 어렵기도 하였다. 스테인리스강은 이름이 말해 주는 것처럼 녹이 슬지 않는 강철이다. 녹이 슬지 않게 하기 위해서는 철에 크롬(Cr)을 12% 이상 넣는다. 크롬은 산화크롬 형태로 철의 표면을 덮어서 부동태 피막을 만든다. 이 필름이 철의 부식을 막아 녹이 슬지 않는 강철이 되는 것이다. 철의 표면에 생기는 산화크롬 때문에 스테인리스강은 전기 화학적으로 비활성 물질의 성질을 가진다. 금속 분말이지만 전기 화학적으로는 돌가루처럼 행동하는 것이다. 리튬이온 전지 공정 설계에서 화성 공정의 불량 선별 방법은 구리, 니켈, 철과 같은 금속 이물을 포착하도록 설계되어 있다. 전기 화학적으로 비활성 물질인 돌가루나 세라믹과 같은 물질의 혼입은 발견하기가 어렵다. 그러나 비활성 물질도 다량 혼입되면 전압과 저항에 영향을 주기 때문에 경험 많은 작업자였다면 초기에 발견할 수도 있었을 것이다. 또한, 이 믹싱 사고는 믹싱 작업자가 발견했어야 하는 사건이기도 하다. 공장에서 기계 소리는 많은 정보를 제공해 준다. 그러므로 음악을 틀고 조업하는 것은 중요한 정보를 놓친다는 점에서 바람직한 조업 태도가 아니다. 이물이 들어가면 믹서 소리가 달라진다. 경험 많은 작업자였다면 믹서의 소리가 달라진 것이나 손으로 슬러리를 만져 보았을 때 감촉 등으로도 이상 여부를 파악할 수 있다는 것이 믹싱 조업에 경험이 많은 사람들의 이야기이다. 일부 업체에서는 믹서의 소리 변화를 감지하기 위해서 의사들이 사용하는 청진기를 사용하기도 한다. 전지 사업의 성공 요인 중 하나는 능력 있는 현장 작업자의 확보이다. 일반적으로 현장 관리자들은 인력과 일정을 관리하는데 대부분 시간을 보내지만, 그것보다는 장비의 전문가가 되는 것이 전지 사업에서는 중요하다. 자기 관할의 장비는 실제 조업하는 작업자보다 더 잘 알고 있어야 한다는 것이다. 작업자들이 장비에 대하여 관심을 갖도록 장비 그리기 대회까지 개최한 업체도 있었다. 전지 장비에 대한 중요성은 제조 현장에만 국한되는 것이 아니다. 연구소에서 전지 연구를 하는 연구원들도 장비에 대하여 설비 보존팀보다 더 많이 알고 있어야 제대로 된 창의력 있는 전지 설계가 나올 수 있다. 또한, 최신 장비를 가장 먼저 적용하는 업종 중 하나가 전지이기 때문에 연구원들은 최신 장비를 계속 모니터링해야 한다. 이런 이유에서 자기 전공에 상관없이 많은 것을 알아야만 하는 전지를 종합 기술이라고 하는 것이다.

⊙ 필드 사고 예: 얇은 건식 분리막

전지에서는 양극과 음극을 완전히 분리시켜야 한다. 전지 제조 공장에서도 그렇고, 전지 구조에서도 그렇다. 산화와 환원이라는 서로 상반된 기능을 하기 때문이다. 전지에서는 분리막이 이런 역할을 한다. 리튬이온 전지에서는 전해액의 낮은 이온 전도도를 보강하기 위해서 얇은 분리막을 사용한다. 1990년대 초 SONY가 리튬이온 전지를 양산할 때 분리막 두께가 25μm였으며 에너지 밀도 증대를 위해서 계속 얇아지는 방향으로 개발이 진행되었다. 분리막은 제조법에 따라 습식법과 건식법으로 나뉜다. 습식법은 양쪽 방향으로 연신을 하고 건식법은 롤 방향으로만 연신을 하기 때문에 건식법은 롤 방향으로는 강도가 강하지만 롤 수직 방향으로는 강도가 낮아 천공 강도가 낮다. 기공의 형상은 건식 분리막은 두께 방향으로 직선이고, 습식 분리막은 불규칙한 곡선이다. 직선인 기공에서 리튬이온의 이동 속도가 빠르므로 건식 분리막이 출력이 더 우수하다. 그러나 건식 분리막의 기공이 직선 형태이기 때문에 뚫림 현상에 더 취약하다. 1990년대의 대표적인 업체를 보면 건식에서는 초기에는 일본의 Ube가 있었고, 그 후에 미국의 Celgard가 합류하였다. 습식 분리막은 일본의 Tonen과 Asahi Kasai가 시장을 주도하였다. 가격은 습식이 건식보다 비쌌다.

1990년대 하반기부터 2000년대 초까지 휴대용 전자기기용 전지는 용량과 가격 경쟁을 동시에 하는 치열한 경쟁 상태였다. 특히 각형에서 용량 경쟁이 더 심했다. 각형을 생산하고 있던 일본의 한 전지 업체에서는 당시 주류였던 20μm의 습식 분리막 대신에 18μm의 건식 분리막을 휴대폰용 각형 전지에 채용하여 두 마리 토끼를 한 번에 잡으려고 시도한다. 남보다 한발 앞선 고용량의 전지를 저가로 출시하여 경쟁력을 확보하려고 한 것이다. 제조 기술이 우수한 업체였음에도 불구하고 이 업체는 필드 사고를 낸다. 필드 사고 원인 분석 결과 얇은 건식 분리막의 뚫림 현상이 원인으로 밝혀지면서 이 업체는 극단적인 결정을 내린다. 건식 분리막을 사용하지 못하도록 설계 규정을 개정한 것이다. 두께에 상관없이 건식 분리막을 사용하지 못하게 내부 설계 규정을 고친 것은 지나친 조치이기는 하지만 이 정보가 전지 업계에 퍼지면서 건식 분리막의 몰락을 가져왔다. 이 필드 사고 이후 습식 분리막의 공급 부족 사태가 빚어지면서 분리막이 공급자 주도 시장으로 바뀐다. 전지 업체에서는 매년 초 그 해의 습식 분리막 물량을 확보하는 것이 중요 과제가 되었다. 그 당시 일본 Tonen과 Asahi Kasai에 전적으로 의존했던 국내 업체는 분리막 공급 부족으로 생산 계획에 큰 차질을 빚었다. 이런 분리막 공급 부족 사태는 SK에너지가 습식 분리막 사업에 진출하면서 완화된다.

⦿ 필드 사고 예: 건식 분리막과 관리 부재

관리가 지나치면 오히려 관리 부재 상태에 이르게 된다. 지나친 관리나 무리한 지시는 조직을 무너트리는 주요 원인 중 하나이다. 예를 들어서 일주일에 한 번 하면 되는 분석을 하루에 여러 번씩 하라고 하거나 3달이 걸리는 검증 기간을 2주일 이내에 끝내라고 관리자가 지시하였을 때 여러분이 실무자라면 어떻게 할 것인가? 아마도 허위 보고서를 작성할 것이다. 실제로는 하지 않고 서류상으로만 한 것으로 한다는 것이다. 그렇게 할 수 있는 이유는 실무자인 여러분이 관리자보다 더 많이 알기 때문이다. 그러나 이런 과정에서 여러분이 몸담고 있는 조직은 무너지게 되어 있다. 전지 업체에서는 무너지는 것의 시그널이 필드 사고이다.

전지의 에이징과는 다르지만 노트북 업체에서도 에이징이라는 것이 있다. 전지 팩을 노트북에 장착하고 20번 정도 충방전을 하는 것이다. 이때 팩에서 발화가 일어났다. 이것은 몇 개월에 걸쳐 끈질기게 일어난 필드 사고의 시작이었다. 전 세계를 대상으로 사업을 하는 대형 업체의 휴대용 전자기기에서 필드 사고가 발생하면 곤란한 점이, 전 세계에서 일어나기 때문에 수습이 어렵다는 것이다. 2003년 5월 노트북 업체에서 에이징 중 발화 사고 이후 이 업체에서 만든 전지는 6개월간 발화 사고를 일으킨다. 리튬이온 전지가 안정화되는 6개월이 지나자 필드 사고는 끝났다. 역시 리튬이온 전지는 초기에 위험성이 크고, SEI 필름이 안정되는 6개월 이후에는 안전성이 강화된다는 것이 증명된 것으로 보인다. 그러나 좀 더 자세히 살펴보면 안전성이 강화되어서 필드 사고가 그친 것이 아니라 필드 사고를 낼 소지가 있던 전지가 6개월 이내에 다 터졌기 때문에 잠잠해진 것이다.

이 필드 사고의 원인은 소재, 전지 설계, 공정 관리의 문제점이 결합된 것이다. 여기에 허위 보고라는 장막까지 덮여 있어서 원인 분석과 수습이 힘들었다. 어느 업체에서나 일어날 수 있는 일이고 앞으로도 계속 재발될 수 있는 필드 사고이다. 소재는 건식 분리막이 원인이었다. 건식 분리막은 20μm 미만 두께에서는 위험할 수 있다는 것을 인지하였음에도 불구하고 18μm 두께의 건식 분리막을 사용하였다. 그 이유는 경쟁사와 용량 경쟁을 하기 위해서는 18μm 두께의 분리막을 사용할 수밖에 없었는데 습식 분리막은 공급 부족으로 구할 수 없었고, 가격을 맞추기도 어려웠기 때문에 할 수 없이 위험을 무릅쓰고 18μm 건식 분리막을 사용한 것이다. 건식 분리막 업체에서는 분리막의 원료인 폴리머 품질관리에서 실수를 하였다. 스펙에서 벗어난 분자량 분포를 가진 원료를 사용했던 것이다. 그 결과 두께가 불균일해져서 18μm 두께라고 하지만 국부적으로는 16μm 이하로 얇은 부분도 생겨났다. 또한, 필드 사고를 일으킨 전지 업체의 분리막 관리 능력이 부족했다. 전지의 4대 소재 중에서 분리막 분야에만 전문가가 없었던 것이다. 전지 업체에서는 전지 소재 개발과 관계없이 4대 소재의 전문 인력이 있어야 한다. 그렇지 않으면 지식이나 정보가 취약한 소재에서 품질 사고나 필드 사고가 일어날 확률이 높아진다. 전지 설계팀에서는 목표 용량을 달성하기 위해서 안전 계수 중 하나인 N/P ratio를 1.05 미만으로 낮추었다. 일반적으로 N/P ratio 측면에서 안전성을 확보하려면 최소 N/P ratio를 1.12로 잡고 있던 시기였으므로 1.05는 엄청나게 위험한 수치였다. N/P ratio가 낮게 설계된 전지는 전극 제조 공정에서 설계 마진이 작아지기 때문에 전극 두께를 균일하게 제조할 수 있도록 공정 변수를 안전하게 조정해야 한다. 그럼에도 불구하고 전극 제조팀에서는 전극을 새로 증설한 공장에서 만들었다. 기존과 동일한 코터기이기 때문에 잘 가동될 것이라 생각해서 검증 작업이 제대로 이루어지지 않은 상태에서 양산이 진행된 것이다. 그 결과 전극 두께가 기존의 전지보다 더 불균일한 전극이 만들어졌다.

필드 사고는 확률적으로 불가능한 일이 일어나는 것이다. 그래서 사고라는 말을 사용한다. 전극의 불균일로 인하여 N/P ratio가 1.0 미만인 곳이 발생하였다. 이것을 N/P가 역전되었다고 말한다. N/P가 역전되면 충전 시에 리튬 금속이 석출된다. 리튬 금속이 석출된 곳에 마침 16μm 이하의 분리막이 접촉되면서 강도가 낮아 분리막에 구멍이 생겼다. 이 구멍을 통하여 양극과 리튬이 석출된 음극이 물리적으로 접촉되어 하드 쇼트가 발생한 것이다. 이것이 이 업체의 전지에서 발생한 필드 사고 시나리오 중 하나이다. 물론 확률적으로 매우 낮지만 생산 규모로 보았을 때에는 일어날 수도 있는 일이고 이런 것이 원인이 되어 발화, 폭발 사고로 이어졌다. 거기에 화성 공정에서 경고를 알리는 발화, 폭발의 공정 불량 사건도 있었지만 무시되고 전지는 출하되었다. 그 당시 이 업체에는 전지 설계 규정이 없었다. 설계 규정에 따라 설계할 경우 앞서가는 업체와 성능 면에서 경쟁이 어려워질 수 있으므로 후발 업체는 설계 규정을 잘 만들지 않는다. 설계 규정을 만든다고 하여도 잘 지키지 않았고, 준수 여부에 대한 관리도 하지 않았다. 요소 기술이 부족한 업체 입장에서는 시장을 주도하는 업체와 경쟁할 때 안전 계수를 줄여가면서 성능을 올리는 방법을 취할 수밖에 없었던 것이다. 설계 규정이 만들어져 그에 의거한 설계를 해야 한다면 선발 업체와 간격을 줄일 수 없기 때문에 외줄타기 곡예 조업을 했던 것이다.

⊙ 필드 사고 발생 원리

발화, 폭발의 필드 사고 발생 원리는 다양하다. 그중에서 가장 빈번하게 발생하는 필드 사고 발생 원리를 소개하도록 한다. 전지에서 필드 사고 원인 규명 능력은 매우 중요하다. 해결사로서 사업에 기여하는 것은 물론이고 강건설계를 통하여 재발을 방지할 수 있기 때문이다. 품질 부서와 영업에서 많이 관여하지만, 주로 실제 업무를 하는 개발 부서의 연구원들은 특히 필드 사고에 대한 많은 지식과 경험을 갖추고 있어야 한다.

발화가 시작되는 지점은 대개 전극의 모서리 부분이다. 전극은 코팅, 압연, 슬리팅 공정을 통하여 만들어진다. 이때 금속박과의 접착력이 좋지 않으면 공정 중 가해지는 로드에 의하여 모퉁이의 전극이 벗겨지면서 금속박이 노출된다. 이 부분에서 열이 발생하면서 분리막에 구멍이 생기거나 발화가 일어나는 것이다. 파우치 전지는 추가로 카드 모양으로 전극을 자르는 스탬핑 공정이 있다. 이 공정에서 전극에 큰 압력이 가해진다. 이때 모서리 부분의 전극이 벗겨지거나 손상을 입을 가능성이 커지므로 파우치 전지가 다른 전지보다 발화원이 많아질 수 있다. 파우치 전지의 강건설계를 위해서는 SK이노베이션이나 LG화학처럼 분리막에 세라믹 코팅을 하여 발화 가능성을 미연에 방지하는 것이 바람직하다. 원통형 18650 전지의 경우 전극 모퉁이에서 발화가 시작되면 전지 내부에 내압이 차면서 CID가 작동하여 열리게 된다. 이때 정상적인 전지의 경우는 더 이상 다른 곳으로 불이 퍼지지 않고 상황이 종료될 수 있다. 그러나 전극 밀도가 높거나 전지 내부에 자유 공간이 적은 경우에는 강력한 폭발력을 내면서 전해액이 캔에서 빠져나온다. 더 극단적인 경우에는 젤리롤 전체를 토해내면서 불을 퍼트리게 된다. 전해액이 뜨거운 BMS 회로기판에 퍼지면 회로기판에 불이 붙으면서 다른 전지에도 불이 나게 되므로 노트북과 같은 팩을 설계할 때에는 회로기판의 위치도 중요한 설계 변수가 된다.

⊙ 기타 사항

휴대폰에 주로 사용되는 각형 전지는 용량도 작고 하나의 전지로 팩을 만들기 때문에 젤리롤을 토해낼 정도의 폭발력을 발휘하는 경우가 드물다. 그러나 누가 그런 샘플을 제시한다면 그것은 물에 빠진 휴대폰을 전자레인지에 넣고 급속 건조시키려다가 낸 사고일 것이다. 전지 연구자들은 이런 고의적인 사고도 분별할 수 있어야 한다. 전극에 전도도 향상을 위하여 양극에 소량 넣는 전자전도 물질은 전체 원가에서 아주 작은 부분을 차지한다. 그래서 실무자가 관리자에게 보고하지 않고 새로운 전자전도 물질로 교체하는 경우도 종종 있다. 이렇게 하다가 필드 사고까지 연결된 사례도 있었다. 의사결정단계를 생략했기 때문에 필드 사고의 원인 규명에도 오랜 시간이 걸렸다. 이처럼 전지는 사소한 것에서 심각한 문제가 발생하는 경우가 많다. 그래서 전지 사업은 미세 관리를 얼마나 잘하느냐에 따라 승패가 결정되는 속성의 사업으로 간주된다. 관리 중에서도 특히 기술 관리에 많은 시간을 할애해야 하는 것이 타 사업과의 차이점 중 하나이다.

08

:

세계 리튬이온 전지 업체

1) 일본 전지 업체

1980년대까지는 독일, 프랑스의 서유럽과 미국이 전지 산업의 주도권을 잡고 있었다. 1차전지의 원조인 건전지와 2차전지의 원조인 납축전지는 전부 프랑스에서 1800년대 중반에 개발되었다. 독일의 Varta, 프랑스의 SAFT, 미국의 Eveready와 Duracell이 대표적인 전지 업체이다. 건전지와 납축전지는 보편화되어 있었지만, 니카드 전지와 같은 고급 기종은 일부 나라에 국한되어 사용되고 있었다.

2차전지의 세계적인 종합 메이커인 일본의 MBI도 시작은 아주 초라했다. 1945년 독일의 갑작스러운 패망으로 일본 오사카 항에 정박 중이던 유보트(U-boat)[1]를 남겨둔 채 독일군이 철수하게 된다. 이 방치된 유보트에

1 제1, 2차 세계 대전에서 독일이 운영하던 잠수함으로, 바다 밑의 선박이라는 뜻의 독일어인 Unterseeboot의 약자이다.

서 발견된 것이 니카드 전지였다. MBI의 기술자들은 유보트에서 발견한 니카드 전지를 분석하여 마침내 자체적으로 니카드 전지를 만들 수 있게 되었으며 이것이 일본 2차전지 사업의 실질적인 출발점이 된다.[2] 1964년 도쿄 올림픽부터 일본의 전성기는 시작된다. 1960년대에 SANYO는 휴대용 전자기기에 사용할 수 있는 소형 니카드 전지를 개발하게 되는데, 이것은 2차전지가 자동차, 산업용에서 휴대용 전자기기로 영역을 넓히는 계기가 된 중요한 발명이었다. SANYO의 맞수였던 MBI도 소형 2차전지 개발에 참여하면서 일본 전지 업계의 기틀이 다져지기 시작한다. 소형 2차전지를 일반적으로 밀봉 타입이라 부른다. 그 이유는 중대형 2차전지를 소형화하는 것의 핵심이 밀봉 기술이기 때문이다. 밀봉 기술을 개발하기 위해서는 많은 데이터가 필요하다. 일본 연구개발의 장점은 모든 경우의 수가 조합된 다각적인 데이터를 만들어 내고 분석, 종합하는 능력이다. 일본 연구개발의 본질을 데이터 산출 기술이라고 하는 이유가 바로 여기에 있다. 반면에 서양의 연구개발은 창의력과 직관에 바탕을 두고 있다. 2차전지에서는 데이터 산출이 중요하다. 이런 이유 때문에 일본이 2차전지에서 두각을 나타내고 있는지도 모른다.

1980년대는 일본이 미국을 본격적으로 압박하기 시작한 시기였다. 자동차, 전자기기에서 일본이 세계 시장을 주도하게 된다. 일본 자동차가 미국 시장을 잠식하면서 중대형 승용차 위주로 만들던 미국 자동차 업체들이 시장 유지를 위해서 일본식으로 소형 자동차를 설계하기 시작한다. 휴대용 전자기기에서는 일본이 막강한 소재, 부품 기술로 전성기를 구가한다. 파인 세라믹스 기술을 활용한 각종 기능성 소재의 개발은 세계적으

---

2 S. Kawauchi, T. Iijima and T. Kawase, *New Battery Technologies*, Matsushita Battery Industrial Co. Ltd, Osaka, 1994.

로 파인 세라믹스 붐을 일으키기도 하였다. 휴대용 전자기기의 핵심 부품 중 하나가 2차전지이다. 일본은 2차전지 개발에 많은 투자를 하게 되며 이러한 노력은 1990년에 들어서면서 결실을 보게 된다.

(1) 전지 개발 경쟁

1970년대의 오일쇼크를 극복한 세계경제는 1980년대로 들어오면서 강건한 체질로 다시 태어나면서 호황을 누리게 된다. 반도체 기술의 발전으로 휴대용 전자기기 산업이 경제발전의 한 축을 담당하게 되면서 휴대용 전자기기에 에너지를 공급하는 전지에 대한 개발 경쟁이 치열해진다. 1980년대는 다양한 2차전지가 전 세계적으로 개발 경쟁을 하던 시기로 역사에 기록될 것이다. 유럽은 1970년대에 개발된 폴리머 전해질을 활용한 리튬 고체 전지인 LPB를 개발하였다. 유럽의 두 축인 프랑스와 영국이 LPB 개발 과제를 만들어 유럽연합으로부터 개발 자금을 지원받는다. 영국의 원자력 국책연구소인 AEA(Atomic Energy Association)와 덴마크 연구소인 Innovision이 공동으로 LPB를 개발하였다. 이를 Anglo-Danish project라고 한다. 캐나다의 퀘벡은 프랑스어를 사용하는 프랑스 문화권이다. 캐나다의 전력회사인 Hydro-Quebec과 프랑스의 정유회사인 Elf는 서로 연합하여 French-Canadian project를 만들어서 유럽연합으로부터 개발 자금을 지원받아 LPB를 개발한다. 실용화에 더 초점을 맞춘 Anglo-Danish project가 상용화에 근접한 결과를 도출한다. PEO(polyethylene oxide)에 리튬염인 리튬과염소산염($LiClO_4$)을 넣어서 폴리머 전해질을 만든 후 전극과 라미네이션하면 50℃ 이상에서 작동 가능한 고온 LPB가 된다. 여기에 PC와 같은 가소제를 넣으면 작동 온도가 낮아진다. 그러나 폴리머 전해질과 가소제 간에 계면이 형성되어 계면 저항이 높아지고 필름의 물리적·기계적 성질이 나빠진다. 계면 저항을 줄여서 마치 계면이 없는 단일 상(single phase)처럼 만들기 위해서 가교법과 같은 폴리머 기술을 적용하여 저온 성능, 출력 성능, 수명을 향상시킨다는 것이 Anglo-Danish project의 연구 결과였다. 이 연구 결과는 미국으로 전파되어 캘리포니아 주 San Jose에 있는 Valence Technology사가 휴대폰용 LPB 상용화 작업을 하게 된다. 이처럼 유럽은, 어렵지만 기술적 장애물을 넘으면 전지 산업의 전체 모습을 바꿀 수 있는 기술에 도전하였다. 또한, 인공위성과 같은 항공우주산업에 적용 가능한 기술을 염두에 두었기 때문에 고체 전해질을 개발 목표로 한 것이다.

북미 대륙에서는 좀 더 현실적인 목표를 잡았다. 캐나다의 Moli Energy사는 성능이 검증된 액체 전해질을 선택하여 리튬 금속을 음극으로 하는 고전압, 고용량의 리튬 2차전지를 개발하였다. 리튬 금속 표면에 형성되는 SEI 필름이 리튬과 전해액 간의 반응을 방지하여 전기 화학 반응이 가능하게 하는 것이므로 SEI 필름에 집중하였다. 리튬 금속 표면에 물리적·기계적으로 강건한 SEI 필름이 형성될 수 있도록 소재와 전지를 설계하면서 리튬 2차전지 사업화에 박차를 가했다.

일본의 개발 방향은 두 가지였다. 첫째로 니카드 전지의 문제점 해결이다. 니카드 전지의 음극에 사용되는 카드뮴 금속이 "이타이이타이병"을 일으키는 환경오염 주범이라는 것이 밝혀져 니카드 전지의 골격은 그대로 유지하면서 카드뮴만 다른 물질로 교체하는 작업을 한다. 전압 호환성, 용량 등을 고려했을 때 수소저장합금이 이상적인 대체 물질로 떠올랐다. 이 전지를 니켈수소 전지라고 불렀다. 정확히 말하면 니켈수소 전지는 수소 가스를 음극으로 하는 대형 전지이지만 통상적으로 Ni-MH 전지를 니켈수소 전지라고 부른다. 니켈수소 전지를 상용화가 가능하도록 전지 설계를 조율하고 개선하는 작업을 일본에서 진행하였다. 두 번째로 그네 전지 개발이다. 그네 전지가 전 세계적으로 붐을 일으킨다. 특히 일본에서는 그네 전지 개발에 많은 업체가 참여하여 구체적인 성과를 냈다. 카본 음극 활물질에 리튬을 인터컬레이션(intercalation)하는 연구에서는 단연 일본이 앞서갔다.

유럽의 LPB, 캐나다의 리튬 2차전지, 일본의 니켈수소 전지와 그네 전지의 개발 경쟁에서 가장 먼저 상업화된 것은 캐나다의 리튬 2차전지였다. 1988년에 캐나다의 Moli Energy사는 고전압, 고용량, 고출력, 장수명의 리튬 2차전지를 출시한다. 그러나 일본 NEC의 휴대폰에서 발화 사고를 일으키면서 1989년에 리콜 조치를 당하게 된다. 이런 시장의 혼란기에 1990년 일본의 MBI와 Toshiba Battery에서 니켈수소 전지를 출시하고, 그다음 해인 1991년에 SONY에서 그네 전지를 출시한다. SONY는 리튬 금속이 없다는 것과 리튬이 원자가 아니라 이온 상태로 존재하기 때문에 Moli Energy사의 리튬 2차전지와는 다르다는 것을 강조하기 위해 그네 전지를 리튬이온 전지라고 명명한다. 그 이후 미국의 Valence Technology사는 휴대폰용 LPB 사업을 시도하였으나 Motorola의 샘플 테스트 기준을 통과하지 못하여 양산으로 이어지지 못했다. 1980년대에 개발된 네 종류의 새로운 전지 중에서 일본이 개발한 2개만 상용화에 성공한 것이다. 이렇게 1980년대의 리튬 2차전지 개발 경쟁은 일본의 압승으로 끝나게 된다. 이를 계기로 일본은 1990년대부터 2차전지 시장을 주도한다. 일본이 개발한 니켈수소 전지와 리튬이온 전지가 1990년대에 휴대용 전자기기 시장에서 서로 경쟁하게 된 것이다.

1990년대 리튬이온 전지 사업에는 SONY를 비롯한 일본의 SANYO, MBI, ATB, GS-Melcotec, NEC-Moli, Hitachi Maxell 등 7개 업체가 참여하였다. 이들 업체가 참여한 시장은 3C라고 하는 휴대용 전자기기 시장이었다. 3C 시장은 캠코더, 휴대폰, 노트북을 말하는 것으로 1990년대에 급성장한 시장이다. 일본의 GS Yuasa는 1990년대에 리튬이온 전지 사업을 시작하였으나 3C 시장이 아닌 산업용 전지 시장에 참여하여 특화된 리튬이온 전지를 개발하였다. 사업 초기부터 목표시장을 다르게 설정한 것이다. 원래 납축전지 사업을 근간으로 한 전지 업체로서 산업용 전지 시장의 네트워크가 강했기 때문에 기존의 네트워크를 이용하여 사업을 시작한 것이다. 한국에서 LG화학과 삼성SDI가 1999년과 2000년에 양산할 때까지 1990년대 내내 일본 업체만이 리튬이온 전지를 양산하였다. 10년간의 일본 독점 시대를 통하여 리튬이온 전지는 일본 전지로 인식되었고 휴대용 전자기기용 전지 시장 팽창에 주역을 담당하였다.

니켈수소 전지와 리튬이온 전지를 사업화한 일본은 정부 주관으로 New Sunshine project를 수행한다. 밤에 전력 소비가 줄어들면 전기의 주파수가 올라가서 전기의 질이 나빠진다. 이것을 막기 위해서 심야 전력을 싸게 판매하여 전력 사용량을 늘리게 된다. 발전소에서는 남아도는 심야전기를 전지에 충전하여 보관한다. 이런 목적으로 발전소에는 납축전지가 설치되어 있는데 이것이 발전소의 ESS이다. New Sunshine project의 개요는 다음과 같다. 남아도는 심야전기를 전기자동차에 충전하고, 남은 전기는 ESS에 충전하여 필요시 사용한다. 이런 시스템을 만들려면 전기자동차가 활성화되어야 한다. 전기자동차가 많이 사용될 수 있도록 하려면 고성능의 저가 전지가 필요하다. ESS도 작은 부피에 많은 전력을 저장할 수 있도록 고성능 전지가 필요하다. 그러므로 New Sunshine project는 성능과 가격 경쟁력이 우수한 중대형 2차전지를 개발하는 것이다. 이런 목표를 위해서 SONY를 제외한 일본의 모든 전지업체가 참여하였다. 목표 전지는 리튬이온 전지, 니켈수소 전지, LiPB 등 다양했다. New Sunshine project에서 개발된 요소 기술들이 1990년대 전지 발전에 많은 기여를 하게 된다. SONY가 New Sunshine project에 참여하지 않은 것은 창의력 유지를 위해서 타 업체와 협업을 하지 않는다는 SONY의 방침 때문이었다.

(2) Top 3 업체

2000년대 중반까지 리튬이온 전지의 Top 3 업체는 SONY, SANYO, MBI

였다. 이들 업체는 판매 물량뿐만 아니라 핵심 요소 기술 개발을 통하여 리튬이온 전지의 성능 향상과 원가 경쟁력 확보에 기여하였다. SANYO와 MBI는 1980년대에 세계적인 전지 종합 메이커로 성장하였다. 종합 메이커란 거의 모든 전지를 생산하는 업체를 말한다. 반면에 SONY는 리튬이온 전지만 생산하는 업체로서 리튬이온 전지 전문 메이커로 분류할 수 있다. Top 3 업체는 남보다 한발 앞선 개발로 프리미엄 가격으로 판매하는 전략으로 전지 업계를 주도하였기 때문에 영업 이익 10% 이상을 지속적으로 유지해 왔다. 이처럼 전지 사업에서는 남보다 6개월에서 1년 정도 앞선 기술로 프리미엄 가격을 받아 수익성을 유지하는 것이 기본적인 사업 전략이다. 그래서 개발 경쟁이 치열한 것이다. Top 3 업체는 표준화에 대한 의견 차이로 1990년대 초반에 갈등을 빚기도 하였다. 리튬이온 전지 사업에 참여한 SANYO와 MBI는 기존 전지처럼 리튬이온 전지도 사이즈와 성능에 대한 표준화 작업을 할 것을 제안하였다. 그러나 SONY가 반대하였다. 전지의 스펙이 표준화되면 전지 사업에 오랜 경험이 있는 SANYO와 MBI 같은 회사가 유리해지기 때문에 SONY가 표준화 작업을 반대한 것은 당연한 일이다. 또한, SONY는 SANYO와 MBI가 생산하고 있는 각형 리튬이온 전지를 생산할 계획이 없었으므로 각형 전지의 표준화는 SANYO와 MBI의 시장 장악력을 공고히 해주는 결과를 초래할 수 있다. 이런 의견 차이로 리튬이온 전지 표준화 작업은 무산된다.

⦿ SONY

Top 3 업체 중 세계적인 전지 종합 메이커인 SANYO와 MBI와는 달리 SONY는 전지 업체가 아니었다. 전지 업체가 아닌 SONY가 리튬이온 전지 사업을 했기 때문에 많은 업체들이 리튬이온 전지 사업에 관심을 갖게 된 것이다. 일반적으로 전자 회사나 자동차 회사는 내부 수요가 많은 핵심 부품을 자체적으로 생산하는 경우가 많다. SONY도 그런 목적으로 리튬이온 전지 사업을 한 것이다. SONY는 자사 리모컨에 AAA 사이즈의 알칼리 전지가 많이 사용되자 미국의 Union Carbide사로부터 알칼리 전지 제조 공정 기술을 들여와 자체적으로 AAA 알칼리 전지를 생산한 경험이 있다. 그렇기 때문에 원통형 전지에 대해서는 비교적 친숙한 상태였다. 그네 전지라고 하는 리튬이온 전지 기술은 1980년대에 일본에서 많이 연구되었던 분야이므로 SONY는 그 연구 결과를 종합하여 최선의 전지 설계를 한 후 사업화한 것이다. 그러므로 리튬이온 전지 사업에 대한 SONY의 가장 큰 업적은 새로운 전지에 대한 사업 결단이라고 할 수 있다.

리튬이온 전지를 최초로 상업화한 SONY가 전지 업계에 기여한 것은 많다. SONY는 과충전, 과방전, 과전류 시 전류를 차단하여 안전성을 유지하는 보호회로를 개발하였다. 과충전 시 벤트의 기능에 추가하여 전류를 차단하여 열폭주를 막는 CID 부품도 SONY에서 개발한 것이다. CID는 1990년대 노트북에 리튬이온 전지가 채용될 수 있도록 하는 데 결정적인 기여를 한다. 노트북은 열악한 조건에서 사용하는 제품이 아니므로 저온 성능이 중요하지 않다. 작동 온도 구간이 0℃~50℃로서 -20℃에서의 성능까지를 요구하는 휴대폰보다 작동 온도 구간이 좁다. 노트북에는 1990년에 상용화된 니켈수소 전지를 사용하고 있었다. 그러나 니켈수소 전지는 고온 성능이 좋지 않고 무겁다는 단점이 있어서 노트북 업체는 가볍고 고온 성능이 우수한 리튬이온 전지로 교체하기를 원했다. 문제는 14V 이상의 전압과 5Ah에 가까운 용량을 맞추기 위해서는 12개의 18650 원통형 전지를 4S×3P로 연결시켜 사용해야 한다는 점이었다. 리튬이온 전지는 캠코더와 휴대폰에서 18650 원통형 전지 2개를 직렬 연결시켜 사용한 것이 유일한 적용 예였기 때문에 휴대폰이나 캠코더보다 6배나 많은 전지를 직렬, 병렬로 연결시켰을 때 발생할 수 있는 위험성에 대한 우려가 컸다. 이때 개발된 것이 전지의 용량을 측정하는 연료계였다. 각 전지의 용량을 측정하여 하나의 전지라도 충전 전압과 방전 종료 전압을 넘으면 본체에서 전류를 차단하는 방법을 채택하였다. 그 당시에는 셀 밸런싱 회로가 개발되지 않았기 때문에 용량을 맞추어 주는 기능은 없었다. 셀 밸런싱 기능이 없어서 그레이딩으로 전지 간의 용량 편차를 최소화시키는 기술이 필요했다. 여러 개의 전지가 연결되면 용량이 균일하지 않을 경우 일부 전지가 과충전 상태가 된다. 이때 열폭주가 일어나면 발화, 폭발이 일어날 수 있다. 노트북 업체에서 가장 염려했던 것이 바로 과충전 시 열폭주 현상이었고 노트북 업체는 이를 방지하기 위해서 CID 장착을 의무화한다. CID는 SONY에서 특허를 갖고 있기 때문에 SONY 특허에 저촉되지 않게 고유의 CID를 설계하든지 아니면 특허료를 지불하고 SONY의 CID 설계를 사용해야 했다. 노트북에는 보호회로 기능 외에 본체와 통신하는 기능 등 휴대폰에는 없는 기능들이 추가되었기 때문에 보호회로에서 BMS로 격상되었다. HEV에는 충전 시 전지의 용량을 측정하여 평균 용량보다 높은 전지는 저항 등을 통하여 방전시켜 용량의 균형을 맞추는 수동 방식의 셀 밸런싱 기능을 추가하였다. SOC를 계산하여 알고리즘에 적용시키는 펌웨어 기술도 적용되었다. SOC 계산법은 초기에는 TOYOTA의 테이블 방식이 주를 이루다가 이후에는 칼만 필터 방식, 뉴런 방식 등 새로운 SOC 계산법이 나오면서 다양화되었다. 팩의 온도가 50℃를 넘으면 냉각 팬이 작동하여 온도를 낮추는 냉각시스템이 추가되었다. 각형과 파우치 전지의 경우는 셀과 셀 사이에 공기가 지나가는 공기 채널을 장착하여 전지를 냉각하였다. 원통형은 전지를 냉각 케이스 속에 개별적으로 넣어서 연결시키는 방법을 취했다. 이런 과정을 거쳐서 HEV의 팩 기술이 완성되어 갔는데, 이 모든 것의 출발점은 노트북용 팩이었다. 이때부터 팩 기술은 지속적으로 발전했으며 기존 전지와는 달리 팩 기술이 전지 기술의 핵심 기술이 되었다.

연료계와 CID가 장착된 리튬이온 전지가 노트북에 사용된 후 모니터링 기간인 6개월을 무사히 넘기면서 리튬이온 전지 사용이 일반화되기 시작하였다. 그렇게 되자 노트북 시장에서 니켈수소 전지는 서서히 경쟁력을 잃게 된다. 휴대용 전자기기 업체의 입장에서는 관리의 편의상 니켈수소 전지와 리튬이온 전지 중 한 가지로 결정할 필요가 있었으므로 대부분 업체에서 리튬이온 전지로 교체하였다.

경쟁 업체인 SANYO와 MBI가 휴대폰에서 각형 전지를 사용하였으나 SONY는 각형 전지 사업을 하지 않았다. 모방 업체가 되지 않겠다는 회사의 방침도 있었겠지만, 전지 종합 메이커인 SANYO, MBI와 동일한 방법으로 경쟁해서는 이길 수가 없다고 생각했기 때문이다. SONY는 궁극적으로는 각형 전지보다 더 경쟁력이 있을 수 있는 LiPB로 경쟁하려고 하였다. 그러나 경쟁력 있는 폴리머 전해질 개발이 어렵게 되자 분리막을 사용한 파우치 전지를 개발하여 출시한다. 분리막을 사용한 파우치 전지에 대한 아이디어는 SONY가 최초는 아니었다. 그 이전에 리튬 1차전지이지만 액체 전해질로 된 전지를 파우치 케이스에 넣어서 만든 전지를 Toshiba Battery에서 ALB(advanced lithium battery)라는 이름으로 판매하고 있었다. 리튬이온 전지를 개발할 때 무기화학은 강했지만 유기화학이 극도로 취약했던 SONY는 선택과 집중 전략을 사용하여 유기화학 분야는 외부 전문 업체에 의존하고 잘할 수 있는 무기화학 분야에 집중하였다. 그러나 곧 SANYO, MBI에 대응하여 파우치 전지를 개발하는 과정에서 유기화학 분야를 보강할 수밖에 없었다. 전지 사업을 하면서 원래 SONY의 기술적인 문화와는 다른 방향으로 가고 있었던 것이다. 휴대폰 시장에서 SONY의 파우치 전지는 SANYO와 MBI의 각형 전지와 치열하게 경쟁하였고 에너지 밀도가 올라가서 더 얇은 두께의 전지가 가능해질수록 파우치 전지의 경쟁력은 향상되었다. 가격적인 측면에서도 파우치 전지가 각형 전지보다 생산 속도가 느려 불리할 것이라는 예상과는 달리 SONY는 각형 전지보다 더 싼 가격으로 시장에 출시했다. 그러나 각형 전지 업체의 추월도 만만치 않아서 엎치락뒤치락하는 경쟁이 지속되었다.

⊙ SANYO

SANYO는 요소 기술이 우수한 업체이다. 요소 기술 중에서도 소재 기술이 특히 우수하기 때문에 기존 전지에 비하여 소재 기술이 많이 필요한 리튬이온 전지에서 SANYO가 두각을 나타낸 것은 당연한 일인지도 모른다. 또한, SANYO는 영업력이 뛰어났다. 영업력은 시장을 확보하는 능력이다. 전지 사업에서 시장 확보의 핵심은 주요 업체와 밀착된 영업을 통하여 시장의 움직임을 미리 파악하는 것이다. SANYO는 1990년대 휴대폰의 선발 업체였던 핀란드의 Nokia와 파트너십을 구축한 후 전지를 독점 공급했다. 업계의 기준을 정할 수 있는 위치에 있는 휴대폰의 1위 업체와 공동으로 상품기획을 하면서 남보다 한발 앞선 개발로 후발 업체와의 격차를 계속 벌려 나갔다. 리튬이온 전지 소재 개발에서 SANYO는 카본 음극을 인조 흑연으로 교체하면서 고용량 리튬이온 전지 개발을 주도했고, 인조 흑연을 저가의 천연 흑연으로 바꾸면서 저가 리튬이온 전지를 개발하였다. 분리막도 Asahi Kasai와 공동연구하여 직선 기공을 가진 습식 분리막을 출력 성능이 향상된 습식 분리막으로 개발하였다. SONY와는 달리 니켈수소 전지와 리튬이온 전지를 모두 생산했기 때문에 시장 요구 사항에 따라 유연하게 대처할 수 있는 것도 장점이었다. SANYO의 고출력 니켈수소 전지는 우수한 출력 성능으로 전기자전거처럼 모터를 구동하는 중대형 전지 시장에 사용되다가 HEV용 전지로 채택된다. HEV Top 3 업체 중에서 TOYOTA를 제외한 HONDA와 Ford에 고출력 니켈수소 전지를 공급하였다. 또한, 전지 성능 예측 기술인 전지 모델링 기술을 개발하여 Ford에 모델링 기술을 전수하기도 하였다. 독일의 Volkswagen에도 니켈수소 전지를 공급하면서 자동차용 전지 시장에서 주도권을 공고히 해 오고 있다. 2000년대에 들어와서 SANYO는 각형 리튬이온 전지 전문 업체인 GS-Melcotec을 인수하였고, Toshiba Battery의 니켈수소 전지 공장도 매입하였다. SANYO는 MBI와 합쳐져서 Panasonic으로 다시 태어난다.

필드 사고가 발생했을 때의 대처 방안도 SANYO에서 수립한 것이 업계 기준이 되었다. 소재, 전지 셀, 파워팩(Powerpack)으로 연결되는 전지 사업의 가치사슬에서 가장 핵심적인 사업은 전지 셀 사업이다. 그러므로 필드 사고에 대한 조치도 전지 업체의 주관으로 이루어진다. 필드 사고는 휴대폰이나 노트북과 같은 휴대용 전자기기 업체로 접수된다. 전자기기 업체는 단독으로 또는 전지 업체와 같이 현장에 가서 사고가 난 팩을 수거한다. 문제의 팩을 수거한 후 관련자들은 전지 업체로 모이게 되는데 이때부터 필드 사고 수습 상황이 시작된다. 팩 제조업체에 연락해서 팩 제조에 문제가 있는지를 조사한다. 팩 제조에 문제가 없으면 팩 업체는 빠진다. 팩 설계는 일반적으로 전지 업체에서 하기 때문에 팩 설계상의 문제점 조사에는 팩 업체가 참여하지 않는 것이다.

휴대폰이나 노트북 업체 인력들은 전지 업체에 상주하면서 전지 업체와 공동으로 사고 원인을 조사한다. 원인에 대한 가설을 여러 개 만든 후 이에 해당되는 실험을 하여 일치되는 것을 참원인으로 정하는 방법을 많이 사용한다. 여기에서 중요한 것은 재현성 실험을 해서 동일한 파괴 양상이 연출되어야 한다는 것이다. 조사 기간은 대개 1주일 정도 걸리지만, 원인 파악이 어려운 것은 2주까지 걸리는 경우도 있다. 이 기간은 비상사태이기 때문에 전지 업체 사람들은 정상적인 생활을 하지 못하게 된다. 필드 사고의 원인이 제조 공정 중에 금속 이물 혼입과 같이 비반복성의 공정 실수라고 하면 해당 배치에 해당되는 전지를 수거하면서 상황이 끝난다. 그러나 필드 사고의 원인이 전지 설계나 소재 선정과 관련이 있다는 것이 판명되면 그 소재와 전지 설계에 해당되는 모든 전지와 휴대폰, 노트북을 수거해야 한다. 다시 말해서 리콜 조치를 해야 한다는 것이다. 자동차 업계와는 달리 휴대폰, 노트북의 리콜은 매우 드문 일이다. 그러므로 리콜은 전지 업체와 휴대용 전자기기 업체 모두에게 치명적이다. 전지 설계를 설계 규정에 어긋나지 않게 하고, 소재 교체 시에 회사에서 규정한 프로세스를 따라야 하는 이유가 바로 리콜로 인한 엄청난 피해를 막기 위해서이다.

⊙ MBI

National, Panasonic이라는 이름으로 우리에게 더 친숙한 업체가 MBI이다. MBI는 SANYO와 같이 오사카 지방을 중심으로 성장한 업체이다. 도쿄를 중심으로 한 SONY와는 다른 성향의 지역에서 사업을 한 것이다. 일본이 관동, 관서 지역은 성향이 서로 다르다는 것은 잘 알려진 사실인데 전지 업체는 주로 오사카 지역을 중심으로 성장해 왔다. 그 지역이 전지 관련 인프라가 더 강하다. MBI는 1990년에 니켈수소 전지를 상업화한 업체로 니켈수소 전지를 주력 전지로 갖고 있었다. 이런 이유 때문에 1994년 리튬이온 전지 핵심 특허인 양극소재 특허를 SONY에게 양보한 것으로 보인다. MBI 경영진은 투자회수가 중요했기 때문에 니켈수소 전지를 주력 전지로 성장시킬 것을 원했다고 한다. 그러나 실무자들이 리튬이온 전지 추진을 강력히 주장해서 두 전지를 동시에 핵심 사업으로 추진하는 것으로 결정하였다. SANYO가 소재 기술과 같은 요소 기술이 강한 업체라면, MBI는 제조 기술이 강한 업체이다. 리튬이온 전지 Top 3 경쟁에서 MBI는 제조 기술로 경쟁하였다. MBI는 MCMB라는 구형의 인조 흑연을 개발한다. 방사선으로 배열된 흑연의 결정층으로 인하여 리튬 이동 속도가 빠를 뿐 아니라 구형이므로 공정 시 제조가 용이해진다. 2000년대 들어와서 리튬이온 전지의 필드 사고가 사회적인 이슈가 되자 MBI는 세라믹 분리막에 대한 연구를 한다. 그러나 세라믹 분리막은 공정상의 이유로 양산이 보류된다. 삼성SDI도 동일한 목적으로 세라믹 분리막을 개발한 적이 있다.

(3) 후발 업체

선발 업체는 리튬이온 전지의 기준을 정해 놓는 일을 한다. 이 업체들의 능력에 따라 해당 전지의 경쟁력이 정해진다. SANYO와 MBI는 리튬이온 전지뿐 아니라 니켈수소 전지에서도 선발 업체 위치에 있었다. 그래서 리튬이온 전지 전문 업체인 SONY의 역할이 컸다고 할 수 있다.

후발 업체가 선발 업체와 경쟁하기 위해서는 차별화 기술이 있어야 한다. 선발 업체보다 나은 무기를 갖고 있어야 한다는 것이다. 리튬이온 전지 선발 업체가 리튬이온 전지 시장을 개척한 후 일본의 4개 업체가 후발 업체로 리튬이온 전지 사업에 참여하였다. 이들 업체 중 2개 업체가 합작법인이었다. 합작법인의 문제점은 재투자에 대한 결정이 어려워 사업 팽창이 잘 안 된다는 점이다.

차별화 기술을 가지고 1990년대에 리튬이온 전지 사업에 진출했지만 어떤 회사도 선발 업체인 SONY, SANYO, MBI를 뛰어넘는 성과를 보여주지는 못했다. 한국 업체가 1999년과 2000년에 리튬이온 전지 사업에 진출한 후 사업이 안정되는 시점인 2000년대 하반기가 되어서야 리튬이온 전지 Top 3의 위상이 흔들리기 시작했다. 또한 이 시점은 리튬이온 전지 기술이 범용화되면서 Top 3 업체의 전략인 남보다 한발 앞선 개발을 통한 프리미엄 가격으로 판매하는 것이 어렵게 된 시점이기도 하다.

⦿ ATB

ATB(Asahi Toshiba Battery)는 화학 회사인 Asahi Kasai와 전지 회사인 Toshiba Battery의 합작법인이다. Asahi Kasai는 1980년대 일본에서 많이 연구하였던 흔들의자 원리에 의한 전지를 최초로 실험실에서 만들었던 업체이다. 이런 의미에서 Asahi Kasai는 리튬이온 전지를 발명한 업체라고 할 수 있다. Asahi Kasai는 리튬이온 전지 사업을 위해서 전지 업체인 Toshiba Battery와 리튬이온 전지 합작법인을 만든다.

Toshiba Battery는 전지 업체이지만 전통파 전지 업체는 아니었다. 왜냐하면, 니카드 전지 사업을 하지 않고 니켈수소 전지 사업을 하였기 때문이다. Toshiba Battery는 1차전지인 알칼리 전지 사업도 했으나 잘 알려진 브랜드가 아니므로 사업 실적은 저조했다. 1990년대 하반기 LG화학과 Toshiba Battery가 협력관계에 있을 때 LG화학이 Toshiba Battery의 알칼리 전지를 가져다가 LG 내의 편의점 판매망을 통하여 판매한 적도 있었다. LG화학 입장에서는 수익을 내기 위해서 한 것이 아니라 전지 영업에 대한 경험을 쌓기 위한 활동이었다. Toshiba Battery는 SANYO나 MBI처럼 전지 종합 메이커는 아니었지만, 전지 기술이 뛰어난 업체였다. ATB는 Toshiba Battery의 우수한 전지 기술과 Asahi Kasai의 리튬이온 전지에 대한 요소 기술을 차별화 포인트로 내세워 리튬이온 전지 시장에 진출하였다. ATB는 원통형과 각형 전지를 전부 생산하였지만 생산 규모가 작았기 때문에 큰 물량을 요구하는 대형 업체에는 진출할 수 없었는데 이것이 사업의 한계였다. 휴대용 전자기기 시장이 커지면서 한정된 생산 능력으로 인한 경쟁력의 열세로 2000년대에 들어서면서 리튬이온 전지 사업을 포기하게 된다.

⦿ GS-Melcotec

휴대폰을 생산하고 있던 일본의 Mitsubishi Electronics는 전지 사용량이 증가하자 휴대폰용 리튬이온 전지의 안정된 공급선이 필요했다. 그래서 GS Yuasa와 합작법인인 GS-Melcotec을 설립한다.

GS-Melcotec은 휴대폰용 각형 전지만 생산하는 각형 리튬이온 전지 전문 메이커로서 우선적으로 Mitsubishi Electronics에 공급하고, 남은 물량은 타 업체에 판매하였다. 후발 업체인 GS-Melcotec은 선발 업체와 경쟁하기 위해서 차별화 기술이 필요했다. 휴대폰용 각형 전지에서 1990년대 경쟁 포인트는 에너지 밀도와 두께였다. 미국의 Motorola가 와이셔츠 주머니에 들어갈 수 있는 담뱃갑 크기의 스타택(Star TAC)이라는 휴대전화를 출시한 이후에 휴대폰 시장은 작고, 얇고, 가벼운 휴대폰으로 경쟁하고 있었다.

GS-Melcotec은 동일 부피에 많은 에너지를 넣어 작동 시간을 늘리기 위해서 젤리롤을 캔에 옆으로 넣는 방법을 개발한다. 또한, 공정에서는 와인딩 공정을 매거진 타입(magazine type)으로 한다. GS-Melcotec은 각형 리튬이온 전지에서 시장을 주도했던 SANYO와 에너지 밀도와 전지 두께 측면에서 경쟁하였다. 그러나 GS-Melcotec은 ATB처럼 합작법인이었기 때문에 생산량을 늘리기 위한 투자가 어려웠다. 한정된 제조 설비로 점점 커지는 휴대폰 시장에 대응하기 어려워지자 2000년대에 들어와서 SANYO에 전지 사업을 매각한다. GS-Melcotec이 사용한 젤리롤을 캔에 옆으로 넣는 방법은 HEV용 전지와 같은 중대형 각형 전지에서 그대로 사용되었다. 고출력 중대형 전지에서는 탭 역할을 하는 무지부를 캔의 내부 좌·우측에 있게 하여 외부 단자와 연결시키는 부양(浮揚) 방식의 설계가 주를 이루고 있다. 물론 GS-Melcotec이 중대형 전지를 감안해서 설계한 것은 아니지만 이처럼 전지 기구 설계에서 뛰어난 경쟁력을 발휘하였다.

⊙ NEC-Moli와 Hitachi Maxell

캐나다의 Moli Energy가 1989년 리튬 2차전지 발화에 의한 리콜 사태로 파산하자 일본의 NEC가 인수하여 NEC-Moli로 재탄생한다. Moli Energy는 리튬 2차전지 외에 1980년대 리튬계 2차전지의 또 하나의 축이었던 리튬이온 전지를 개발하고 있었다. Moli Energy는 일본식 리튬이온 전지인 LCO($LiCoO_2$)를 사용한 리튬이온 전지 대신에 용량이 더 큰 LNO($LiNiO_2$)를 양극 활물질로 하는 리튬이온 전지를 개발하고 있었다. 당시 NEC는 SONY 출신 기술자를 캐나다로 보내서 Moli Energy의 리튬이온 전지 기술을 SONY와 동일한 기술로 바꾼다. 이 과정에서 다수의 핵심 인력이 Moli Energy를 떠나게 되었다. 이 인력들은 나중에 전지 업계

여러 분야에서 핵심적인 일을 하게 된다.

후발 업체로서 차별화 기술이 필요했던 NEC-Moli는 저가의 리튬 산화망간화합물($LiMn_2O_4$)을 양극소재로 채용하여 가격 경쟁력을 차별화 포인트로 삼았다. 스피넬 망간 사용으로 NEC-Moli는 LCO, LNO, LMO($LiMn_2O_4$) 양극소재를 다 사용해 본 업체가 된다. LMO는 전해액에 녹아나는 문제 때문에 성능 열화가 심했는데 NEC-Moli는 이 문제를 해결하여 저가 리튬이온 전지를 실현하였다. NEC-Moli는 LMO를 사용한 중대형 파우치 전지를 개발하여 NISSAN, Renault에 공급하고 중대형 전지 분야로 방향을 돌려 시장 선점에 집중하였다.

일본에서 7번째 업체로 리튬이온 전지 사업에 참여한 업체가 Hitachi Maxell이다. Hitachi Maxell은 경쟁우위를 점할 수 있는 차별화 기술을 찾으려고 노력했으나 선발 업체들이 너무 앞서 나가고 있어서 후발 업체로서 시장 확보에 고전하였다. Hitachi Maxell은 소형 리튬이온 전지에서 경쟁력 확보가 어려워지자 HEV 등 중대형 전지 쪽의 시장 선점에 더 신경을 썼다. 결국, 전지뿐만 아니라 HEV용 팩과 BMS 기술에 역량을 집중하여 HEV 전지의 종합 공급업체가 된다. NEC와 Hitachi Maxell은 선발 업체와 경쟁하여 경쟁우위를 확보할 차별화 포인트가 명확하지 않았기 때문에 소형 리튬이온 전지 사업과 병행하여 중대형 전지 시장을 선점하기 위해 적극적으로 나선 것이다.

⦿ 후지필름

후지필름은 카메라용 필름을 만드는 업체이다. 필름 제조 기술과 리튬이온 전지 제조 기술 간에 유사성이 있으므로 전지 업체가 아니었음에도 불구하고 전지 제조의 기본 기술은 확보하고 있다고 생각하여, 선발 업체와 경쟁에서 경쟁우위를 확보할 수 있도록 차별화 기술 선정 작업에 박차를 가했다. 후지필름은 전지의 4대 구성 요소 중 음극인 흑연을 개선이 필요한 분야로 간주하였다. 음극에서부터 수명 열화가 시작되므로 흑연을 다른 화합물로 바꾼다면 수명을 비롯한 성능을 향상시킬 수 있다고 생각한 것이다. 후지필름은 음극 활물질로 비정질 주석을 선정한다. 주석을 음극에 사용하면 평균 전압이 3.6V에서 3.5V로 떨어진다는 것이 차이점이지만 성능에서는 동등 이상이었다. 그러나 후지필름의 기대와는 달리 시장에서의 반응은 냉담하였다. 전지 업체가 아닌 새로운 업체가 새로운 소재의 리튬이온 전지를 출하하였기 때문에 채용하기를 주저한 것이다. 0.1V의 전압 차이도 그 당시 전자회로 기술로서는 부담스러운 것이었다. 결국 후지필름은 판매 부진과 미래에 대한 불확실성으로 전지 사업을 포기하게 된다.

휴대용 전자 기기나 자동차 업체는 전지 선정 시 두 업체 이상이 공급하는 전지를 선호한다. 니켈수소 전지는 MBI와 Toshiba Battery가 같이 시장에 진출했기 때문에 시장에서 쉽게 받아들여졌다. 또한, 새로운 전지보다는 개선된 니카드 전지로 간주했기 때문에 휴대용 전자기기 업체에서 거부감이 별로 없었다. 리튬이온 전지는 SONY가 내부 시장인 캠코더에 먼저 사용하면서 시장에 증명해 보였으나 시장은 전지 업체가 아닌 SONY의 리튬이온 전지를 불안한 시선으로 바라보았다. 그러다가 전지 종합 메이커인 SANYO와 MBI가 참여하면서 시장에서 리튬이온 전지를 인정하기 시작한다. 이처럼 전지 사업은 여러 업체가 함께 더불어 가야 하는 사업이다. 전지에서 경쟁이란 남보다 한발 앞서가는 것이다. 이런 측면에서는 반도체나 디스플레이와는 다른 사업이라고 볼 수 있다. 남보다 한발 앞서가는 경쟁을 하는 사업은 개발 경쟁이 항상 치열할 수밖에 없고 선두를 지키고 있는 회사도 안심할 수 없게 된다.

치열한 경쟁에서 경쟁할 때마다 승리하는 업체의 비결은 무엇일까? 시장 경향을 파악해서 몇 년 후의 제품까지 미리 개발해 놓고, 필요할 때마다 적절한 개발품을 시장에 출시하는 방법으로 하면 항상 남보다 한발 앞서서 출시가 가능하므로 경쟁에서 이길 수 있다. 휴대용 전자기기에 사용되는 소형 리튬이온 전지에서는 실제로 이런 식의 경쟁이 이루어졌다. 그 결과 순위가 잘 바뀌지 않았던 것이다. 몇 년 후의 제품까지 미리 개발해 놓고 시장을 기다리는 전략을 사용하려면 산학연의 연구개발 시스템이 유기적으로 잘 가동되어야 한다. 남보다 한발 앞선 개발의 본질은 전략적으로 잘 수립된 제품기획에 입각한 선개발이었던 것이다. 그러므로 후발업체가 선발 업체를 추월하기 위해서는 차세대 전지 같은 획기적인 전지 개발로 모험을 할 수밖에 없게 된다. 전지 업계에서 순위가 잘 바뀌지 않는 것은 바로 이런 이유 때문이다.

2) 기타 업체

(1) 중국의 BYD

한국 업체 다음으로 리튬이온 전지 시장에 진출한 업체가 중국의 BYD이다. BYD는 기존의 제조법과는 다른 방법을 채택하였다. 자동화보다는 수작업 위주의 제조법을 선택한 것이다. 자동화 설비로 생산성 경쟁을 해야 하는 원통형 전지는 포기하고 휴대폰용 각형 전지만 생산하였다. BYD는 전극 제조 설비에서 작은 설비를 여러 개 설치하여 기존 공정과 차이를 보였는데 전지 업계에서는 이것을 BYD 공법이라고 불렀다. 큰 믹서, 코터기, 압연기를 설치하여 생산 효율을 올리는 기존의 전극 제조 방법과는 달리 작은 믹서와 코터기를 여러 개 설치하였다. 전극 제조 공정의 실수가 있다고 하여도 큰 불량으로 연결되지 않도록 하기 위한 공정 설계이다. 그 대신 배치가 작고 많아지기 때문에 전지의 생산관리와 역추적이 어려워진다는 점에서는 비효율적인 면도 있었다.

전지 설계에서도 특색을 갖고 있었다. 도시락 형태의 각형 전지가 그것이다. 도시락 형태로 교합을 하면 수작업으로 전지 제작이 용이해진다.

도시락 형태의 각형 전지 구조는 일본의 Hitachi Maxell에서도 시도했던 방법이다. 금속캔에 탑캡을 용접하는 기존의 캔 제조 방법은 전지 두께가 4mm 이하가 되면 젤리롤 삽입이 힘들어지고, 젤리롤 삽입 공정에서 전극에 상처가 날 수 있다. 그래서 공기를 불어넣어 캔 입구를 넓힌 후 젤리롤을 넣는 방법을 취한다. 이렇게 하는 과정에서 공정 불량이 많이 발생한다. 그래서 두께가 얇아질수록 불량률이 증가한다. BYD의 캔 구조는 이런 문제점을 제거할 수 있으며 캔의 두께에 상관없이 동일한 품질의 전지를 제조할 수 있는 장점이 있다.

품질관리 방법도 독특했다. 모든 전지를 다 판매한다는 것이 BYD의 품질관리 철학이었다. 불량률이라는 개념이 없었다. 숙련된 작업자가 만든 전지는 A급이 되고 경험이 적은 작업자의 전지는 F급이 된다. A급은 주요 핵심 업체에 판매하고 F급은 애프터마켓에 팔았다. 전지 조립은 근본적으로 수작업이 가능한 공정이다. 숙련된 기술자가 수작업으로 만든 전지는 자동화 설비로 만든 전지보다 우수한 경우도 있으므로 BYD의 A급 전지는 주요 핵심 업체 공급이 가능한 수준이었다. 1990년대와 2000년대 상반기까지는 리튬이온 전지를 구하기 어려웠기 때문에 중국, 홍콩에 애프터마켓이 크게 형성되어 있었다. 리튬이온 전지는 용량, 출력, 수명 등의 기본 성능이 기존 전지보다 월등히 뛰어났기 때문에 F급이라고 하여도 상품 가치가 있었던 것이다. 애프터마켓에서 리튬이온 전지는 인기 상품이었다. 국내에서는 고속도로 휴게소에 주차해 놓은 리튬이온 전지 운반 트럭이 도난당한 사고도 있었다. 리튬이온 전지는 단위 부피당 가격이 다른 상품에 비하여 비싼 편이고 애프터마켓에서 처분이 가능했기 때문에 이런 도난 사고가 발생했던 것이다.

BYD는 가장 싼 가격으로 전지를 판매하였다. 실제로 저렴한 가격이 BYD의 가장 큰 장점이었다. 저가의 BYD 전지는 시장을 혼란시키기에 충분하였다. 소량 공급이기는 하지만 BYD는 한국 업체보다 먼저 당시 휴대폰 1위 업체였던 Nokia 시장에 진출한다. Nokia는 많은 물량을 싸게 구매하는 정책이었으므로 매출 증대에는 효과가 있었으나 이익을 내기가 어려운 시장이었다. 국내 업체는 2002년 말부터 1년 이상의 스펙인 과정을 거쳐 2004년 초에 Nokia 시장에 진출한다. 일단 Nokia 시장에 들어가면 Nokia는 주기적인 기술 정보 미팅을 통한 상품기획으로 미래 시장에 공동 대응한다. 휴대폰과 같은 조립 사업에서는 부품 구매가 경쟁력과 직결된다. 실제로 1990년대 선발 업체였던 Nokia와 Motorola는 구매력 측면에서 다른 업체와 차별화되기도 하였다. Nokia는 체계적이고 효율적인 구매 시스템을 가지고 있었고 Motorola는 강력한 구매팀을 확보하고 있었다. BYD의 Nokia 진출은 전지 업체를 깜짝 놀라게 하였다. BYD가 이렇게 선전할 수 있었던 것은 오랫동안 전지 사업을 해 온 전지 업체였기 때문이다. 미국에 영업소 설치로 영업 인력이 미국에 상주한 시기도 한국 업체보다 빨랐다. 국내 일부 업체에서는 BYD 공법 연구팀이 생겨서 활동하기도 하였다. 중대형 전지 시장이 본격적으로 형성되기 시작하자 BYD는 전기자동차 사업에도 뛰어들어 전기자동차 업체로서도 명성을 쌓아가고 있다. BYD라는 중국 업체의 출현으로 한국 업체는 더 힘겨운 경쟁을 할 수밖에 없었다. 일본 업체의 품질에 중국 BYD 수준의 가격이라는 새로운 목표가 설정되었기 때문이다. BYD 출현으로 리튬이온 전지 시장은 급격히 범용화되기 시작하였고, 합작법인인 ATB와 GS-Melcotec은 리튬이온 전지 사업을 매각한다.

(2) 미국 업체

⊙ Eveready

1차전지인 건전지와 알칼리 전지에서 세계적인 브랜드 파워를 갖고 있는 미국의 Duracell과 Eveready는 리튬이온 전지를 자체 개발하고 있었다.

Duracell은 양산에 대한 결단을 내리지 못하고 개발 단계에 계속 머물렀으나, Eveready는 양산에 대한 결단을 내려 대규모 양산 투자를 한다. 그러나 이때 너무 성급하게 일본 업체를 추월하려는 의욕이 앞서서 장비를 일본보다 큰 것으로 설치하였다. 양산 투자 후 6개월간 가동을 하였으나 수율이 저조하였다. 생산 규모가 컸기 때문에 수율 문제는 실제보다 더 크게 보였다. Eveready는 결국 리튬이온 전지 양산을 포기한다. Eveready가 세계에서 가장 큰 드라이룸을 설치하여 규모로 경쟁하는 대신에 양산 기술 확보 시점까지 실증 공장을 운영하였다면 결과는 달라졌을지도 모른다.

일본의 수율 향상 방법은 미국과는 달랐다. 초기에 리튬이온 전지가 비쌌던 것은 형편없는 수율 때문이었다. 일본 업체는 월 100만 셀을 생산할 수 있는 장비를 설치한 후 초기에는 월 20만 셀 생산 속도로 가동시켜 목표 수율에 도달하면 생산 속도를 월 30만, 50만, 70만, 100만으로 몇 년에 걸쳐서 단계적으로 수율 향상 작업을 하였다. 그 반면에 Eveready는 한 번에 수율과 생산성을 해결하려고 하다 보니까 감당할 수 없는 문제점에 봉착했던 것이다. Eveready의 사업 철수로 리튬이온 전지는 미국식 생산 방식에 맞지 않는 전지라는 생각이 확산되면서 더 이상의 양산 시도를 하지 못하게 되었다. Polystor가 생산성에 민감하지 않은 군사용 리튬이온 전지를 소규모로 생산하는 정도였다. Eveready는 그 이후 전략의 변화를 많이 겪는다. 2차전지를 포기하고 1차전지에 집중한다는 전략을 세우고, 니켈수소 전지 공장을 미국의 벤처인 Moltech에 매각해 버린다. 리튬-황 전지 연구개발을 하던 아리조나 주 Tucson에 있던 R&D 회사인 Moltech이 거대 회사의 공장을 인수하는 기이한 현상이 발생한 것이다. Moltech은 1997년부터 1999년까지 미국의 Lehmann Brothers를 통한 LG화학과의 기술이전 협의가 결렬되자 경영진을 교체하고, 리튬-황 전지 개발을 장기 과제로 돌린다. 현 전지에 대한 사업을 바탕으로 차세대 전지인 리튬-황 전지를 개발하기 위해서 Eveready의 니켈수소 전지 사업을 인수한 것이다.

유럽에는 화려한 역사를 갖고 있는 두 업체가 있었다. 독일의 Varta와 프랑스의 SAFT이다. Varta는 히틀러가 제2차 세계 대전 때 전략적으로 육성한 전지 업체이다. 독일의 Varta에 대항하여 성장한 업체가 프랑스의 SAFT이다. 이 두 업체는 니카드 전지 기술 개발에 많은 기여를 하였으며 니켈수소 전지와 리튬이온 전지 개발에도 적극적이었다. SAFT는 SAFT America를 만들어 미국에서의 활동도 강화시켰다. 1990년대 초에 POSCO가 Varta로부터 니켈수소 전지 기술을 도입하려고 협의한 적도 있었다. Varta와 SAFT는 소형 리튬이온 전지에서는 일본 업체와 경쟁하기 어렵다는 것을 깨닫고 대형 쪽으로 방향을 돌려서 EV, HEV용 니켈수소, 리튬이온 전지를 개발하였다. 그러나 Varta와 SAFT는 경영 악화로, 결국 Varta의 니켈수소 전지와 SAFT America의 리튬이온 전지는 미국의 Johnson Control(JC)에 매각된다. Johnson Control은 납축전지를 생산하는 미국의 전장 업체로서, 주로 Ford에 자동차 부품을 공급하고 있다.

⊙ A-123

미국 정부는 리튬이온 전지 사업의 중요성을 인식하고 2000년대 중반부터 잠재력이 있는 업체에 집중적으로 재정을 지원한다. 그중 한 업체가 A-123이다. A-123는 미국 정부의 재정적인 지원에도 불구하고 파산하여 중국의 전지 업체인 Wanxiang에 인수된다. A-123가 밟아 온 길은 A-123에 국한된 이야기가 아니라 대부분의 후발 업체의 공통적인 문제점이므로 자세하게 다루기로 한다.

A-123는 양극 활물질 중 하나인 LFP 기술을 바탕으로 전지 사업을 하였다. 설립자 중 한 명이 LFP 개발자였기 때문에 LFP를 양극소재로 선정한 것이다. LFP를 사용한 18650 원통형 전지가 전동공구 업체에서 좋은 반응을 보이자 목표 전지로 선정한다. LFP는 집전체로 사용되는 알루

미늄박과의 접착력이 나빠서 전극이 잘 떨어지므로 공정 측면에서 다루기 까다로운 소재이다. LFP 전지는 평균 전압이 3.2V로 3.6~3.7V인 기존 리튬이온 전지보다 낮다. 그 결과 에너지 밀도가 낮아 동일 용량에서 부피가 커지는 단점이 있다. 에너지 밀도 측면에서 니켈수소 전지와 리튬이온 전지의 중간 정도에 해당된다. LFP의 장점은 가격과 안전성이라고 하지만 가격 측면에서는 아직까지도 중대형 전지의 주력 소재인 NCM보다 저가로 시장에 내놓지 못하고 있다. 비싼 특허료를 내야 하는 것도 있지만 제조 공정이 아직 안정되지 못했다고 할 수 있다. 고상법과 수열합성법을 사용하고 있지만 공침법을 사용하는 NCM보다 품질의 균일도가 떨어진다. 전지 소재는 그 소재를 사용하여 전지 파일럿 플랜트에서 만든 전지와 양산 공장에서 만든 전지가 동일한 특성을 나타내야 하는 것은 물론이고 누가 언제 어디서 만들어도 동일한 성능과 품질의 전지가 되어야 한다. 이것이 전지 업계에서 말하는 전지 소재의 양산성이지만 LFP는 아직 이런 수준에 도달하지 못한 상태이다. 품질이 균일하지 못했기 때문에 가격도 싸질 수가 없었던 것이다. LFP의 안전성은 안정된 올리빈 구조에서 나온다. 특히 산화인(PO_4)의 사면체 구조가 산소의 방출을 철저히 막기 때문에 안전성이 강화된다. 전지 사업에서 안전성이란 가격으로 표출되어야 의미가 있다. LFP가 안전성이 우수하기 때문에 BMS에서 셀 밸런싱 회로를 생략할 수 있다거나, 팩 설계가 간단해져서 팩 원가가 내려간다면 LFP 전지의 안전성은 의미가 있다. 안전해서 싸게 팩을 만들 수 있다면 경쟁력이 있다는 것이다. 그러나 아직까지 LFP 전지는 기존의 리튬이온 전지와 동일한 스펙으로 팩을 만들어야 한다. 팩의 원가절감이 실현되지 못하고 있는 것을 의미한다. 종합하면 A-123가 목표 전지로 선택한 LFP 전지는 아직 경쟁력이 완전히 갖추어지지 않은 상태라고 할 수 있다.

A-123 전지 기술은 경기도 이천에 있는 에너랜드의 파우치 전지 기술을 근간으로 하고 있다. 에너랜드는 틈새시장용으로 전지 사업을 하

던 업체이고 전지 설계와 제조 기술은 수준급이지만, 전지의 양산 경험이 있다고 할 수는 없다. 전지에서 양산의 정의는 소형 리튬이온 전지 기준으로 최소 물량이 월 100만 셀이고, 하루 16시간 이상 연속 가동하고, 월 25일 가동을 해서 양품률 90% 이상을 기록하는 것이다. 이렇게 최소한 1년 정도는 가동해야 양산 업체로 인정받을 수 있다. 또한, 품질 사고나 필드 사고 시 전지의 역추적이 가능해야 한다. 월 100만 셀 규모로 양산하는 것과 틈새시장을 겨냥해서 전지를 제조하는 것과는 비슷한 것 같으면서 큰 차이를 보인다. 가장 큰 차이는 대규모 양산 경험이 있어야 공정운영시스템을 운영할 수 있다는 것이다. 에너랜드는 파우치 전지를 자체 개발하여 우수한 성능과 품질의 파우치 전지를 제조한 전지 업체이지만 앞에서 언급한 양산의 기준에는 못 미치는 업체였다.

A-123 제조 공정은 고가 설계에 고가 공정으로 알려져 있다. 수명을 늘리기 위해서 N/P ratio를 타 업체보다 높였다. 용량에 기여하지 않는 음극이 늘다 보니까 음극의 원가가 올라갔다. 또한, 전지의 안정화 기간인 에이징 기간이 매우 길다. 에이징 기간은 화성 장비 투자비를 증대시키고 재공 이자를 높이므로 손익계산서에 악영향을 끼친다. 그러므로 되도록 에이징 기간을 줄여서 원가 경쟁력을 높이려는 것이 일반적인 경향이다. A-123는 전자전도 물질로 VGF(vacuum growth fiber, 섬유상의 전자전도 물질)를 사용했다. VGF는 스프링처럼 활물질을 서로 연결시켜 전해액 채널의 파괴를 막음으로써 견고성을 유지하므로 수명 연장에 효과가 크다. 그러나 고가이므로 대부분의 전지 업체에서는 좋다는 것을 알면서도 사용하지 못하고 있는 소재이다.

A-123와 같은 후발 업체에서는 우선 시장에서 요구하는 성능을 만족시켜야 했기 때문에 성능을 맞춘 후 안정이 되면 원가절감을 하는 방법을 취했던 것으로 보인다. 그러나 일단 양산용 전지 설계가 정해지면 쉽게 바꿀 수 없기 때문에 원가를 맞출 수 있는 전지 설계가 나올 때까지 양

산 단계로 가지 않는 것이 바람직하다. 연구개발 단계에서 경쟁력 있는 원가구조가 나온 후에 양산 단계로 진행하는 것이 바람직한 사업 추진 방법인 것이다. A-123와 같은 후발 업체가 성공하지 못한 결정적인 이유는 이처럼 일의 순서가 틀렸기 때문이다. 신사업에서 사업 경험 인력은 일의 순서를 알기 때문에 전략적 실수를 줄여준다. 그래서 사업 경험 인력 확보가 중요한 것이다. 위대한 CEO와 평범한 CEO의 차이도 일의 우선순위 결정 능력일 뿐이다. 리튬이온 전지 사업의 역사도 경영진의 우선순위 결정 능력이 얼마나 중요한지를 보여 준다.

⊙ 파우치 전지의 역할

2000년대부터 전지 사업을 준비하는 후발 업체의 공통적인 특징은 파우치 전지 위주의 사업을 하고, 파우치 전지 개발이 완료되면 시장 진출을 시도한다는 점이다. 전지 개발을 할 때 먼저 전극을 개발한다. 전극을 개발하기 위해서 가장 편리한 전지 형태가 파우치 전지이다. 원통형이나 각형 전지는 설비도 비싸고 전지 사이즈도 마음대로 변경할 수 없기 때문에 파우치 전지를 많이 채용한다. 파우치 전지를 통하여 전극 개발이 완료되면 그 다음 단계는 목표시장과 내부 역량, 시장 동향 등을 고려해서 목표 전지의 형태를 결정하게 된다. 원통형, 각형, 파우치 전지, 플라스틱캔 각형 전지 중에서 내부 역량에 부합되고 목표시장에서 경쟁력을 발휘할 수 있는 전지를 선택한다. 전지의 형태가 결정되면 전지 설계와 제조 공정에 대한 개발을 해야 한다. 그러나 전지 설계와 제조 공정 개발 단계가 빠진 채 전극 개발에 사용한 파우치 전지를 그대로 목표 전지로 가져가려는 업체가 많다. 그렇게 하다 보니까 양산에서 문제가 생기고 시장에서는 경쟁력을 잃게 된다. 전극 개발을 마친 후 전지 형태 결정 단계에서 파우치 전지를 목표 전지로 결정하고 사업을 추진하고 있는 업체는 LG화학, SONY, NEC-Moli 정도로 생각된다. 그 외의 업체는 엄격히 말하면 목표 전지 선정과 개발 단계가 빠져 있는 것이다. 전지 사업을 위한 개발을 할 때 파우치 전지를 통한 전극 개발이 완료된 것을 전지 개발이 완료된 것으로 생각하는 경향이 있다는 것이다.

파우치 전지는 엄격히 말하면 전지의 전극 개발을 위한 수단으로 보는 것이 맞다. 역사적으로 파우치 전지는 전지 사업 경험이 없는 업체가 틈새시장용으로 소량 생산하는 방식의 사업으로 제시된 것이다. A-123처럼 대량생산체제를 목표로 하는 경우에는 파우치 전지보다 금속캔 각형 전지가 더 적합했을지 모른다. 화성 기간을 줄일 수 있고, 캔이 전극에 압력을 가하면서 알루미늄박과 양극의 접착력을 강화시킬 수도 있기 때문이다.

III

한국의 전지 산업

09

국내 전지 업체

1980년대는 전 세계적으로 새로운 전지 개발이 활발하게 진행되었던 전지 개발의 전성기였다. 그러나 한국은 이 개발 물결에 합류하지 못했다. 전지 사업이 중소기업 고유 업종으로 묶여 있어 대기업은 개발이나 사업에 참여할 수가 없었기 때문이다. 중소기업이 성장하여 대기업이 되고, 중소기업의 자리로 새로운 중소기업이 들어오는 것과 같은 기업의 선순환은 실제로는 잘 이루어지지 않는다. 중소기업이 대기업으로 성장하면 얻는 것도 있지만 잃는 것도 많기 때문에 현상 유지를 하려는 중소기업도 상당수 있다. 1980년대는 로케트전기, 서통에서 1차전지인 건전지와 알칼리 전지를 만들고 있었고 세방전지에서 2차전지인 납축전지 사업을 하고 테크라프(現 비츠로셀)에서는 군사용 리튬 전지를 수작업으로 만들고 있었다. 전기연구소, 화학 연구소, 표준 연구소에서 전지 관련 연구의 명맥을 겨우 유지하고 있었고, 학계에서는 수소저장합금을 전공한 사람들이 수소저장합금의 응용으로 니켈수소 전지를 연구하는 정도였다. 국제경쟁이라는 말은 1980년대 한국의 전지 업계에는 해당되지 않는 말이었다. 한마디로 말하면 한국은 전지의 후진국이었다.

이런 상황에서 니켈수소 전지, 리튬 2차전지, 리튬이온 전지, LPB 등의 새로운 전지 개발에 대한 소식을 접하게 된 국내 업체들은 전지 사업에 대하여 관심을 갖기 시작한다. 새로운 전지가 개발되고 있다는 것은 시장이 움직이면서 바뀌고 있다는 것을 의미하며, 이런 시기가 새로운 업체가 참여할 수 있는 기회이기 때문이다.

럭키금성그룹(現 LG그룹)의 금성마이크로닉스는 컬러 TV에 들어가는 섀도마스크(shadow mask)[1]와 반도체 패키징에 들어가는 리드 프레임(lead frame)[2]을 만드는 업체였다. 섀도마스크는 얇은 금속 판재에 픽셀의 수만큼 구멍이 뚫려 있는 부품이다. TV가 흑백에서 컬러로 가면서 생겼다가 평면 TV로 가면서 없어진 TV 부품이다. 리드 프레임은 동합금으로 되어 있다. 금성마이크로닉스는 금속 판재를 가져다가 프레싱이나 에칭 공법으로 섀도마스크와 리드 프레임을 만드는 금속가공 사업을 하고 있었다. 수소저장합금이라는 금속 소재가 전지에 사용되자 사업의 연계성이 있다고 생각한 금성마이크로닉스는 1980년대 말에 KAIST와 공동으로 니켈수소 전지를 개발한다. 금성마이크로닉스는 개발 결과를 바탕으로 금성사(現 LG전자)에 전지 사업 추진을 제안하였다. 그러나 금성사는 면밀한 시장조사와 분석 끝에 전지 사업을 추진하지 않기로 결정한다. 전지 사업은 이미 판매 유통망이 공고히 확립되어 있어서 새로운 업체가 진출하여 판매망을 확보하기 힘들다고 생각했기 때문이다. 단 기존 유통망을 넘어서 판매가 가능한 획기적인 기술의 차세대 전지의 경우는 예외로 하기로 한다. LG의 사례이지만 다른 기업의 사정도 비슷했다. 이처럼 국내 기업은 전지 사업에

1 컬러 TV에서 R(red), G(green), B(blue) 3개의 전자총이 동일한 픽셀(pixel)을 통과하도록 하는 부품.

2 반도체 칩의 다리에 해당되는 부품으로 실리콘 칩이 리드 프레임에 고정된 후 조립된다.

는 관심이 많았지만 추진 방법에 대해서는 명확한 방법을 제시하지 못하고 있었다. 전지 사업에 대한 문화와 사업의 본질을 알 수 없었기 때문에 일어난 현상이었다. 국내에서 휴대용 전자기기용 소형 2차전지 사업을 해 본 사람은 없었다. 당시 전지 사업은 아무도 가본 적이 없는 미지의 길이었던 것이다.

1) 전지 산업 기반 구축

(1) 한국전지연구조합

1997년에 설립된 한국전지연구조합은 한국전지산업협회의 전신이다. 송명호 국장과 구회진 부장(現 협회 본부장)이 연구조합 살림을 꾸려갔고, 삼성SDI 손욱 사장이 초대 이사장을, LG화학 성재갑 부회장이 2대 이사장을 맡았다. 그 이후에는 삼성, LG, SK가 돌아가면서 이사장사가 되어 전지 산업을 이끌어 갔다. 한국 전지 산업에서 한국전지연구조합 설립은 중요한 전환점이 되었다. 1990년대 상반기는 국내의 여러 업체가 전지 개발의 기초를 확립하려고 다양한 개발 활동을 하던 시기였다. 기존의 전지 업체인 로케트전기, 서통, 세방전지가 전지 사업의 경험을 공유하면서도 선발 업체로서 위치를 공고히 하고 있었다. 삼성, LG, SK 등의 업체는 개발 기반 구축을 위해서 시행착오를 거듭하고 있던 시기였다. 그러나 1990년대 하반기에 들어서면서 상황은 급변하게 된다. 삼성과 LG는 전지 사업을 기업 문화에 맞고, 투자 역량이 충분히 있는 삼성SDI와 LG화학으로 이전하면서 본격적으로 리튬이온 전지 기술 확보 활동을 하게 된다. 리튬이온 전지 기술에 대한 지식과 정보를 확보한 삼성과 LG는 전지 사업을 위해서는 국내의 전지 인프라 구축과 인력 육성이 필요하다는 것을 인식하고 한국전지연구조합 설립을 지원하게 된다.

한국전지연구조합의 첫 번째 업무는 정부 지원 과제인 전지 중기 거점 과제 추진이었다. 전지 중기 거점 과제의 목적 중 하나는 전지, 소재, 장비 업체가 협업할 수 있는 기회를 제공하는 것이었다. 2000년대 초에 양극활물질과 충방전 설비, 화성 설비가 가장 먼저 국산화되었다. 한국전지연구조합이 업체 간의 장벽을 낮추는 역할을 했기 때문에 예상보다 국산화가 빨리 진행된 것으로 보인다. 그러나 전지 중기 거점 과제가 국내 전지 산업의 주도권이 기존의 로케트전기와 서통에서 삼성, LG로 넘어가는 계기로 작용하여 떠오르는 세력과 지는 세력 간에 갈등도 빚어졌다. 중소기업 고유 업종으로 갇혀 있다가 보니까 로케트전기와 서통의 경쟁력은 쉽게 약화될 수밖에 없었다. 로케트전기와 서통의 전지에 대한 지식과 정보는 더 진보된 정보와 지식으로 대체되었다. 로케트전기와 서통은 세계 시장을 대상으로 사업을 해 본 경험이 없었기 때문에 세계 시장을 무대로 최고의 업체와 경쟁을 하려고 하는 삼성과 LG에게는 로케트전기와 서통의 사업 경험이 큰 도움이 되지 못했던 것이다.

한국전지연구조합은 후에 정부에서 법제화하려고 한 환경예치금 문제를 성공적으로 해결하면서 전지 업체로부터 인정받기 시작한다. 정부에서는 2001년에 리튬이온 전지가 환경오염 가능성이 있는 물질이 들어 있다는 것을 근거로 환경예치금 납부를 법제화하려고 하였다. 전지 사업의 중요성이 그만큼 정부 기관에 전파가 안 된 결과라고 할 수 있다. 2001년은 국내 업체가 양산 초기였기 때문에 사업 기초 확립을 위한 활동으로 어려운 상황이었다. 한국전지연구조합은 정부 관련 기관과의 네트워크를 활용하여 환경예치금 법제화를 연기하도록 정부를 설득하는 데 성공한다. 한국전지연구조합 입장에서는 큰 성과였다.

2000년대 중반 정부의 차세대 성장동력 과제에 전지가 포함되면서 한국전지연구조합과는 별도로 차세대 성장동력 사업단이 만들어지게 된다. 사업단장으로는 서울대학교 공과대학의 오승모 교수가 임명된다. 삼성

SDI와 LG화학이 차세대 성장동력 과제의 주관 기업으로 참여하면서 한국전지연구조합의 위상이 위축되었다. 한국전지연구조합의 역할을 재정립할 때가 된 것이다. 전지 사업이 커지고, 시장이 다양화되는 상황에서 역할의 재정립 과정을 거쳐 한국전지연구조합은 한국전지산업협회로 다시 태어나게 된다.

국내 전지 산업 구조를 보면 삼성SDI, LG화학, SK이노베이션이 선발 업체군을 형성하고 있다. 이 업체들은 지속 가능한 경쟁력 확보를 위한 연구개발 역량을 갖추고 있다. 그러나 이 선발 업체 뒤를 추격하는 업체는 중장기 계획을 세우고 전지 사업을 조직적으로 추진하는 것보다는 틈새시장 위주의 사업을 추진하는 경우가 대부분이었다. 소재 업체와 장비 업체와 같은 전지 산업의 인프라 산업도 전지 업체에 비하여 영세하고 약한 편이다. 전지 산업 구조는 자연적으로 형성되는 것이 아니라 만들어 가는 것일 수도 있다. 전지 산업 구조 설계에 한국전지산업협회가 어떤 역할을 하게 될 것인지는 앞으로 협회에서 풀어나가야 할 숙제가 될 것이다.

(2) 전지 산업 구조

국내 전지 산업의 특징은 전지 사업 역사가 짧은 관계로 전지 종합 메이커가 없다는 점이다. 지금과 같은 흐름이면 앞으로도 전지 종합 메이커가 나올 가능성은 높지 않다. 일부 업체에서 납축전지와 건전지, 알칼리 전지를 만드는 것을 제외하고는 모든 업체에서 리튬이온 전지만 생산한다. SK이노베이션은 중대형 파우치 전지만 생산하고 LG화학과 삼성SDI도 원통형은 18650 사이즈 하나만 생산하므로 리튬이온 전지 전문 메이커로 이루어진 산업 구조이다. 시장의 요구에 따라 여러 종류의 원통형을 만드는 일본 업체에 비하여 다양성이 떨어진다고 할 수 있다. 각형 전지의 경우도 삼성SDI는 금속캔 각형 전지 위주로 생산하고 LG화학은 파우치 전지 위주로 생산한다. 후발 업체는 100% 파우치 전지이다. 파우치 전지의 설계도 LG

화학을 제외하면 대부분 비슷하다. 혁신 기술로 무장된 새로운 전지가 시장에 들어온다면 쉽게 붕괴될 수 있는 산업 구조이다.

한국 전지 산업을 논할 때 물량 면에서 일본과 치열하게 경쟁하고 있기 때문에 조만간 일본을 앞설 것으로 평가하기도 한다. 물량 면에서 앞서는 것은 매우 중요하다. 사업적인 측면에서 매출액이 커야 영업 이익도 많이 낼 수 있기 때문에 시장 확대를 통하여 선두 업체가 되는 것은 중요하다. 그러나 내용을 살펴보면 상황은 좀 달라진다. 일본은 새로운 전지를 세계 최초로 개발한 경험이 많은 전지 강국이다. 니카드 전지는 1899년 스웨덴의 Waldemar Jungner가 발명하였고 독일의 Varta와 프랑스의 SAFT가 널리 전파했지만 휴대용 전자기기에 사용되는 소형 니카드 전지는 1960년대 일본의 SANYO에서 개발하였다. SANYO의 소형 니카드 전지 개발은 휴대용 전자기기 탄생을 가능하게 했다. 1960년대 자동카메라용 리튬 1차 전지도 SANYO와 MBI(Matsushita Battery Incorporation, 마쓰시다 전지)에서 개발되었다. 1990년에 MBI와 Toshiba Battery에서 니켈수소 전지를 개발하였고, 연이어서 1991년에 SONY가 리튬이온 전지를 세상에 선보인다. 일본은 이렇게 새로운 전지 시스템 개발 경험이 풍부한 나라이다. 리튬이온 전지는 일본에서 개발한 일본 전지로서 1996년이 되어서야 리튬이온 전지 기술이 다른 나라에 알려지기 시작했다. 이 기술이 한국 리튬이온 전지 기술의 근간이 되었다는 것은 부인할 수 없는 사실이다. 이후 국내 업체에는 리튬이온 전지에 대하여 많은 개선이 이루어졌으나 발명 수준의 전지 개발은 아직 없는 상태이다. 이스라엘의 리튬 전지 업체인 Tadiran은 1997년 리튬이온 전지 기술을 개발한 후 기술이전 협의를 하기 위해서 국내 업체와 자주 접촉하였다. 그러나 당시에는 Tadiran이 일본 업체에 비하여 작은 회사였고 국제적인 명성도 높지 않았기 때문에 그들의 기술을 심각하게 생각하는 업체는 많지 않았다. 이스라엘의 Tadiran 마케팅 이사는 일본 기술과는 다른 독창적인 리튬이온 전지 기술임을 강조하면서 전지의 부품이 왜 그런 모양을 하고 있는지 개발의 시행착오를 통하여 아는 사람과 그렇지 못한 사람은 사업이 진행되면 금방 차이가 난다는 말을 한 적이 있다. 그의 말이 지금 국내 리튬이온 전지 업체가 새겨들어야 할 중요한 말이라고 생각된다.

한국 업체의 전지 사업은 10년을 넘어서 20년을 향해 가고 있다. 초기 10년이 전지 사업의 기초를 잡는 기간이었다면, 20년이 되는 2020년에는 전지 종합 메이커로 성장해야 할 시점으로 보인다. 어떤 성격의 전지 종합 메이커가 될 것인지는 업체별로 지금까지 어떤 길을 걸어왔는지를 보고 판단할 수 있을 것이다. 과거는 미래를 여는 열쇠이기 때문이다.

2) 선발 업체

1999년 10월 LG화학은 일본의 Hitachi Maxell에 이어 8번째로 리튬이온 전지 업체가 된다. 일본 외의 업체 중에서 최초의 양산 업체가 된 것이다. 이어서 삼성SDI는 2000년 7월 양산 공장 준공식을 함으로써 9번째 리튬이온 전지 업체가 된다. 일본 업체가 독점하던 리튬이온 전지 시장에서 한국 기업이 연달아 양산에 성공하면서 일본의 독주를 막는 강력한 파워로 등장하게 된다. LG화학과 삼성SDI의 양대 경쟁 구도는 2007년까지 이어진다. 이들은 비슷한 규모로 증설을 하고 동일 시장에서 경쟁하면서 성장하였다. 2007년 12월 SK에서 틈새시장 위주의 사업으로 명맥을 유지해 오던 전지 사업을 정리하고 HEV(Hybrid Electric Vehicle)용 전지에 집중한다는 새로운 전략을 발표하면서 본격적인 중대형 전지 개발과 투자가 이루어진다. 삼성, LG, SK의 3자 경쟁 구도가 형성되면서 이 세 업체가 국내 전지 사업의 선발 업체군을 형성하게 된다.

LG화학과 삼성SDI가 전지 사업을 하기 시작한 2000년대 초반은 리튬이온 전지로서는 많은 변화가 있던 시기였다. 리튬이온 전지가 범용화되면서 급격히 가격이 내려갔고, 일본의 합작법인들은 투자회수를 마친 후 철수를 하던 시기였다. 또한, 리튬이온 전지가 한계 에너지 밀도에 근접하면서 발화, 폭발 등의 필드 사고를 일으키기 시작하던 시기이기도 하다. 리튬이온 전지 사업을 하는 것이 과연 옳은 것인지에 대하여 회의감을 갖는 사람도 있었고, 강력히 반대하는 사람도 있었다. 그러나 LG화학과 삼성SDI로서는 리튬이온 전지 사업을 한다는 의미보다는 뒤처진 2차전지 산업을 일으켜 세운다는 의미가 더 강했다. 리튬이온 전지 관점에서는 시장 상황이 좋지 않았지만, 2차전지 사업의 씨를 뿌리기에는 적절한 시기였다. 게다가 가장 진보된 리튬이온 전지로 사업을 하는 것이기 때문에 전지 산업 전체로 보면 리튬이온 전지 사업 결정은 훌륭한 결정이었다. 신사업에서 양산 개시 후 3년간의 기간이 제일 힘든 기간이다. 삼성SDI와 LG화학은 양산 개시 후 3년의 기간이 리튬이온 전지의 급변 시기와 맞물리면서 사업적으로 고전하게 된다. 그러나 시련의 시기를 어렵게 넘기면서 두 업체는 비상(飛上)한다. 사업 개시 후 10년 만에 삼성SDI는 소형 리튬이온 전지에서 선두의 자리를 차지하였고, LG화학은 HEV와 같은 중대형 리튬이온 전지에서 시장을 주도하게 되었다. 많은 사람의 땀과 노력, 그리고 희생의 결실이었던 것이다.

사업 초기 시점으로 돌아가서, 후발 업체인 국내 업체는 선발 업체인 일본 업체와 경쟁하기 위해서 차별화 기술이 필요했다. 그러나 전지 역사가 짧은 국내 업체로서는 리튬이온 전지로 경쟁하는 것은 힘들다고 생각했다. 리튬이온 전지로 전지 사업의 기초를 잡으면서 차세대 전지로 경쟁우위를 확보하는 것을 사업 전략으로 삼았다. 차세대 전지는 언제 개발될지 알 수 없는 막연한 목표이다. 국내 업체 입장에서는 막연한 목표를 가지고 시작할 수밖에 없는 상황이었다. 왜냐하면 전지 사업의 씨를 뿌리는 것이었으므로 차별화 기술보다는 무리 없이 사업의 기초를 잡는 것이 더 중요했기 때문이다. 선발 업체인 삼성SDI, LG화학, SK이노베이션은 앞으로 주력 시장으로 성장할 가능성이 높은 HEV와 같은 중대형 전지 시장에서 경쟁할 것이다. 중대형 전지에는 ESS(Energy Storage System) 등 다양한 시장이 있지만 핵심이 되는 시장은 HEV 시장이다. HEV용 전지 시장은 자동차 업체와 공동마케팅, 목표 전지의 적합성과 소재 기술과 같은 요소 기술로 경쟁하는 시장이다. 세 업체 중 이 세 가지 측면에서 가장 강점을 가진 업체가 승자가 될 것이다.

HEV 시장에서의 경쟁뿐 아니라, 이미 전지 사업의 기초를 잡은 삼성SDI와 LG화학은 종합 메이커가 되기 위한 활동을 해야 한다. 종합 메이커라고 해서 모든 전지를 다 만드는 것은 아니고 전지의 다양성을 증대시킨다는 의미의 종합 메이커이다. 삼성SDI와 LG화학은 선발 업체로서 한국 전지 산업을 설계하고 만들어 가야 할 의무가 있다. LG화학과 삼성SDI의 전지 역사는 개발 기간을 포함해서 20년이 넘는다. 업체의 성향에 따라서 전지 종합 메이커의 목표도 다르고 가는 길도 다를 것이다. 서로 다른 성향의 기업인 삼성과 LG가 과연 어떤 성격의 종합 메이커가 될 것인지는 알 수 없지만 지금까지 걸어온 길을 분석해 보면 2020년 정도에는 어떤 모습의 종합 메이커가 될 것인지 유추해 볼 수는 있을 것이다.

(1) LG화학

LG는 1980년대 말부터 전지 사업을 한다면 차세대 전지 위주로 해야 한다는 방침을 갖고 있었다. 이런 상황에서 동 제련 업체인 LG금속이 1990년대 초 영국 AEA와 차세대 전지인 LPB(lithium polymer battery) 공동연구를 하면서 전지 개발이 시작된다. 전지 연구와 시장조사를 통한 정보 습득, 분석을 통해서 전지 사업에 대하여 어느 정도 자신감을 갖게 된 LG는 본격적인 개발과 투자를 하려고 1996년 4월에 전지 사업을 LG금속에서 주력 기업인 LG화학으로 이전한다. LG화학에서는 전지에 대한 풍부한 지식과 경험을 가진 전문 인력이 전지 개발을 추진할 필요가 있다는 생각에 외국 전지 기술자를 영입하기로 한다.

우리나라 경제개발 5개년 계획에 대하여 컨설팅을 한 업체가 미국 보스턴에 있는 ADL(Arthur D. Little)[3]이다. ADL의 리튬이온 폴리머 전지(LiPB) 개발팀장이 물망에 올라 LG화학 경영진과 면접을 하였다. 이탈리아 장비 업체인 Arcotronics사는 전지 장비와 함께 기술도 제공한다는 전략으로 캐나다 Moli Energy사에서 리튬이온 전지를 개발하던 기술자를 채용하고 있었다. 이 사람도 LG화학에서 면접을 하였다. 공교롭게도 두 사람의 공통점은 국적이 캐나다라는 것이었다. 원래 추운 나라에서는 코팅 기술이 발달하였고, 전해 코팅 등에 전기 화학 기술이 필요하므로 전지의 강국으로 성장한 나라들이 많았다. 캐나다도 그중 하나이다. 면접 결과 당사자는 의욕이 있었으나 가족들이 문제였다. 1990년대 국내의 인프라가 외국 사람이 개발 부서의 장으로서 근무하고 생활하기에 적합하지 않았던 것이다. 반면 SONY에서 리튬이온 전지를 미래 유망 사업으로 성장시키려는 전지 핵심 인력들과 전지를 휴대용 전자기기의 부품 수준으로 유지시키려는 경영진 간에 갈등이 있었다. 그런 와중에 다수의 리튬이온 전지 기술 인력들이 SONY를 나오게 된다. 그 인력 중 한 명이 LG화학으로 오게 된다. 또한, 국내의 유능한 인력들이 미래 유망 사업으로 부각된 전지 사업으로 몰려들었다.

이후 실험실에서 리튬이온 전지 개발이 완료되고 파일럿 플랜트(pilot plant)가 건설되었다. 파일럿 플랜트에서 만들어진 전지의 성능이 만족스럽게 나오자 양산을 결정하고 양산 공장 건설 준비를 한다. LG화학이 양산 결정을 쉽게 할 수 있었던 것은 시장이 이미 확보되어 있었기 때문이었

3 컨설팅뿐만 아니라 창의적인 연구를 하는 업체로 유명하다. 1990년대 말부터 전지 국제 학회를 만들어 운영하기도 하였다.

다. 각형 전지는 LG정보통신(現 LG전자)으로부터 조건부 주문[4]을 받았고, 원통형 전지에서는 대만의 팩(pack) 업체로부터 조건부 주문을 받아 놓고 있었다. 1990년대에 노트북 PC 팩은 대부분 대만에서 만들어졌다. 대만이 노트북 PC 팩의 메카였던 것이다. 일본의 선발 업체에서는 노트북 PC의 팩 설계를 한 후 대만에 팩 제조만 맡겼지만 LG화학의 경우에는 그 당시에 팩 설계 기술이 없어서 대만 업체에 18650 전지를 셀(cell) 상태로 판매하는 사업을 먼저 하였다. 국내 업체가 노트북 PC의 파워팩 설계를 하기까지는 그 후 2~3년의 기간이 더 걸린다. 1990년대 말에 대만에서 지진이 일어나서 팩 제조업체가 큰 피해를 입었던 적이 있었다. 지진으로 팩이 제대로 만들어지지 않아 노트북 생산에 큰 차질이 생겼다. 노트북 업체에서는 대만 지진 이후에 노트북용 팩 제조업체를 다변화시켰다. 천재지변으로 인한 시장 변동의 예라고 할 수 있다.

다른 사업도 마찬가지겠지만, 전지 사업에서 양산 기술은 또 다른 영역이다. 생산 속도를 감안하면서 연속해서 장비가 돌아가며 제조가 이루어지는 양산에서는 개발 단계에서 예상치 못했던 돌발 변수가 수시로 나오게 되어 있다. 특히 국내에서 해 보지 않던 전지 사업을 하는 데에는 더욱더 돌발 변수가 많았다. 돌발 변수를 만드는 요인 중 하나가 현장 작업자의 전지에 대한 지식과 경험이다. 신사업을 할 때 이 변수를 종종 무시하지만 실상은 현장 작업자의 기술이 향상되기까지는 안정된 양산을 할 수 없는 것이 보통이다. LG화학은 현장 작업자의 실수로 양산 개시 후 6개월 동안 공장이 제대로 돌아가지 않는 시련을 겪게 된다. 압연 조업을 하는 작업자가 작업지시서를 잘못 이해하여 과도하게 압연을 하는 바람에 전지의

4 Conditional PO(Purchasing Order)라고 하며, 양산에서 동일 성능이 구현되면 약속한 물량을 구매하겠다는 주문서를 지칭한다.

수명 열화가 심해진 것이다. 양산 제품이 파일럿 제품의 성능을 재현하지 못하게 되자 대만 팩 업체와의 주문 계약은 파기된다. LG화학은 그 후에도 또 한 번 작업자의 업무 파악 미숙으로 어려움을 겪게 된다. 파우치 전지 시운전에서 전해액 주입을 맡은 작업자가 알코올로 노즐을 닦는 실수를 저질러 전지 부풀음 현상이 발생하게 된다. 리튬 전지는 물뿐만 아니라 OH^- 기를 가진 액체와 반응한다는 사실을 몰랐던 것이다. 이런 단순하지만 치명적인 실수로 양산이 몇 개월씩 지연되면서 시장 진출 기회를 놓치는 사태가 생겼다. 두 경우 모두 LG화학이 꾸준히 해 온 6시그마로 원인을 찾아냈다. 원인도 모르고 오래 끌 수도 있는 상황이었지만 비교적 조기에 수습한 사례라고 할 수 있다. 2001년 하반기부터 현장의 수준이 올라가면서 LG화학은 안정을 찾아가기 시작한다.

휴대용 전자기기용 소형 리튬이온 전지가 범용화되면서 가격 경쟁력이 심화되자 LG화학은 새로운 시장 선점에 초점을 맞춘다. 미국의 떠오르는 HEV 시장을 선점하기 위해서 2000년 10월 현지 R&D 법인을 설립하여 미국에서 팩 개발과 시장 확보 업무를 한다. 조직이란 한두 번 흔들릴 때가 있다. LG화학 전지 사업부는 2005년 하반기부터 2006년 상반기까지 매우 어려운 상황을 맞이한다. 그동안 누적된 피로로 쓰러진 것이다. 전지 사업을 포기할 수도 있는 어려운 상황이었다. 이번에도 LG의 최고 책임자가 쓰러진 조직을 다시 일으켜 세운다. 미국의 자동차 회사인 GM도 비슷한 시기에 어려운 시절을 보냈다. 거대 기업 GM은 돌파구가 필요했다. 돌파구로 찾은 것이 친환경 자동차인 HEV였다. GM은 어려운 시련을 극복하고 새 출발을 하려는 LG화학을 2007년에 만나면서 PHEV(Plug-in HEV) 분야에서 파트너가 된다. LG화학은 이후 미국 현지에 HEV용 전지 공장을 건설하고, 공격적인 시장 확보 활동으로 중대형 전지 시장에서 선두 업체로 부각된다. 놀라운 반전이 아닐 수 없다. LG화학은 삼성보다 3년, SK보다 7년 앞서서 중대형 전지 개발을 시작하였다. 그 결과 시장 선점에는 성공하였다. 그렇다면 지금쯤 LG화학의 전지가 업계 표준이 되어 있어야 하겠지만 아직 거기까지는 못 미치고 있다. LG화학은 GM, 현대자동차와 가까운 관계를 유지했지만 GM, 현대자동차와 공동마케팅을 하지는 않았고, LG화학 단독으로 스펙인(spec-in)을 하였다. 다시 말해서 다수의 업체를 대상으로 한 스펙인에는 성공하였지만 공동마케팅을 통하여 시장을 키우는 데에는 미흡하였다. 그런 점이 2000년대 HEV용 전지의 선두 업체였던 TOYOTA와의 차이점이다. 또한, LG화학의 파우치 전지는 범용성 측면에서 보았을 때 고유 기술이 너무 많다. 전극 조립도 고유 기술이고, 분리막도 고유 기술을 사용하였다. 고유 기술은 그 자체로는 높이 평가해야 하지만 시장의 표준이 되는 전지가 되는 데에는 장애물이 될 수도 있으므로 범용성과 고유 기술 간의 균형이 필요한 것이다.

2000년대에 HEV용 리튬이온 전지의 선두 업체는 일본의 TOYOTA였다. TOYOTA는 전지 업체가 아니었음에도 불구하고 니켈수소 원통형, 각형 전지를 개발하였고, 리튬이온 전지에서는 원통형, 각형, 파우치 전지뿐만 아니라 LPB와 리튬-공기(Li-air) 전지까지 개발 영역을 넓혀 가면서 최상의 목표 전지 선정 작업을 해 오고 있다. 목표 전지 선정과 더불어 각 전지의 해결과제까지 도출하면서 개발의 완성도를 높이고 있다. TOYOTA의 행보는 선두 업체가 해야 할 일에 대한 일종의 가이드라인을 제시해 준다. 선두 업체의 가장 중요한 업무는 시장 팽창을 위한 활동이다.

LG가 지금까지 전지 분야에서 걸어온 길을 보았을 때 LG의 뿌리는 차세대 전지를 기반으로 하고 있다. 거기에 전지 소재는 개발뿐만 아니라 사업부까지 운영하면서 대규모 사업으로 팽창시키고 있다. 또한, 제조 기술 위주의 각형 전지보다는 두께와 푸트프린트(foot print)에서 차별성을 확보할 수 있는 파우치 전지 위주의 사업을 하고 있다. 그렇다면 LG는 2020년을 향한 전지 다양화 작업에서도 리튬 전지와 차세대 전지 위주로 팽창하는 것이 바람직할 것이다. LG화학은 기술원이 연구개발을 통하여 사업의 모양을 만들어 놓으면 사업부가 그것을 실현시키는 형태로 운영되어 왔다. 사업부가 이끌어 가고, 사업부가 필요한 것을 연구소가 지원해 주는 형태로 운영되는 삼성SDI와는 큰 차이를 보인다. 그렇기 때문에 소재 기술을 바탕으로 한 리튬 전지와 차세대 전지 위주로 팽창하면 지속적인 경쟁력을 가질 수 있을 것으로 생각된다. 또한, 많은 개발력이 요구되는 군사용 대형 전지 분야도 목표 전지 중 하나가 될 수 있을 것이다.

LG화학은 대덕에 있는 기술원을 1980년대부터 육성해 왔다. 우수한 연구원이 근무하고 싶어 하는 기술원으로 만들기 위해서 최고의 대우를 해주었다. 젊은 박사 연구원에게 직위에 관계없이 개인 사무실을 제공하는 것과 같은 파격적인 근무 환경을 조성하였다. 그런 노력의 결과로 개발에 장기간이 소요되는 신약이 개발되기도 하였다. LG가 핵심역량으로 개발력을 맨 앞에 내세우는 데에는 이런 배경이 있었던 것이다. 1997년 LG의 구본무 회장은 리튬이온 전지 개발 성과를 치하하면서 전지연구센터 전원을 괌으로 가족 동반 위로 관광을 보내 주기로 하였다. 그런데 몇 달 후에 IMF 외환위기를 맞게 되었다. 연구원들은 괌 여행을 취소할 것을 제안하였으나 LG에서는 강행하기로 결정하여 1997년 겨울에 전지연구센터 전원이 가족과 함께 괌 여행을 다녀왔다. LG화학은 이처럼 타 업체에 비하여 연구소의 위상이 상당히 높은 편이다.

(2) 삼성SDI

삼성의 전지 사업은 삼성전자에서 시작되었다. 삼성전자에서 전지를 하면서 전지 사업의 속성과 본질을 파악하게 된다. 삼성은 전지 사업이 조립 사업이 아니라는 것을 인식하고는 브라운관 제조업체인 삼성SDI로 전지 사업을 이관한다. 디스플레이 업체인 삼성SDI에서 전지는 디스플레이 다음의 과제였다. 우선순위에서 밀리다 보니까 LG에 비해서 진행 속도가 느릴 수밖에 없었다. 삼성으로서는 전략의 혼돈기였던 1990년대 중반에 일본 SONY에서 핵심 전지 기술자를 방출하는 상황이 발생한다. 삼성은 더 이상 지체할 수가 없었다. 일본 지사의 임원을 전지 사업부장으로 임명한 후 일본 기술자를 대거 영입한다. 한 명의 연구원 출신 고문을 영입하여 개발 활동에서 조언을 구하는 방법을 취한 LG화학과는 달리 공격적인 방법으로 전지 개발을 추진하기 위해서 일본 기술자들을 부서장으로 임명하여 이들로 하여금 책임감을 갖고 개발을 주도하도록 하였다. 이런 방법을 통하여 다수의 고유 기술이 확보되었다. 그러나 일본 기술자의 의존도가 너무 높아서 자체 인력 육성에는 문제가 있었다. 또한, 다수의 일본 기술자가 있다 보니까 서로 자기주장을 하다가 통합된 의견 조정이 힘들기도 하였다. 그러나 사업부장이 추진력이 뛰어난 사람이었기 때문에 복잡하게 구성된 전지 조직을 잘 이끌어 갔다. 삼성은 개발, 제조 기술, 영업의 순서로 기초를 잡아갔다. 개발과 제조 기술이 완성되자 2000년 7월 리튬이온 전지 양산을 개시한다. LG화학보다 9개월 늦게 양산을 시작하였지만 준비를 많이 했기 때문에 양산 후의 행보는 비교적 순조로웠다. 내부 시장이 LG보다 크다는 것도 삼성의 유리한 점이었다.

삼성SDI는 SONY보다는 소재 기술과 같은 핵심 요소 기술이 우수한 SANYO를 벤치마킹하려고 노력했다. 삼성은 소재와 같은 핵심 기술에서 우위를 확보하는 것이 후발 업체로서 선발 업체를 추월할 수 있는 방법이라는 것을 인식하고 양극 활물질과 전해액 개발에 역량을 집중한다. 삼성SDI의 지원으로 국내 최초로 제일모직이 전해액을 국산화하게 된다. 삼성SDI는 제일모직의 지원을 받으며 차세대 양극소재인 니켈계 양극 활물질을 개발한다. 삼성SDI는 한 번에 판을 뒤집어 선발 업체와 경쟁하기를 원했다. 그래서 니켈계 양극 활물질을 개발한 것이다. 세계 최고 용량을 가진 전지 개발로 선발 업체를 추월할 수 있는 절호의 기회가 온 것이다. 그러나 전지 업계에서 판을 뒤집어 선두 업체가 된다는 것이 그렇게 쉽지는 않았다. 2002년 개발이 완료된 후, 니켈계 양극소재 기술은 기흥에 있는 연구소에서 천안에 있는 사업부로 이관된다. 양산에 적용한 니켈계 양극소재는 코팅에서부터 슬러리가 굳어 버리는 슬러리 젤화 현상으로 문제를 일으켰다. 연구소에서 너무 작은 규모로 실험을 하다 보니까 양산에 이관되었을 때 예상치 못했던 문제점이 발생하게 된 것이다. 이때부터 삼성SDI에서는 코인 전지(coin cell) 데이터를 사용하지 않기로 한다. 그 대신 양산 성능과 연계성을 가질 수 있도록 18650 원통형 전지를 가장 작은 시험용 전지로 정한다. 삼성은 니켈계 양극소재 개발 실패를 계기로 중대한 전략적 결정을 한다. 소재를 개발하는 연구 활동 대신 소재 업체를 발굴하여 육성하는 업무로 전환한 것이다. 삼성은 전자 회사이기 때문에 GVE(Group Value Engineering) 활동을 업무의 일부로 추진한다. GVE란 전자회로의 부품 수를 줄여서 원가를 절감하는 개선 활동이다. 전지 사업에서 GVE는 저가 소재 업체를 발굴하여 품질을 향상시켜 저가 소재를 안정되게 공급받을 수 있도록 하는 것이다. 삼성SDI는 소재 개발과 같은 요소기술 개발보다는 제조 기술에 집중하는 것으로 전략 방향을 변경한다. 소재 개발팀은 업체 발굴과 육성을 통하여 전지 설계와 제조를 지원하는 역할을 하도록 하였다. 소재팀이 일종의 지원 부서가 된 것이다. 소재 개발은 전지 개발팀의 요구에 대응하여 소재를 공급하는 형태로 운영되었다. 이런 선택과 집중으로 삼성SDI는 리튬이온 전지 사업 후 10년 만에 세계 1위 업체가 된다. 벤치마킹을 하려고 노력했던 SANYO를 추월한 것이다. 제조 기술에 집중한 결과였다.

모든 전략적 결정은 양면성을 가지고 있다. 소재 개발 중지에 대한 영향은 미래 시장인 HEV용 전지 사업에서 서서히 표출되기 시작하고 있다. 리튬이온 전지는 기존 전지와는 달리 소재 중심적 전지이다. 리튬이온 전지 중에서 소형 리튬이온 전지는 제조 기술이 중요한 역할을 하므로 소재의 중요성이 부각되지 않았지만 HEV용 전지와 같은 중대형 전지로 가면 소재 기술로 승부를 하게 되어 있기 때문에 소재 기술이 중요해진다. 소재 개발력 확보를 위해서 삼성 내의 소재 관련 업체가 연합을 이루어서 소재 개발을 활성화시키고 있지만 한 번 무너진 소재 개발 시스템을 재건하기는 쉽지 않았다. 또한, 여러 업체가 뭉쳐서 하는 것과 전지 사업부에서 소재를 개발하는 것과는 나오는 결과물에서 수준 차이가 많이 난다. 여러 조직이 연합해서 소재를 개발하게 되면 아무도 건드리기를 원하지 않는 경계 기술이 남게 되는데 대부분 이 경계 기술이 핵심 기술인 경우가 많다. 노력 대비 실적이 불만족스러운 이유가 바로 여기에 있는 것이다. 전자 회사는 전통적으로 소재 기술이 약한 것으로 알려져 있다. 소재를 특별한 것으로 생각하기 때문에 소재 기술의 축적이 잘 안 되는 것이다. "전지가 소재이고, 소재가 전지"라는 생각으로 전지의 일부로 소재를 생각해야만 자연스럽게 소재 문화가 기업 문화로 정착된다. 제품개발의 일부로 소재 개발이 스며들어 가 있어야 하는데 마치 분석팀을 운영하는 방식으로 소재 개발을 하는 것이 전자 업체의 소재 개발 방식이다. 이런 개발 시스템이 디스플레이 소재에서는 큰 문제가 되지 않지만 전지에서는 효과를 내기가 어렵다. 전지에서는 새로운 소재의 개발은 새로운 전지의 탄생을 의미할 수도 있기 때문에 제품인 전지와 떨어져서 생각할 수 없다. 전지 소재를 단기, 중기, 장기로 나눈 후 장기 과제에 더 많은 자원을 배분하고 더 많은 미세 관리를 하는 것이 전지 소재 개발 전략 중 하나이다. 소재를 개발하는 이유는 판을 바꾸려는 것이다. 판을 바꾸려면 장기 과제에 더 신경을 써야 한다. 장기 과제일수록 제품개발 부서와 가까운 곳에서 개발이 이루어져야 한다. 그러나 단기 과제에 더 많은 자원을 넣고 단기 과제 위주로 관리하는 것이 전자 회사의 소재 개발 관리 패턴이다. 단기 기술은 대부분 쉽게 확보 가능하기 때문에 자체 개발이 필요없다.

삼성SDI는 HEV 분야의 목표 전지에 대해서는 LG화학과 반대의 고민을 할 필요가 있다. 삼성SDI의 각형 전지가 TOYOTA, SANYO의 각형 전지 대비 얼마나 고유성이 있는지 점검해 보는 것이 중요하다. 고유 기술이 너무 적으면 나중에 기술의 주도권을 빼앗길 수 있기 때문이다. 많은 사람들이 HEV용 중대형 전지 시장 팽창 속도에 대하여 우려를 한다. 그러나 지금 시점은 시장보다는 전지 기술에 대하여 더 많은 고민을 해야 할 때이다. 지금의 전지 수준이 시장을 팽창시킬 정도로 진보되어 있지 않다는 것이 문제의 본질이다.

2020년쯤 되면 선발 업체인 삼성은 전지 종합 메이커로 인정을 받을 수 있는 시점이 될 것이다. 삼성은 전지 종합 메이커보다는 에너지 종합 메이커를 목표로 다양한 에너지 디바이스를 확보하려고 노력해 왔다. 상당히 오랫동안 태양광 개발을 하였고, 2004년부터는 노트북용 휴대용 연료전지 개발에 집중 투자하였다. 불행히도 태양광과 휴대용 연료전지에서는 좋은 결과를 얻지 못했다. 사업의 순서상 에너지 종합 메이커가 되기 전에 전지 종합 메이커로서 위상을 먼저 확립해야 한다. 그다음 단계가 에너지 종합 메이커이다. LG화학과는 달리 삼성SDI는 제조 기술을 바탕으로 사업을 하였다. 삼성SDI가 사업의 원동력으로 삼은 6시그마 활동도 결국은 효율적인 제조 방법에 관한 것이다. 이런 전지 관련 개발과 사업 역사를 보았을 때 삼성은 1차전지인 알칼리 전지와 같이 제조 기술과 브랜드 파워로 경쟁할 수 있는 방향으로 팽창하는 것이 바람직하다.

전지 종합 메이커를 향한 활동이 원활하려면 2010년대의 최대 경쟁 시장인 HEV 시장에서 경쟁우위를 확보해야 한다. 삼성SDI는 LG화학에 비하여 3년 이상 늦게 개발을 시작했고, SK이노베이션과도 개발 개시 시점을 기준으로 보면 별로 차이가 안 난다. 팩 개발은 오히려 SK이노베이션이 훨씬 먼저 시작했다. 삼성SDI는 2004년과 2005년에 MBI의 HEV 전지 개발 인력을 다수 채용하여 전지를 개발했기 때문에 고유 설계 역량이 부족하다. 그러므로 고유 설계를 강화시킬 필요가 있다.

HEV용 전지는 시장 선점 활동의 하나인 자동차 업체와의 커넥션 확보가 사업의 필수 요소 중 하나이다. 삼성SDI는 LG화학과 SK이노베이션에 비하여 자동차 업체 확보에 시행착오를 많이 했다. 2004년에는 현대자동차 시장 진출을 위하여 노력하였으나 현대자동차의 경영진은 1990년대 삼성이 자동차 사업에 진출했던 것 때문에 문호를 개방하지 않았다. 그래서 눈을 해외로 돌려 2005년에 Ford를 확보하여 공동마케팅까지 계획을 하였으나 2007년에 결별한다. Ford와 결별 후 독일의 전장 업체인 BOSCH와 SBL이라는 합작법인을 설립하여 본격적으로 시장 확보에 나섰으나 또 결별하게 된다. BOSCH와 결별하고 다시 2014년에 Ford와 협업을 하고 있다. 삼성SDI는 LG화학과 SK이노베이션이 들어가 있는 현대자동차 시장에 들어가지 못했기 때문에 시장 확보 측면에서는 가장 불리한 상황이다. 이런 불리한 상황을 극복하려고 다각적인 시도를 하다 보니까 협력 업체 확보에 시행착오를 많이 했던 것으로 보인다. 또한, HEV용 전지 사업을 소형 전지 사업의 연장으로 생각하고 전략을 수립한 것도 협력 업체 확보에 시행착오를 했던 요인 중 하나이다.

HEV 전지 사업에서 시장 선확보 다음으로 중요한 것이 소재 개발이다. LG화학은 전지 소재 사업부에서 일본의 Mitsubishi Chemical 정도의 규모로 소재 사업을 하고 있고 전지 소재 개발 활동도 활발하다. 분리막에 세라믹 코팅 기술은 전지 업계에서 인정받고 있는 기술이고, 그 외에 양극 소재 표면 처리 기술 등 고유 기술을 다수 확보해 놓고 있다. 반면에 삼성SDI는 아직 소재 개발 전략을 수립하는 단계에 머물러 있다. 삼성정밀화학, 제일모직 등에서 국내의 전문 인력을 다수 채용하여 전지 소재 사업을 위한 활동을 하고, 소재 연구 단지를 운영하고 있지만 삼성 소재 개발 시스템의 불안 요소는 소재를 개발하는 사람들이 전지를 잘 모른다는 점이다. 이것은 전지에서 실제로 활용할 수 있는 소재를 개발하기 힘든 시스템으로 되어 있음을 의미한다.

삼성SDI는 휴대용 전자기기에 사용되는 소형 리튬이온 전지의 세계

1위 업체로서 소형 리튬이온 전지의 성공 시나리오를 HEV와 같은 중대형 전지로 연장시키려 하지만, 소형 리튬이온 전지와 중대형 리튬이온 전지는 다른 사업으로 보는 것이 맞다. 그러나 삼성의 장점은 시스템이 잘 갖추어져 있다는 것이므로 중대형 전지에서도 사업 전략만 제대로 정비하면 소형 리튬이온 전지의 영광을 재현할 수 있을 것으로 기대된다. 삼성의 대표적인 시스템이 DR[5]과 품질관리시스템이다. DR은 제품개발 프로세스로 제대로 운영되면 한없이 아름다운 시스템이다. 삼성의 품질관리 부서는 철저하게 독립성을 유지하고 있고, 일반적으로 시장에서 요구하는 품질 수준보다 높게 품질기준이 잡혀 있다. 그래서 휴대폰이나 노트북 업체에서 승인이 난 전지가 내부 품질기준을 통과하지 못하여 출하가 안 되는 경우도 종종 발생한다. 이처럼 제품개발과 품질관리시스템이 잘 갖추어져 있지만 시스템은 시스템일 뿐이다. 누가 운영하느냐에 따라 아름다운 모습이 추악한 몰골로 바뀔 수도 있다. 이를 막기 위해서 삼성은 내부 감사 기능이 강하다. 대규모 조직의 감사팀이 항시 운영 중이다. 삼성의 내부 감사는 시스템의 아름다운 모습을 유지시키기 위한 방안으로 볼 수 있다.

삼성은 가진 자와 못 가진 자의 차이가 큰 극단적인 PI, PS[6] 제도를 운영하는 것으로 유명하다. PI, PS에서 항상 상위 Top 그룹을 차지하는 소수의 삼성맨들이 강하게 조직을 이끌어 휴대용 전자기기용 소형 리튬이온 전지의 1위 자리를 차지하게 된 것이며 이것이 삼성의 힘이라고 할 수 있다. 그러나 이런 식의 경쟁 방법이 이제는 서서히 저물어가고 있다. 창의력이 중요시되는 시대가 오고 있기 때문이다. 전지도 예외가 아니어서 새로

5 DR은 Design Review의 약자이며, 미국 NASA에서 사용하던 개발 과정이다. DR 1: 상품기획, DR 2: 실험실 단계 검증, DR 3: 파일럿 단계 검증, DR 4: 양산 검증으로 이루어져 있다.

6 PI는 profit incentive, PS는 profit share의 약자로 일종의 차등적 성과급 제도를 의미한다.

운 소재나 설계가 가미된 차세대 리튬이온 전지가 등장할 조짐을 보이고 있다.

창의력이란 정의하기가 어려운 말이지만 간단히 표현하면 쟁반에 있는 여러 종류의 구슬을 하나씩 꿰어서 새로운 목걸이를 만드는 작업이라고 할 수 있다. 창의력을 갖기 위해서는 두 가지 조건이 필요하다. 첫째는 르네상스 시대의 레오나르도 다빈치처럼 음악, 미술과 같은 예술 계통을 포함하여 여러 방면에서 박식해야 한다. 둘째는 한가해야 한다. 창의력은 쉬고 있거나 놀고 있을 때 나오는 것이기 때문에 바쁘게 움직이는 사람에게 창의력은 찾아오지 않는다. 아이들은 시냇가에서 송사리와 가재를 잡고 있고, 자기는 풀밭에 누워서 만화를 보면서 한가롭게 졸고 있을 때 갑자기 창의력이 찾아오는 것이다. 역사적으로 볼 때에도 위대한 발명과 디자인은 다 이런 식으로 한가한 여유로움에서 만들어졌다. 삼성이 과연 이 두 가지 조건의 공집합을 충족시킬 수 있는 근무 분위기를 만들 수 있을지가 향후 차세대 리튬이온 전지 경쟁의 관건이 될 것이다.

(3) SK이노베이션

SK의 전지 개발 역사는 삼성과 LG만큼 길다. SK는 비디오테이프 사업을 하고 있던 SKC에서 1990년대에 전지 사업을 시작했다. 비디오테이프의 핵심 기술인 코팅 기술을 바탕으로 사업을 한 SONY와 비슷한 경우라고 할 수 있다. 그러나 삼성, LG와는 달리 내부 시장이 없었기 때문에 대규모 양산 투자를 주저할 수밖에 없었다. 또한, SKC가 LG화학, 삼성SDI와 양산 투자 경쟁을 하면서 리튬이온 전지 사업을 할 정도로 자금 여력이 충분치가 않았다. 1998년 IMF라고 부르는 외환위기가 있었을 때 LG화학과 삼성SDI는 어렵게 확보하고 육성한 인력 유실을 막으려고 많은 노력을 하였다. 그러나 SKC는 일부 전지 인력의 이탈이 생기면서 전력이 약화되었다. LG화학과 삼성SDI의 양산 투자 이후 2000년대 초 SK는 SKC의 전지 사업을 주력 기업 중 하나인 SK에너지로 이전한다. SK에너지는 LG화학과 삼성SDI, 중국 BYD에 이어 세계 11번째 리튬이온 전지 업체가 되려는 활동 대신에 사업 기회를 점검하여 정확한 시기에 정확한 전략으로 시장에 진출할 계획을 세운다. SK에너지는 SKME(SK Mobile Energy)라는 자회사를 설립하고 리튬이온 전지 사업에 대한 파일럿 시험을 한다. 이와 병행하여 HEV용 팩 개발과 HEV용 전지 성능 평가에 개발 역량을 집중한다. 그러나 SKME의 본사는 서울이었고, 공장은 천안에 있고, HEV 팩 개발은 대덕에서 했다. 이렇게 지역적으로 떨어져 있는 상태에서 업무 배분도 명확하지 않았다. SKME의 천안 공장에서는 UPS(uninterruptible power supply, 비상 전원)용 중대형 전지와 틈새시장용 소형 파우치 전지를 생산하였다. 이 전지들이 대덕으로 옮겨져서 성능 시험을 받고 출하되는 방법으로 사업이 진행되었다. 어수선하게 얽혀 있는 이런 구조를 간단하게 통합시킬 필요가 있었다. SKME를 통한 파일럿 시험 결과를 바탕으로 2007년 12월 SK는 전략적인 결정을 한다. SKME에서 틈새시장용으로 생산하는 전지 사업은 중지하고 모든 역량을 HEV 전지 개발에 집중한다는 것이었다. 이 전략에 의거하여 조직을 보강하고 다수의 전지 기술자들을 채용한 후 시장 확보에 들어간다. 이런 사업 기반 구축 활동을 통하여 사업에 대한 자신감이 선 SK는 서산에 공장을 건설하고 국내 전지 업계에서 선발 업체의 하나가 된다.

SK이노베이션의 경우 후발 업체의 장점을 활용할 수 있는 기간이 이제는 거의 소진되어 가고 있다. 지금쯤이면 후발 업체로서 선발 업체를 능가할 수 있는 전략이 나와 주어야 한다. 삼성과 LG는 오랫동안 점진적으로 인력이 늘었다. 그 반면에 SK는 짧은 기간에 많은 인력을 확보하였기 때문에 이에 따른 문제점도 심각하다. 이런 이유로 아직까지는 많은 전지 인력들이 조직화되어서 움직인다는 느낌을 받을 수가 없다.

또한 SKC 때부터 계속 이어져 내려온 전지 설계에 대한 경쟁력을 면밀하게 검토하는 작업도 필요할 것으로 보인다. 새로운 전지 설계가 필요하다면 과감히 지금부터 새로운 리튬이온 전지 개발을 하여도 시기상으로는 늦지 않다. 지금 시점은 HEV 전지 업체가 서서히 교통정리가 되면서 새로운 경쟁 구도가 만들어지기 시작하는 시기이다. 지금 많은 업체가 재고와 가동률 문제로 힘들어하고 있다. 이런 상황을 타파할 수 있는 길은 난립되어 있는 업체가 정리되는 것이다. 미국의 A-123의 매각이 그 신호탄이라고 할 수 있다. 업체가 정리된 후에는 일정 기간 연구개발로 회귀되는 기간이 있게 마련이다. 그러므로 SK의 입장에서는 리튬이온 전지를 새로 설계하고 보강할 시간이 충분하다고 할 수 있다.

무엇보다 먼저 SK가 파우치 전지로 계속 대규모 투자를 하는 것이 옳은 길인지 검토할 필요가 있다. 전지 사업을 할 때 목표 전지를 정하는 것이 가장 중요하다. LG화학과 삼성SDI가 1990년대에 리튬이온 전지 사업을 기획할 때 가장 심각하게 고민했던 것이 목표 전지 선정이었다. 또한, A-123가 범했던 실수를 반복하지 않으려면 성능보다는 원가 목표를 먼저 생각해야 한다. 원가 목표 달성이 가능한 전지를 설계한 후 그다음 단계로 성능 목표에 도달하는 방법을 취해야 양산 경쟁력을 확보할 수 있다.

3) 후발 업체

(1) 리튬이온 전지 조립 업체

국내에서 리튬이온 전지 제조를 가장 먼저 한 업체는 춘천에 있었던 태일정밀이었다. 미국 캘리포니아 주에 있는 Polystor는 군사용으로 리튬이온 전지를 만들어 미국 육군에 판매하는 사업을 하고 있었다. Polystor는 양극 소재로 LCO뿐만 아니라 LNO($LiNiO_2$)도 사용하였다. 군사용이기 때문에 약간의 위험성은 감수할 수 있었던 것이다. 태일정밀은 Polystor로부터 전극을 공급받아 18650 원통형 전지를 조립한 후 화성 공정으로 활성화하여 SOC(State of Charge) 50% 수준으로 다시 Polystor에 공급하는 리튬이온 전지 조립 사업을 하였다. 춘천 공장에는 조립 설비와 화성 설비를 갖추고 있었다. 화성 설비는 미국 장비를 사용하였지만 조립 설비는 태일정밀에서 장비 업체와 공동으로 설계하여 만든 것이었다.

이렇게 리튬이온 전지 조립 사업을 통하여 전지 개발과 제조 경험을 쌓고 있는 상황에서 회사의 경영 상태에 문제가 발생한다. 1997년에 태일정밀 모회사가 법정 관리에 들어가면서 전지 사업을 포기하게 된 것이다. LG와 삼성 간에 태일정밀 인력 확보 경쟁이 붙었다. 행동은 LG가 빨랐다. 태일정밀에서는 패키지로 전 연구원이 같이 움직이는 것을 조건으로 내걸었다. 많지 않은 인력이었기 때문에 LG에서는 동의하였다. LG와 협의 전에 미리 SKC와 계약한 한 명을 제외하고, 사업부장을 포함한 모든 연구원이 LG화학으로 이동되었다. 태일정밀 사업부장은 LG화학 본사에 있는 전지 사업부 기획부장으로 잠시 있다가 청주에 있는 전지 공장 기술팀에서 팀장으로 근무하게 된다. 그 후에는 퇴사하여 LG화학 관련 팩 제조업체에 근무하였다. 대부분의 태일정밀 인력은 LG화학 전지 공장에서 기존 인력과 잘 동화되어 일을 하면서 자기 역할에 충실하였다.

캘리포니아 주의 San Jose는 미국에서 가장 살기 좋은 도시 중 하나이다. San Jose에 있는 Valence Technology사는 1990년대 초에 꿈의 전지라고 하는 LPB 업계의 SONY였다. Valence Technology사는 전지를 만들어 Motorola 휴대폰에서 실장 시험을 하였다. 그러나 Valence Technology사의 운은 여기까지였다. 파워 부족으로 불합격 통보를 받게 된다. 이때부터 Valence Technology사는 몰락의 길을 걷는다. Valence Technology사는 San Jose에서 도박의 도시 Las Vegas 근처의 Henderson이라는 작은 도시로 옮긴다. 가족이 있는 직원은 대부분 퇴사한다. 망해가는 회사에서 불안한 것은 바닥의 끝이 어딘지 모른 채 계속 떨어진다는 점이다.

Valence Technology사의 추락은 Henderson에서 끝나지 않았다. Valence Technology사는 미국을 떠나 아일랜드로 간다. 아일랜드의 빈 철강 공장을 정부로부터 받아 LPB 대신 Bellcore 연구소의 PLI(plastic lithium ion) 전지를 개발한다. Valence Technology사의 상품기획 능력은 그때까지도 건재했다. 그 당시 휴대폰은 18650 원통형 전지 2개를 직렬 연결하여 사용했었다. 그렇기 때문에 팩에 빈 공간(dead space)이 많았다. 빈 공간을 줄이면 PLI로 휴대폰에서 경쟁이 가능할 것이라고 판단하여 휴대폰용 PLI 전지 팩을 설계하였다. 이 시점에 한일시멘트와 Valence Technology사가 연결된다. 양사는 1996년에 한일 밸런스라는 합작법인을 만들어 용인에 공장을 건설한다. 무빙 타깃(moving target)의 속성을 가진 전지 시장은 한일 밸런스를 결정적인 순간에 배반한다. 공장을 건설하는 기간 중에 휴대폰 시장은 5V에서 3V로, 원통형 전지에서 각형 전지로 바뀌고 있었다. PLI 전지는 부피가 크기 때문에 각형 리튬이온 전지와 경쟁이 어려웠다. 한일 밸런스는 시작도 하기 전에 사업 철수 시나리오를 작성해야 하는 운명에 처하고 만다. PLI 전지는 경쟁 전지인 리튬이온 전지에 비하여 부피가 크고, 공정이 복잡하여 제조비용이 비쌌다. 또한, 성능 향상 속도가 리튬이온 전지를 따라가지 못했다. 이런 이유 때문에 사업적인 성공을 거두지 못한 것이다. 국내에서 PLI 전지 사업을 상당히 오랜 기간 해 온 업체가 삼성SDI이다. 삼성SDI는 PLI 공장을 건설하고 PLI 사업을 하다가 2003년에 철수한다. 에너지 밀도가 낮아 경쟁이 어려웠고, 공정이 복잡하여 제조비용이 비쌌기 때문이다.

(2) 기타 업체

⊙ 현대중공업

2007년도에 현대중공업은 전지 사업에 대한 필요성을 느끼고 있었다. 현대중공업은 잠수함을 만든다. 잠수함에는 10,000Ah 용량의 납축전지가 사용되며 전체 팩의 전압은 900V가 넘는다. 전지 1개의 크기는 가로 세로 30cm에 높이 150cm이다. 잠수함용 전지는 3년이나 5년 주기로 교체된다. 이 교체 작업은 잠수함 제조업체인 현대중공업에서 이루어진다. 또한, 현대중공업은 전동지게차 제조업체이다. 전동지게차에도 납축전지를 사용한다. 전동지게차는 무거운 물건을 들어 올리거나 이동시켜야 하므로 어느 정도 무게가 있어야 한다. 납축전지는 무거운 납이 들어가 있으므로 에너지 공급원뿐만 아니라 무게를 유지하는 역할도 훌륭히 해낸다. 현대중공업은 신재생 에너지인 태양광 사업도 크게 하고 있었다. 태양광은 섬이나 외딴 지역에 설치되는 독립형 태양광과 전력회사와 전기를 교환하면서 사용하는 계통 연계형 태양광이 있다. 이 두 가지 태양광에 단주기와 장주기 전지가 사용된다. 단주기는 전기의 질을 유지시키기 위해서 사용되는 전지이고 장주기는 ESS용이다. 또한, 현대중공업은 미래사업으로 직렬형 HEV 사업을 계획하고 있었다. 직렬형 HEV는 전기모터로 구동되는 HEV로, 엔진은 전지를 충전시키는 역할만 한다. 주로 버스에 많이 사용되는 HEV이다. 전지를 이렇게 다양하게 많이 사용했기 때문에 현대중공업 입장에서 전지는 핵심 부품이었다. 핵심 부품은 자체 생산하여 내재화시키는 것이 바람직하다. 이런 이유로 전지 사업을 하려고 했던 것이다. 그러나 2008년 전지 사업의 속성과 본질을 검토한 현대중공업은 전지 사업이 현대중공업의 문화와 맞지 않는다는 것을 인식하고 협력 업체를 구하기로 한다. 그때 새로운 전략을 수립한 후 중대형 전지 사업 추진을 선언한 SK가 협력 대상으로 떠올라 현대중공업은 SK와 협의를 진행하게 되었다. SK는 셀, 현대는 팩의 업무 배분을 염두에 두고 현대중공업은 협의를 하였지만 업무 배분에서 합의가 힘들었다. SK에너지는 SKME를 통한 전지 개발뿐만 아니라 BMS(Battery Management System, 배터리 관리 시스템) 개발도 많이 했기 때문에 BMS를 SK의 핵심역량 중 하나로 생각하고 있었다. 핵심역량인 BMS를 현대중공업의 업무로 하는 것은 어려웠던 것이다. 결국 양사는 협상이 결렬되어 각자의 길을 가기로 한다.

현대중공업은 2012년 캐나다의 자동차 업체인 Magna와 협력관계를 구축한다. 캐나다 Magna는 한국의 KoKam으로부터 파우치 전지 기술을 이전받아 파우치 전지 사업을 하고 있었다. 파우치 전지 전문 메이커인 KoKam은 틈새시장용으로 대용량 파우치 전지 사업을 하다가 2009년에 미국의 다국적 기업인 Dow Chemical에 파우치 전지 제조 기술을 제공하면서 Dow-KoKam이라는 전지 회사를 설립한다. 또한, 양극소재 업체인 대정이엠(現 GS이엠)과 공동으로 개발한 NCM 코팅 기술을 대정이엠을 통하여 Dow Chemical로 기술이전한다. 대정이엠의 NCM 코팅 기술은 Nobilta라는 기계적 합금법 설비를 이용하여 NCM 표면에 LFP($LiFePO_4$: lithium iron phosphate, 리튬인산철)와 카본 블랙을 코팅하는 것이다. 특징은 이때 산화티타늄(TiO_2)이 볼밀의 볼 역할을 한다는 점이다. 캐나다 Magna와 협력관계를 구축한 현대중공업이나 Dow Chemical과 협력관계를 구축한 Kokam은 아직까지 중대형 리튬이온 전지 분야에서 눈에 보이는 실적을 내지는 못하고 있다.

⊙ 한화케미칼

한화케미칼은 양극소재인 LFP를 자체 개발하여 울산에 실증 공장을 건설하면서 양극소재 사업을 시작하였다. 양극소재 사업에 이어서 중대형 리튬이온 전지 사업을 하기로 하고 대덕 연구소에 파우치 전지 파일럿 플랜트를 건설하였다. 기존의 건물을 철거하고 새로 연구동과 파일럿 플랜트를 건설하는 대규모 공사로 250억 원 이상이 투자되었다. 파일럿 플랜트 건설과 함께 다수의 전지 개발 인력을 확보했다. 새로 건설된 파일럿 플랜트 옥상에는 한화케미칼의 미래 수종 사업인 태양광 사업부에서 만든 태양광을 전지와 같이 설치하여 PV+ESS를 구축하였다. 1년간의 건설 기간을 거쳐 2011년 11월에 전지 파일럿 플랜트 준공식을 하게 된다. 파일럿 플랜트가 가동되고 시장을 확보하면서 활발하게 전지 개발 활동을 하던 중에 한화의 경영진들은 삼성SDI의 전지 공장을 견학하게 된다. 삼성SDI의 방대한 전지 공장과 개발 인프라를 견학한 경영진들은 사업의 규모나 성격이 한화가 감당할 수 있는 것이 아니라는 결론을 내리고 2012년 전지 사업에 대하여 부정적인 시각으로 바뀐다. 2012년 1년간 전지 사업에 대한 다각적인 분석 끝에 한화케미칼은 2012년 11월 파일럿 플랜트 준공식 1년 만에 전지 개발을 중지시키면서 전지 사업 추진을 포기한다. 전지 파일럿 플랜트는 LFP 양극소재 판매 활성화를 위한 실험 장비가 되고, 전지 개발 인력은 LFP 소재의 기술 영업으로 업무가 전환된다. 한화의 경영진들은 전지를 구매하여 ESS box를 만드는 미국의 벤처인 Silent Power를 인수합병하여 전지 제조 대신에 전지 구매로 방향 전환한다. 그러나 태양광 사업부에서 사업성 때문에 PV+ESS 사업에 대하여 소극적인 태도를 보이면서 Silent Power는 한없이 표류하게 된다.

1990년대 국내에서 전지 사업 붐이 일어났을 때 일본 전지 업체의 조언은 한결같았다. 2, 3년 정도 팩 사업을 하면서 전지 사업이 기업 문화와 맞는지를 점검하고, 전지 사업 문화를 구축한 다음에 본격적인 투자 결정을 하라는 것이었다. 팩 사업을 추천한 것은 가장 적은 투자비로 전지 사업을 경험할 수 있는 사업이었기 때문이다. 이 조언을 받아들인 업체는 LG화학뿐이었다. LG화학은 팩 사업을 하면서 영업과 품질관리 역량이 부족하다는 것을 인식하고 여기에 투자를 많이 했다. 그 반면에 한화는 전지 사업의 문화를 이해하는 단계 없이 전지 사업 추진 결정을 너무 성급하게 내렸던 것 같다. 그러나 철수에 대한 신속한 결정은 바람직한 조치로 평가할 수 있다. 한화의 경영진이 전지 사업 포기를 결정한 이유 중 하나로 한화의 조직 문화를 들 수 있다.

한화는 자유롭고 민주적인 조직 문화를 가지고 있다. 삼성, LG와 한화 간의 회사 문화 차이는 군대와 시민 문화의 차이만큼 크다. 조직의 장이 지시한 것이 말단 사원에게 전파되어 시행되는 속도 측면에서도 그 정도 차이가 난다. 전지 사업은 관리 포인트가 많기 때문에 군대처럼 일사분란하게 움직여야만 한다. 한화의 경영진들은 이러한 전지 사업의 속성을 파악하고 한화의 문화와는 맞지 않는다는 결론을 내린 것으로 보인다.

한화에서 가장 중요시하는 것이 "신용과 의리"이다. 이것을 한화 정신이라고 부른다. 그만큼 인간미를 중요시한다는 의미이다. 인간미를 중요하게 생각하다 보니까 사업부장 교체와 같은 중대 결정이 1~2년 정도 지연되는 경우가 많다. 신사업에서 1~2년이란 기간은 성공할 수 있는 사업을 실패하게 할 정도로 긴 기간이다. 또한, 인간미를 중요시하는 조직 문화는 실패에 대하여 끝까지 추궁하지 않는 문화라고도 할 수 있다. 기업체에서 실패에 대하여 철저히 원인 분석을 하여 책임 소재를 밝히는 것은 잘못한 사람으로부터 손해배상을 받기 위한 것이 아니다. 누가 무엇을 잘못했는지 정확히 밝혀야 똑같은 잘못을 되풀이하지 않을 수 있다.

10
:
전지 개발 기반 구축

중소기업 고유 업종으로 오랫동안 묶여 있어서 전지에 대한 기초가 없었던 한국은 실력 있는 외국 업체의 도움이 절실히 필요했다. 아무리 많은 자원을 전지 개발에 투입한다고 하여도 자체 기술로 전지 사업을 한다는 것은 어려웠기 때문이다. 전지 사업에 관심이 많았던 LG와 삼성은 눈을 해외로 돌릴 수밖에 없었다. LG는 영국으로 삼성은 미국으로 눈을 돌린다.

1) LG의 개발 활동

(1) LG와 AEA

⦿ LPB 공동개발 업체

LG는 21세기 비전 수립을 위하여 미국의 컨설팅 업체인 McKinsey로부터 컨설팅을 받는다. McKinsey는 21세기를 2차 산업인 제조업보다는 3차 산업이 주도하는 시대로 보았다. 그러나 제조업 위주의 사업을 하는 LG가 3차 산업의 의미를 파악하기까지는 상당한 시일이 걸렸다. McKinsey가 해놓은 일 중에서 눈에 띄는 것은 보고서 작성법이다. McKinsey 포맷이라고 불리는 보고서 장표의 구조는 아직까지 LG의 전통으로 내려오고 있다. McKinsey 컨설팅 덕분에 LG는 국내에서 보고서를 가장 잘 작성하는 업체 중 하나가 되었다. 잘 작성된 보고서는 사고의 정리 방법을 학습시킨다. 이런 것이 축적되면 구성원들이 전략적인 사고를 할 수 있게 되므로 보고서 작성법은 중요하다. 또한, 통일된 보고서 양식은 조직의 일체감 형성에 효과적이라는 것을 LG를 통하여 잘 알 수 있다.

1990년대 초 LG는 영국의 국책연구소인 AEA와 공동연구 과제를 선정하는 우산 계약(umbrella contract)을 하고 영어에 능통한 사장급 임원을 영국에 6개월간 파견한다. 한편 AEA는 LG와의 과제 선정을 효율적으로 하기 위해서 서울에 AEA Korea[1]를 설립하여 대응한다. AEA는 원자력 관련 연구소로서 옥스퍼드대학 근처 Harwell에 위치하고 있다. Harwell은 제2차 세계 대전 때 연합국 사령부와 공군 기지가 있었던 지역이다. 전쟁이 끝난 후 연합군의 사무실은 연구소 행정실과 연구실이 되었고, 비행기 격납고는 실험실이 되었다. 여기서 원자력 연구가 진행된 것이다. AEA는 우리나라 원자로 입찰 건으로 미국의 Westinghouse와 경쟁하였던 업체이기도 하다. AEA는 원자로 외에 차세대 전지 연구도 활발해서 유럽에서는 전지 연구로 명성이 있었다. 1980년대 유럽연합 과제인 Anglo-Danish project를 수행하여 LPB의 기초를 잡은 업체이기도 하다.

LG에서는 AEA의 LPB를 공동연구 과제로 선정한다. 고체 전지인 LPB는 성공만 하면 경쟁 구도를 바꿀 수 있는 꿈의 전지였기 때문이다.

---

1 스코틀랜드 출신의 Mr. Ian Catterson이 지사장을 맡았다.

그러나 문제는 50℃ 이상의 고온에서만 작동이 가능하므로 휴대용 전자 기기에는 사용할 수 없다는 점이었다. LG와 AEA는 상온에서 작동 가능한 노트북용 LPB 개발을 목표로 정한다. 공동개발이라고 하지만 실제로는 LG가 개발비를 지불하고 기술을 흡수하는 고액과외 형태였다. LG에서는 노트북 사업을 하고 있는 LG전자가 참여하기를 원했으나 LG전자는 TFT-LCD[2] 사업으로 여력이 없었다. LG전자는 그때부터 삼성전자와 여러 사업에서 경쟁 관계에 들어섰기 때문에 새로운 사업인 전지에 신경을 쓸 수가 없었다. LG전자는 반도체, TFT-LCD, 휴대폰 등에서 1990년대 내내 삼성과 치열한 경쟁을 벌이게 된다.

그다음 선호 순위는 LG의 주력 기업인 LG화학이었다. 그러나 LG화학은 성공 가능성에 대하여 회의적이었다. 또한, LG화학도 그 당시에 변신 중이었다. 1990년대부터 기술원에서 핵심축을 이루고 있던 고분자 연구소가 문을 닫고 그 자리를 정보전자소재연구소가 들어가면서 고분자 위주의 업체에서 큰 성장이 예상되는 정보전자소재를 개발하는 업체로 대변신을 계획하고 있었다. 그런 측면에서 전지 사업은 정보전자소재연구소와 딱 들어맞는 사업이었지만 LPB의 기술적인 문제가 단기간에 해결될 수 있는 과제가 아니라고 판단한 것이다. 전지 개발은 원하지만 LPB는 후보군이 아니라는 것이 LG화학의 입장이었다.

그다음 순위는 동 제련 업체인 LG금속이었다. LG금속은 장항과 온산의 동 제련소를 LG가 인수하여 만든 동 제련 업체이다. 동 제련 사업의 최종 제품은 전기동이다. 전기동은 전선의 재료로 쓰인다. 전선은 불순물이 많으면 전기 전도도가 나쁘고 가공 중에 잘 끊어지므로 고가의 전기동

2 Thin Film Transistor Liquid Crystal Display의 약자로 화면의 픽셀이 트랜지스터로 되어 있으며, 트랜지스터가 on-off 되면서 화면을 만드는 평면 TV이다.

을 사용한다. 전기동을 만들 때 마지막 공정이 전해 정련 공정이므로 전기화학에 강점을 가지고 있었다. 전해 정련 공정에서 동보다 더 귀한 금과 같은 귀금속이 전해조 바닥에 쌓이게 된다. 이것을 가져다가 처리하여 귀금속을 만든다. 전기동뿐만 아니라 금과 같은 귀금속도 만들기 때문에 매출액은 컸지만 수익률이 좋지 않았다. LME[3] 시세에 따라 흑자와 적자를 반복하였다. LG금속은 동 제련 사업의 의존도를 줄여서 안정된 수익을 확보할 목적으로 용인에 있는 연구소에서 사업 다각화를 위한 연구를 많이 하고 있었다. 희토류 금속 제련, TV용 형광체 개발, 반도체 세라믹 패키지인 MLP,[4] 3세대 자석인 Nd-Fe-B 자석 개발이 그 예이다. LG금속 입장에서는 사업 구조를 변경시킬 기회인 전지 사업은 구미가 당기는 사업이었다. 사업 다각화에 적극적이었던 LG금속은 성공 가능성이 높지 않다는 것을 인식하였지만 AEA의 LPB 과제를 수행하기로 결정한다.

⦿ LG금속의 LPB 공동연구

LG금속과 AEA 간의 LPB 국제공동연구는 1994년 2월 한 달 동안 영국 현지에서 LG 인력 3명[5]에 대한 기술 교육을 시작으로 3년간의 공동연구가 시작되었다. 전지 교육을 받은 LG 인력들은 돌아와서 연구 설비 구축을 한다. 분기에 한 번씩 기술 미팅을 통하여 기술이전이 진행되었다. 그러나 리튬 금속을 사용한 LPB의 기술적 한계 때문에 상업화까지 연결되지 못하고 3년간의 과제는 종료된다. 사업화까지 연결되지는 못했지만 AEA 과제는 구본무 회장(당시 부회장)이 직접 주도하면서 LG 전지 사업

---

3 London Metal Exchange의 약자로 금속의 가격을 결정하는 시스템이다.

4 Multi Layer Package의 약자로 집적도가 높은 특수 목적의 칩에 사용되는 세라믹 반도체 패키지이다.

5 LG 교육 인력: 선우 준, 정재식, 이동일.

의 중요한 기초가 되었다. 또한, 국내 최초의 대규모 국제공동연구 과제로 기록되기도 하였다. 개발 1년 차인 1994년 말에 LPB 선발 업체인 미국의 Valence Technology사가 휴대폰 업체인 Motorola와의 공동연구에 실패했다는 소식이 들려온다. Valence Technology사의 실패는 리튬 금속을 음극으로 하는 폴리머 전지는 상당히 오랫동안 사업하기가 어렵다는 메시지를 전지 업계에 안겨준다. 또한, SONY의 리튬이온 전지가 미래 주력 전지로 부상할 가능성이 높다는 이야기이기도 하다. 이것은 LPB 업계에게는 충격이었다. 그 당시의 LPB 열기는 리튬이온 전지와 경쟁 가능할 정도로 뜨거웠다.

LPB 과제는 매년 말에 진행 여부를 결정하게 되어 있었다. 대규모 개발비[6] 지급에 대한 LG의 안전장치였던 것이다. 1년간의 LPB 개발을 마친 LG금속은 LPB의 사업 가능성에 대하여 회의적인 견해를 보인다. AEA는 이에 대한 대응책으로 LPB 개발과 동시에 전지 사업 기반 구축을 위한 소규모 사업을 제안한다. AEA는 당시 양극소재 특허로 관계가 좋았던 SONY를 통한 팩 사업을 LG에 제안한다. SONY의 리튬이온 전지를 공급받아 팩을 만들어 LG정보통신(現 LG전자)에 공급하는 사업이었다. 1994년 12월 LG는 AEA의 주선으로 SONY에서 3자 간 회의를 한다. SONY는 두 가지 이유로 거절한다. 첫째는 리튬이온 전지 기술이 완성된 기술이 아니므로 리튬이온 전지에 대한 이해가 부족한 업체가 팩 제작 시 발화, 폭발 사고가 일어날 수 있다는 것이다. 둘째는 LG의 내부 시장이 위험을 감수하면서 하기에는 작다는 것이었다. 팩 사업에 대한 제안을 거절한 지 1개월이 되는 시점에 SONY는 리튬이온 전지를 고체화한 LiPB 3자

6 개발비가 120만 파운드였으며, 당시에는 최초의 대형 국제공동연구였기 때문에 정부와 산업은행의 승인을 받는 데 진통을 겪기도 하였다.

공동연구를 제안한다. LG와 AEA 입장에서는 뜻밖의 제안이었다. SONY는 당시 일본의 모든 전지 업체가 참여한 전지 개발 국책 과제인 New Sunshine project에 참여하지 못해서 불안한 상태였기 때문에 이런 제안을 한 것이었다. 세 업체 간의 협상은 순조롭게 진행되어서 마침내 SONY는 경영진에 보고하여 과제 승인을 받으려고 하였다. 그러나 SONY 경영진의 심한 반대에 부딪힌다. 다른 회사와 협업을 하지 않는다는 SONY의 철학 때문에 SONY의 경영진은 3자 공동연구를 반대한 것이다.

⦿ LG금속과 AEA의 협상

AEA[7]는 SONY를 제외하고 LG금속과의 LiPB 공동연구를 제안한다. LPB에서 LiPB로 방향을 전환하자는 것이었다. AEA와 LG금속의 협상은 진전 없이 1년 이상 계속된다. 1993년 LG금속과 AEA가 LPB 계약 협상을 할 때 개발 내용에는 LPB와 LiPB가 다 포함되어 있었다. LG금속은 개발비를 반으로 줄이면서 LiPB를 제외해 버린다. 그래서 AEA는 휴대용 전자기기용 상온 LPB는 LG금속과 계약을 했고, 자동차용 고온 LiPB는 독일의 Varta와 계약을 했었다. AEA에서는 LPB에서 LiPB로 전환하면서 추가로 개발비를 요구했고, LG금속은 LPB에서 기술적 난이도가 더 낮은 LiPB로 전환하면서 추가 개발비를 요구하는 것은 이치에 맞지 않는다고 추가 개발비 지급에 반대하였다. 또한, AEA의 LiPB 성능 수준도 문제가 되었다. AEA는 Varta와 공동연구하면서 축적된 고온 LiPB 기술을 활용하여 LG금속과 상온 LiPB 개발을 하려고 하였으나 성능이 기대에 못 미쳤던 것이다. 폴리머 전해질로 리튬이온 전지를 고체

7 AEA의 LPB 개발팀은 Dr. Rob Neat가 팀장으로 팀을 이끌어 갔고, AEA 전체의 수장은 Dr. Wright였다.

화시켜 LiPB를 만들면 거의 모든 성능이 떨어진다. 특히 저온 성능과 수명 성능이 나빠진다. LiPB가 아직까지 사업화되지 못한 이유가 바로 여기에 있다. LG금속은 AEA와 개발 과제 전환 협의가 진전이 없이 오래 끌게 되자 전지 사업팀을 신설하여 기존 전지에 대한 사업 기반 구축에 나선다. 이렇게 하면서 AEA와 LPB 공동연구 과제는 한없이 표류하게 된다. LG금속은 AEA와 LPB 공동연구를 하면서 용인에 있는 LG금속연구소 파일럿동에 드라이룸을 설치하고 소형 코터기를 설치하여 AEA의 연구결과에 대한 재현성 실험을 하고 있었다. 또한, AEA는 LG금속에서 받은 개발비로 AEA Harwell 연구소에 파일럿 플랜트를 설치하고 영국 Dowty 출신의 전지 기술자를 채용하여 LG금속과의 공동연구의 일환으로 LPB 공정 개발을 하고 있었다. LPB의 근본적인 개선을 위해서는 폴리머 전해질 개발이 필요했다. 그러나 LG금속과 AEA는 폴리머 전문 업체가 아니었으므로 폴리머 전문 업체인 LG화학이 폴리머 전해질 개발을 담당하였다. 이로 인하여 LG화학은 LG금속과 AEA 간의 공동개발에 간접적으로 참여할 수 있게 되었다.

⦿ LG화학의 LPB 과제

LPB의 폴리머 전해질 개발을 통하여 전지 사업에 대한 기초 지식이 습득되자 LG화학은 정보전자소재 핵심 사업으로 전지를 선정한다. LG화학이 투자 능력이 있고 전지 사업에 대한 충분한 지식을 습득한 상태였기 때문에 LG는 1996년 4월 전지를 LG금속에서 주력 기업인 LG화학으로 이전하여 본격적인 사업 준비를 한다. 이것을 계기로 전지는 LG의 미래 주력 사업으로 자리를 잡게 된다. LG금속에서 LG화학으로 전지 사업을 이전한 것은 몇 번의 기회가 있었음에도 불구하고 LG금속 경영진들이 전지 사업과 차세대 전지 개발에 대하여 명확한 전략을 제시하지 못했던 것도 원인이 되었다.

LG금속의 개발 인력과 장비가 얼마 안 됐기 때문에 전지 개발과 사업의 이전은 별문제가 없었다. 문제는 AEA와의 관계였다. AEA와 LG금속과의 관계는 LPB에 대한 개발 부진과 LiPB 전환에 따른 의견 충돌로 인하여 악화되어 있었다. LG금속과 AEA의 공동연구 계약에서 기술제시(demonstration)라는 용어 해석이 문제가 되었다. 계약서에는 노트북에 LPB 팩을 장착하여 demonstration 하는 것이 개발 목표였다. AEA에서는 팩을 만들어 노트북에 장착하여 작동되면 demonstration이 된 것으로 해석하였고, LG금속에서는 AEA에서 개발한 기술로 공장을 건설하여 경쟁력 있는 전지가 생산되어야 demonstration이 성공한 것으로 생각하였다. 두 업체 간의 demonstration이라는 단어에 대한 해석 차이가 이렇게 컸었다. LG금속으로부터 전지 사업을 인계받은 LG화학으로서는 AEA 과제 처리가 문제였다. LG화학은 LPB에 대해서는 처음부터 관심이 없었고, LiPB에 대한 가능성도 낮게 보았다. 1996년 당시 LG화학의 관심은 리튬이온 전지 사업에 있었다. LG화학은 AEA와 LPB에서 LiPB로 전환하는 것에 대한 추가 투자 없이 LiPB 기술로 정리하여 과제를 마무리하는 것으로 합의한다. 이렇게 해서 LG와 AEA 간 3년간의 LPB 공동연구는 LiPB로 마무리하면서 완료되었다. 공동연구에 대한 결과물이 없는 상태에서 끝났고, 그 이후 LG와 AEA 간의 관계도 애매해졌다.

LG금속의 개발 인력이 얼마 되지는 않았지만 미래 주력 과제를 수행할 업체를 변경하는 일은 간단한 일이 아니었다. LG의 구본무 회장은 LG금속과 LG화학 사장에게 전지 사업을 이전하는 과정에서 인력의 유출이 있으면 책임을 묻겠다고 경고한다. 일부 인력은 LG화학으로 이전하는 것에 대하여 거세게 저항도 했지만 양사 사장의 설득으로 전원이 1996년 4월에 LG화학으로 옮기게 된다. 그 이후 한 명이 LG화학을 퇴사하여 영국으로 박사학위를 받으러 유학을 간다.

AEA와 공동연구를 통하여 전지 사업에 대한 시각을 넓힌 LG는 사업에 연결될 수 있는 연구개발을 위해서는 전지 사업 구축이 선행되어야 한다는 것을 실감한다. LG는 전지의 큰 축이 유럽이나 미국에서 이미 일본으로 바뀌었다는 것을 인식하고 일본으로 방향을 선회한다.

⦿ AEA의 양극소재 특허

AEA의 LCO($LiCoO_2$) 양극소재 특허에 대하여 LG는 1998년 120만 파운드의 특허료를 AEA에 지급하였다. 1993년 LG금속이 AEA의 LPB 공동개발 업체로 선정된 이후에 LG금속은 AEA에서 제시한 개발비를 줄이는 작업에 들어간다. AEA는 LPB와 LiPB를 모두 개발하는 것으로 계약서를 작성하여 제안하였다. LG금속은 LiPB를 개발 목표에서 제외하면서 반으로 개발비를 줄인다. LPB와 LiPB 중 LPB를 선정한 것은 당시 이름을 날리던 미국의 Valence Technology사의 영향이 컸다. 공동개발 계약을 할 때 중요한 협의 중 하나가 특허 건이다. 과제 개발에 필요한 AEA의 특허를 BIP(Background Intellectual Property)라고 한다. BIP에 대해서는 LG가 나중에 특허료 없이 사용 가능하다. 개발 기간 중에 만들어지는 특허는 AIP(Arising Intellectual Property)라고 한다. AIP는 일반적으로 공동 소유가 된다. BIP에 LCO 양극소재 특허가 있었다. LiPB를 목표 전지에서 제외한 후에도 LCO 특허는 BIP에 넣어 두고 있었다. 왜냐하면 나중에 리튬이온 전지 사업을 할 경우 필요하기 때문이었다. 그러나 LG금속 경영진은 개발비를 더 줄이려고 하였다. LCO 특허를 BIP에서 제외하면서 공동개발 계약 비용을 줄이자는 LG금속의 제안에 AEA는 반대 의견을 낸다. LG가 나중에 리튬이온 전지 사업을 하게 되면 파트너인 LG에 특허료를 요구하기가 곤란하므로 BIP에 포함시키자는 것이었다. LG금속은 나중에 LCO 특허가 필요하면 AEA에 특허료를 지불할 것이니 BIP에서 빼자고 주장하여 개발비에서 10만 파운드를 줄이면서 BIP에서 리튬이온 전지 양극소재 특허를 제외시킨다.

5년 후인 1998년 LG화학과 AEA 간의 특허 협의 시 파일럿 단계에 있는 LG화학에 특허료를 요구하는 것은 무리라는 논리로 특허료 요구에 반박하자 AEA는 1993년 LG금속에서 한 말을 상기시킨다. 1998년도는 IMF 외환위기 시기였기 때문에 국내 은행에 외화가 바닥이 나 있는 상태였다. 120만 파운드의 영국 파운드를 국내에서 구할 수가 없었다. LG화학은 국내에서 영국 파운드를 구할 수 없다는 것을 AEA에 알리자, AEA는 AEA Korea에 한화로 지불할 것으로 요구하였다. 당시는 1파운드에 1,200원 수준에서 3,000원까지 파운드 가치가 올라가 있었을 때였다. 결국 LG화학은 환율이 가장 불리할 때 AEA에 특허료를 지불한다. 1993년 LG금속이 공동연구 계약 협의를 할 때 조금만 장기적인 시야를 가졌었다면 LCO 특허 건은 쉽게 넘어갔을 것이다.

(2) LG와 Toshiba Battery

신사업에서 사업 경험 인력을 확보하는 이유는 사업에 대한 경험을 한 사람은 일의 순서를 알기 때문에 시행착오를 줄일 수 있기 때문이다. 1990년대에 국내에는 사업 경험을 전수해 줄 수 있는 업체가 없었다. 경험의 원천은 일본이었다. LG금속은 영국 AEA와 LPB 공동연구와는 별도로 일본 전지 업체로부터 전지 사업 경험 전수가 필요하다고 생각했다. LG금속은 AEA와 LPB 공동연구를 하는 연구소의 개발팀과는 별도로 본사 소속의 전지 사업팀을 만들어 기존 전지에 대한 사업 기반 구축 작업을 하였다.

⦿ 미쓰이물산의 역할

동 제련 업체인 LG금속은 화성 사업의 원료 구매 건으로 일본의 미쓰이물산과 밀접한 관계를 갖고 있었다. 1995년 LG금속은 미쓰이물산에 일본 전지 업체와의 연결을 의뢰한다. 미쓰이물산은 Toshiba Battery를 연결시켜 준다. Toshiba Battery는 니켈수소 전지 전문 업체이다. 기존 전지인 니카드 전지를 거치지 않고 직접 니켈수소 전지 사업을 하였기 때문에 일본에서는 전통파로 인정을 받지 못하고, 일종의 전지 벤처 취급을 당했다. 이런 상황을 타파하기 위해서 Toshiba Battery는 독일의 Varta, 미국의 Duracell과 연합을 하게 된다. 이 연합을 주선한 업체가 미쓰이물산이며, 이 연합을 3C 연합(C: Companies)이라 불렀다. 이런 인연으로 미쓰이물산과 Toshiba Battery는 가까운 사이가 되었다. Toshiba Battery는 리튬이온 전지도 개발하고 있었으며, 화학 회사인 Asahi Kasai와 ATB(Asahi Toshiba Battery)라는 리튬이온 전지 합작법인을 운용하고 있었다. Toshiba Battery의 상무가 ATB의 사장이었으므로 실질적인 운영을 Toshiba Battery가 하는 것이나 마찬가지였다.

LG금속은 리튬이온 전지 기술이전을 요구한다. Toshiba Battery는 리튬이온 전지는 기술이전을 할 수 있을 정도로 완성된 전지가 아니고, 리튬이온 전지와 같이 일본에서 기술 보안을 하고 있는 전지의 기술이전은 다른 전지 업체와 협의가 필요한 사항이므로 어렵다는 의견과 아울러 전지 사업을 하기 전에 2, 3년 정도 전지 팩 사업을 하면서 전지 사업 문화를 습득하는 것이 필요하다는 조언을 한다. Toshiba Battery의 조언에 따라 LG금속과 Toshiba Battery, 미쓰이물산은 니켈수소 전지 조립 기술[8]과 리튬이온 전지 팩 기술[9] 이전에 대한 협의를 진행한다. 니켈수소 전지의 경우는 기술의 핵심이 전극 제조에 있으므로 전극을 가져다가 캔에 넣어 조립하는 전지 조립 사업은 리튬이온 전지의 팩 사업과 성격이 유사하다고 할 수 있다. Toshiba Battery 입장에서는 전지에 대한 기술이 노출되지 않

---

8 전극을 가져다가 캔에 넣고 전해액을 주입하여 밀봉하는 기술.

9 전지와 보호회로(PCM: Protection Circuit Module)를 플라스틱 케이스에 넣고 밀봉하는 기술.

을 수 있고, LG 입장에서는 전지에 대한 많은 지식 없이 전지 사업을 경험할 수 있는 사업이므로 쌍방 간 만족스러운 협력 방안이었다. 단 기술의 내용에 비하여 기술료가 상당히 비쌌다.

⊙ 니켈수소 전지 조립 사업

협의가 진행되는 도중 LG는 전지 사업을 LG금속에서 주력 회사인 LG화학으로 이전한다는 결정을 내리고 1996년 4월에 전지 사업을 이전한다. 본격적인 전지 사업을 위해서는 투자 능력이 있는 회사가 사업을 맡을 필요가 있었기 때문이다. 연구소의 LPB 개발팀은 대덕에 있는 LG화학 기술원으로 이동하고, 전지 사업팀은 서울 본사로 이동하여 전지 사업 추진 업무를 하였다. LG금속에서 LG화학으로 이전된 것은 AEA의 LPB 공동연구 과제, Toshiba Battery의 각형 니켈수소 전지 조립 사업과 리튬이온 전지 팩 사업에 대한 것이었다. AEA와 LPB 공동연구는 추가 비용 없이 계약서대로 1996년 12월까지 개발을 진행하여 완료하는 것으로 AEA와 합의를 본다.

Toshiba Battery와 협의 건은 사업에 관한 것이었기 때문에 신중하게 재검토할 필요가 있었다. 그러나 1996년 당시 LG화학에는 전지 사업에 대한 타당성을 검토할 수 있는 전문 인력이 없었다. LG화학은 LG금속에서 Toshiba Battery와 협의한 내용을 그대로 받아들여서 Toshiba Battery와 계약하기로 한다. 당시 휴대폰의 작동 전압은 5V였기 때문에 1.2V 니켈수소 전지가 5개 직렬 연결된 팩이 사용되었다. 당시 니켈수소 전지 시장은 껌 전지라는 소형의 각형 전지가 유행하고 있었다. 모양은 껌 통과 비슷했고 전극은 껌 모양의 납작한 형태였다. Motorola도 니켈수소 껌 전지를 사용하였다. 당시 휴대폰 선두 업체 중 하나였던 Motorola는 Toshiba Battery와 공동연구를 통하여 Motorola 폰 사이즈에 맞는 특수 사이즈의 껌 전지를 개발하여 Toshiba Battery로부터 공급받고 있었다. Toshiba

Battery가 니켈수소 전지 발명자였으므로 Motorola가 Toshiba Battery를 선택한 것은 당연한 일이었다. LG화학 입장에서는 특수 사이즈의 전지이기 때문에 범용성이 부족해 Motorola 외에는 판매할 수 없다는 것에 대한 잠재적인 문제점을 인식했어야 했으나 전지 사업 경험이 없다 보니까 그런 점까지는 고려하지 못하고 Toshiba Battery와 계약을 하게 된다. Toshiba Battery는 Motorola에 공급하고 있는 껌 전지의 전지 조립 설비를 LG화학에 이전하였다. LG화학 청주 공장의 비어 있는 건물에 Toshiba Battery로부터 공급받은 조립 설비가 설치되었다. 전극은 Toshiba Battery에서 공급하였다.

LG화학과 같은 화학 회사는 영업보다는 제조에 초점을 맞춘다. 기술 위주의 사업을 하는 것이다. LG화학은 니켈수소 전지 조립 공장의 수율 향상에 주력하여 거의 완벽하게 생산이 이루어졌다. 1996년 말부터 월 100만 셀 규모로 니켈수소 전지가 생산되어 창고에 쌓였다. 그러다가 1997년이 되면서 시장에 이상 징후가 나타나기 시작하였다. LG화학에서 조립하고 있는 껌 전지가 사용되는 휴대폰을 Motorola가 단종시킨 것이다. LG화학은 Motorola 외에도 제품만 좋으면 쉽게 판매처를 찾을 수 있을 것으로 생각했다. 재고는 계속 쌓여 갔다. 재고가 쌓여가면서 사태의 심각성을 인식했어야 했지만 LG화학은 성능과 품질이 좋으면 시장은 생길 것이라는 화학 회사 문화에 젖은 생각을 하고 있었다.

1997년 5월 재고가 500만 셀이 되자 경영진은 심각성을 인식하고 제조 라인을 중지시킨다. LG화학의 니켈수소 전지 조립 설비는 그때 꺼진 이후에 다시는 가동되지 못했다. 공장 가동을 중지하고 영업이 중심이 되어 Motorola 외의 판로를 찾아보는 작업을 하기 시작했다. 그러나 당시 LG화학의 영업력으로는 전지와 같은 물건의 판로 개척이 어려웠다. LG화학은 미쓰이물산에 도움을 요청한다. 미쓰이물산은 중국의 니켈수소 전지 업체인 Peacebay[10]에 니켈수소 전지 조립 설비를 매각한다. 그런데 매각 조건이 매우 불리했다. Peacebay에서 전지를 만들어 전지가 판매되는 대로 순차적으로 설비가를 LG화학에 주는 방식이었다. LG화학은 리튬이온 전지 공장 건설이라는 중대한 목표가 있었으므로 니켈수소 전지 조립 설비를 빨리 처분할 필요가 있었다. 불리한 매각 조건이었지만 LG화학은 Peacebay에 매각하기로 결정하고 장비를 처분한다. LG화학이 각형 니켈수소 전지 조립 공장을 가동하고 있을 때 미국의 Ovonics사에서 와서 전극에 대한 특허료를 요구하였다. 화학 회사인 LG화학으로서는 사소한 것에 대한 특허료 요구 자체가 생소한 것이었다. 전극을 제조하는 것도 아니고 Toshiba Battery로부터 구매하여 사용하는 데 특허료를 지급해야 하는지에 대하여도 혼란스러웠다. 그러나 Ovonics사의 끈질긴 특허료 요구에 결국은 특허료를 지급하게 된다.

LG화학은 니켈수소 전지 조립 사업을 통하여 전지 사업에 대한 중요한 교훈을 얻는다. 전지 사업은 전자 군에 속하는 사업이므로 제조보다는 판매가 중요하다는 사실이었다. 빠른 시장의 흐름을 읽지 못하면 니켈수소 전지 조립 사업 같은 사태가 계속 반복될 수 있다는 것을 비싼 수업료를 내고 터득한 것이다. 마케팅과 상품기획의 중요성을 인식한 LG화학은 해외 지사와 LG상사로부터 경험 많은 인력을 전지 사업부에 배치한다. 화학 회사 영업 방식으로는 판매 경쟁에서 살아남을 수 없다는 것을 인식한 것이다. 전지 사업의 속성 중 하나는 목표의 유동성이다. 시장이 어떻게 바뀔지 모른다는 것이다. LG는 전지 사업 출발 시점에 무빙 타깃의 속성을 경험한 것이다. 소중한 경험이었지만 수업료가 너무 비싼 것이 문제였다.

10 중국의 니켈수소 전지 전문 업체로, 미쓰이물산과 사업적인 커넥션을 가지고 있었다.

⦿ 리튬이온 전지 팩 사업

LG화학은 니켈수소 전지 각형 조립 사업과 동시에 휴대폰용 리튬이온 전지 팩 사업을 Toshiba Battery로부터 기술을 이전받아 하였다. LG화학이 Toshiba Battery의 지원을 받아 전지 사업을 하던 1997년과 1998년은 휴대폰이 5V에서 3V로 전압이 낮아지고 있던 때였다. 3V 휴대폰이 가능하도록 한 것은 미국의 Motorola였다. LG화학이 Motorola에 공급하기로 했던 니켈수소 전지를 Motorola에서 사용하지 않게 된 것도 Motorola가 니켈수소 전지 대신에 리튬이온 전지를 사용하기로 했기 때문이었다. LG화학은 전압 변화와 같은 파급력이 큰 시장 변화에 희생이 된 것이다. LG화학은 Toshiba Battery로부터 리튬이온 전지를 받아 팩을 만들어 LG정보통신(現 LG전자)에 공급하는 사업을 1996년 말부터 하였다. 리튬이온 전지 팩 조립 공정은 간단했다. 리튬이온 전지에 보호회로를 부착한 후 상하 양판으로 되어 있는 플라스틱 케이스에 넣어 고정시킨 다음 초음파 융착으로 상하 플라스틱 케이스를 붙이는 것이다. 제조 공정은 간단했지만 기술영업은 복잡했다. 전지의 성능과 휴대폰 업체에서 요구하는 성능을 연결시켜 호환성 있게 해주어야 하므로 전지 평가 기술이 필요했다. 또한, 불량 팩에 대한 분석 및 처리에 대한 업무 스킬이 필요했다. LG화학은 리튬이온 전지 팩 사업을 통하여 품질관리 능력의 필요성을 실감하고 전자 회사인 LG전자로부터 품질관리 기술을 지원받는다. 또한, CS(Customer Service) 부서를 만들어 인력을 육성한다. 화학 회사인 LG화학에서 전지 사업을 위하여 비즈니스 시스템에 큰 변화가 일어나고 있었던 것이다. LG화학이 지향한 정보전자소재 사업은 화학 사업과 전자 사업의 하이브리드 성격의 사업이라는 것을 전지를 통해 배워가고 있었다.

2) 삼성의 개발 활동

LG가 전지의 기초를 잡기 위해서 영국의 AEA와 공동연구를 하는 동안 삼성은 미국을 통한 전지 기초 확립 작업을 하였다. 삼성은 미래 전지보다는 검증된 전지를 선호했다. 삼성의 주력 기업인 삼성전자에서 가정용 무선 전화기용 니켈수소 전지 사업을 시작한다. 무선 전화기는 코드리스 폰(cordless phone)과 와이어리스 폰(wireless phone)으로 구분된다. 가정용 전화기는 코드리스 폰이고, 지금의 휴대 전화는 와이어리스 폰이다. 1990년대 초에는 휴대폰보다는 가정용 무선 전화기가 더 전망이 좋을 것이라고 생각했다. 1980년대 초 미국에서 가정용 무선 전화기가 소개되었을 때 사람들의 반응은 충격적이었다. 무선 전화기에 익숙해 있던 사람들은 휴대폰이 등장하자 무선 전화기의 아류 정도로 생각했었다. 휴대폰이 지금과 같은 히트 상품으로 성장할 것이라고 생각한 것은 1997년 PCS(Personal Communications Service, 개인 휴대 통신) 이후이다.

삼성전자는 미국의 Ovonics사로부터 니켈수소 전지 기술을 도입하여 파일럿 플랜트를 건설한다. 그러나 파일럿 플랜트에서 제대로 된 전지가 나오지 않았다. 텔레비전, 냉장고를 만드는 업체에서 부품이 20개도 되지 않는 단순한 제품인 전지를 못 만든다는 것은 말이 안 된다고 생각했다. 전지를 조립 사업으로 생각했던 것이다. 삼성은 계속 전지 사업부장을 교체해 가면서 니켈수소 전지 사업에 전력투구한다. Ovonics 사장의 이야기로는 삼성전자에 출장 올 때마다 새로운 전지 책임자와 회의를 해야 했다고 한다. 동일한 사업부장을 삼성에서 두 번 이상 만난 적이 없을 정도였다고 한다. 이런 시행착오를 겪으면서 삼성은 전지가 조립 사업이 아니라는 것을 알게 된다. 전자 회사인 삼성전자가 전지 사업에 맞지 않는다는 것을 인식하고 브라운관을 제조하는 삼성전관(現 삼성SDI)으로 사업을 이관한다. 삼성전관은 삼성코닝에서 브라운관 튜브를 공급받아 화면에 삼색 형광체를 도포하고 섀도마스크를 넣은 후 전자총 등의 부품을 조립하여 브라운관을 만들어 삼성전자에 공급하는 사업을 하는 브라운관 업체였다. 국내 공장은 수원과 부산에 있었고, 천안에 새로 단지를 조성하고 있었다. TFT-LCD 사업도 삼성전관에서 시작하여 대량생산 체제가 되자 삼성전자로 이관하였고, 브라운관을 대체하는 평면 TV로 PDP(Plasma Display Panel, 대형 평면 TV) 사업도 하고 있었다. 2000년대 중반에는 브라운관 사업에서 철수하면서 디스플레이 업체에서 에너지 업체로 대변신을 하였다. 2000년대 초반 경기가 좋았을 때에는 10조 원 매출에 1조 원 이익의 경영 실적을 올리기도 하였다. LG화학보다 규모 면에서 크지는 않았지만 전지에서 LG화학의 맞수로서는 손색이 없는 업체라고 평가되고 있었다.

삼성전자의 니켈수소 전지 사업으로 돌아와서, 그렇다면 왜 삼성전자는 니켈수소 전지를 만들 수 없었던 것일까? 미국의 Ovonics사가 완성도가 낮은 기술을 제공한 것일까? Ovonics사는 동일 기술을 현대자동차에도 판매하였는데 현대자동차에서는 문제없이 성공하였다. Ovonics사의 니켈수소 전지는 대형 전지용으로 설계된 전지이다. 그러므로 전극을 판재 형태로 넣는다. 삼성전자에서는 소형 원통형 전지를 만들기 위해서 와인딩으로 젤리롤(jelly-roll)을 만들려고 하는 과정에서 전극이 손상된 것이다. 전지에 대한 지식과 경험이 충분하지 못한 상태에서 감아서는 안 되는 전극을 무리하게 감아서 전지를 만든 것이 실패 원인이었다. 기술이전 시 가장 중요한 것은 사소한 것까지 그대로 모방해야 한다는 것이다. 빼거나 더하기 때문에 기술이 재현되지 않는 경우가 많다. 삼성전자가 목표로 했던 가정용 무선 전화기용 전원으로는 Ovonics사의 니켈수소 전지는 적당한 전지가 아니었다고 할 수 있다. 기술이전 협의 단계에서부터 목표 전지에 대한 올바른 분석이 이루어지지 않았던 것이 실패의 참원인이었다고 할 수 있다.

11
:
전지 사업 추진

1) 소형 리튬이온 전지

전지 개발 기반 구축 단계였던 1990년대 상반기가 지나고 하반기에 들어서면서 삼성과 LG의 본격적인 전지 사업 추진 경쟁이 시작된다. 일본에서는 전지 업체, 소재 업체, 장비 업체가 합심해서 유지해 왔던 기술 보안이 느슨해지기 시작하였다. 리튬이온 전지 경험 인력 확보가 가능해졌고, 소재 업체와 장비 업체는 그동안의 침묵을 깨고 한국과 같은 외국 업체에 소재와 장비를 판매하기 시작했다. 이런 상황에서 LG화학과 삼성SDI는 리튬이온 전지 사업 추진을 선언한다.

(1) 추진 전략

⦿ 한국 업체의 장점
사업을 하기 위해서는 기술, 소재, 장비의 세 가지가 필요하다. 다시 말하면 기술 보안을 위해서는 이 세 가지에 대한 보안이 필요하다는 것이다.

일본 업체는 1995년까지 철저하게 이 세 가지에 대한 보안을 유지해 왔었다. 소재 업체와 장비 업체까지 기술 보안에 동참했다는 것은 일본이기 때문에 가능했는지도 모른다. 이 기간에 리튬이온 전지는 일본 전지가 되었다. 일본을 제외한 어느 나라에서도 무엇을 가지고 어떻게 만드는지 자세히 몰랐다. 그러나 기술 유출은 가장 강할 것 같은 곳에서 먼저 터져 나왔다. 바로 리튬이온 전지를 창조한 SONY였다. 리튬이온 전지를 휴대용 전자기기의 부품 정도로 취급하고 사업 팽창을 하지 않으려는 경영진과 리튬이온 전지를 미래 주력 사업으로 성장시키려는 핵심 인력 사이에 갈등이 심했다. SONY의 경영진은 마침내 핵심 인력들을 내보낸다. 이때 개발 주역들이 다수 나오게 된다. 이 정보는 한국에 가장 먼저 포착된다. 삼성과 LG는 경험 많은 일본 전지 기술자들을 확보하여 개발에 박차를 가한다. 또한, 1996년도에는 리튬이온 전지가 미래 유망 사업으로 부각되어 있었으므로 한국의 우수한 인력들이 전지에 몰리기 시작하였다. 기술을 받아들여 한층 더 발전시킬 수 있는 준비가 되었던 것이다. LG와 삼성의 기술자들은 일본 기술자와 합심하여 리튬이온 전지 기술을 개발한 후 파일럿 플랜트를 건설하여 양산 준비를 한다. 이렇게 되자 삼성과 LG는 기술력과 정보력의 우위를 통하여 산학연 협력 연구에서 주도적인 역할을 하게 된다. 정보의 위력은 경쟁 구도를 바꿀 정도로 강한 것이다. 기존의 로케트 전기, 서통, 세방전지 등의 전지 업체가 경쟁에서 뒤처지기 시작한 것도 이 시점이다. 이들이 갖고 있던 정보는 더 진보되고 새로운 정보에 의하여 대체되었다.

창의력과 모방은 서로 상반된 것이 아니라 같은 부류이다. 모방의 다른 얼굴이 창의력인 것이다. 미국이 거대 자본과 막강한 기술력에도 불구하고 리튬이온 전지 사업에서 실패를 거듭한 것은 미국의 연구개발 철학 때문이다. 미국은 연구와 창의성을 동일하게 생각해 왔다. 그러므로 그들에게 모방이란 있을 수 없다. 일본과는 다른 방법으로 더 우수한 성능을 내려고 하다 보니까 좋은 결과를 낼 수 없었던 것이다. 미국, 유럽처럼 전지 기초가 단단한 업체에서는 일본의 기술 보안에도 불구하고 95% 이상은 파악을 하고 있었다. 그러나 나머지 비어 있는 부분이 큰 차이를 나타냈으며, 정보에서 우위에 선 한국 업체들이 미국, 유럽의 강호들을 앞서기 시작했다. 한국은 전지가 중소기업 고유 업종으로 묶여 있었기 때문에 백지에 그림을 그리는 것과 같았다. 그림을 그릴 수 있는 우수한 화가가 국내에 많이 있었고, 올바르게 그리고 있는지에 대하여 즉각적인 조언을 해줄 수 있는 코치도 있었으므로 미국이나 유럽보다 잘할 수 있었던 것이다.

⦿ LG의 전략

LG는 리튬이온 전지 양산 1호기는 빠른 움직임으로 시장을 선점하는 것이 중요하다고 생각했다. 그래서 양산 1호기에는 일본 장비를 그대로 사용하는 것으로 하고, 전지 설계도 가능하면 일본에서 상용화되고 있는 것에 큰 변화를 주지 않았다. 그 대신 양산 2호기부터는 고유의 기술을 가미하기로 한다. LG전자에는 자동화 기술, 장비 개발, 공정운영시스템 개발과 같이 공장 건설 및 운영과 관련된 기술을 개발하는 생산기술연구소가 있었다. LG화학은 개발 초기 단계부터 LG전자의 생산기술연구소와 협력을 한다. 생산기술연구소에서 장비를 개발하는 연구원이 전지 연구소에 상주하면서 전지 기술자와 같이 전지를 개발하였다. 전지가 어떻게 개발되는지 알아야 전지를 만드는 장비를 제대로 개발할 수 있다고 생각했기 때문이다. 이 전략은 제대로 들어맞아 양산 2호기부터는 서서히 장비 국산화가 가능해졌다. LG전자에서는 비디오테이프 사업을 하고 있었다. 비디오테이프 제조 공정과 리튬이온 전지 전극 제조 공정은 비슷하므로, LG전자는 비디오 테이프 제조 인력을 전극 개발에 투입하였다. 1998년에는 LG전자 생산기술연구원과 공동으로 리튬이온 전지 공장의 공정운영시스템 수립을 위한 과제를 한다. 공정운영시스템은 물류의 흐름과 정보의 흐름을 연동시켜 정보에 바탕을 둔 사업 추진을 목적으로 구축되는 것이다. 그러나 양산 관련 데이터가 부족하여 제대로 된 공정운영시스템 수립이 어려웠다. 생산 장비 투자 시에도 공정운영시스템에 맞게 장비가 설계되었어야 했는데 그런 조치가 부족했다. 전지 기술 고문이 연구개발 분야였기 때문에 양산 관련 분야에서 부족한 부분이 발생한 것이다. LG화학은 양산 개시 후 2년 정도의 기간을 양산 데이터 확보에 주력해야만 했다. LG화학은 18650 원통형 파일럿 플랜트를 대덕 기술원에 건설한 후 양품의 전지는 판매한다는 전략으로 소규모로 전지 생산을 하였다. LG화학은 1996년부터 전지 영업팀이 있었고, 양산 공장 건설을 위한 연구개발 기간 중에는 영업팀 조직이 많이 커져 있었다. 국내 영업팀과 해외 영업팀으로 조직이 확대되어 있었고 네트워크도 확보해 놓은 상태였다. LG화학은 파일럿 플랜트에서 만든 18650 원통형 전지를 대만, 홍콩, 중국의 애프터마켓에 판매하여 영업망을 확보하면서 전지 사업에 대한 경험을 축적해 나갔다. 또한, 영업에서 가져온 VOC(Voice of Customer)는 전지 개발에 대한 방향 설정에 중요한 역할을 하였다.

⊙ 삼성의 전략

삼성SDI는 삼성에서 전자 군에 속해 있지만 실제로 전기, 전자를 전공한 사람은 드물다. 물리학, 기계공학, 수학, 화학공학, 재료학 등 다양한 전공의 인력들로 구성되어 있다. 삼성SDI는 브라운관 사업을 하면서 제조 기술을 핵심역량으로 갖고 있었다. 삼성SDI는 전지 사업에서 차별화 포인트를 제조 기술로 잡았다. 세계에서 가장 큰 드라이룸(dry room)과 가장 빠른 코터기로 후발 업체의 유리한 점을 살린다는 것이다. 언뜻 보기에는 미국의 Eveready와 비슷한 전략으로 보이지만 큰 차이가 있었다. 삼성SDI에는 리튬이온 전지 사업을 경험한 막강한 지원군이 있었다. 연구원 출신 고문을 확보한 LG화학과는 달리 삼성SDI에는 실제로 양산을 하고 장비 개발을 한 일본 기술자도 다수 확보되어 있었다.

전자 회사인 삼성SDI는 특허가 얼마나 중요한지를 디스플레이 사업을 통하여 알고 있었다. 전지 사업에서도 특허가 중요한 역할을 할 것이라고 생각하고 연구원으로 구성된 특허팀을 구성한 후 특허 전략을 수립하고 이를 바탕으로 개발 과제를 도출하는 작업을 적극적으로 하였다. 이런 과정을 통하여 개발된 것이 양극소재인 LCO 표면에 알루미늄 코팅하는 것과 고유의 CID(Current Interrupt Device) 설계, 고가의 클래드 벤트(clad vent)를 대체하는 각형의 사이드 벤트(side vent) 등이다. 경쟁 업체의 특허 경향을 파악하여 특허 맵을 작성한 후 미리 특허를 출원해서 경쟁사의 특허를 무력화시키는 수준 높은 방법까지 사용할 정도로 특허에 대하여 앞서갔다.

(2) 양산 공장 건설

LG화학과 삼성SDI가 양산 공장 건설 준비를 하던 1998년과 1999년은 리튬이온 전지가 가격이 내려가면서 급격히 범용화의 길을 걷기 시작하던 때였다. 사업을 한다고 하여도 이익을 내기 어려울 것이라는 부정적인 전망도 들려왔다. 그러나 삼성과 LG는 달리는 자전거와 같은 상황이어서 멈출 수가 없었다. 성공 확률이 반반이라면 계획대로 가는 수밖에 없었던 것이다. 이런 어수선한 상황에서 양사는 공장을 건설한다.

그 당시 양산 공장은 제조 건물과 화성실로 분리되어 있었다. 제조 건물 1층에는 양극·음극의 전극 제조 설비가 1세트씩, 2층에는 원통형 조립 설비 1개, 각형 조립 설비 2개가 설치되어 있었다. 원통형은 18650 사이즈로서 당시 기술 수준으로 월 100만 셀 생산 규모이고, 각형은 각각 월 50만 셀 규모였다. 원통형 100만 셀, 각형 100만 셀로 총 200만 셀 생산 규모였으며 투자비는 약 500억 원 수준이었다. 이것이 리튬이온 전지 공장의 기본 투자 단위였다. 각형 전지는 형교환으로 사이즈 조정이 가능했다. 조립 설비는 드라이룸이나 드라이 박스 방식이 있는데 국내에서는 드라이룸 방식을 채택하였다. 조립 공정은 방진복을 입고 드라이룸에서 조업하도록 되어 있었다.

LG화학은 리튬이온 전지가 범용화되기 전에 시장에 진출하는 것이 중요하다고 생각했다. 또한, LG전자 휴대폰 사업부와 대만 노트북용 팩 업체에 물량을 약속한 것이 있어서 양산 공장을 빨리 건설해야만 했다. LG화학은 공장을 새로 건설하는 대신에 청주 공장에 비어 있는 건물에 생산설비를 설치한다. 이렇게 서두른 덕분에 LG화학은 삼성SDI보다 먼저 양산 공장을 완성할 수 있었다. 1999년 10월 LG화학은 청주에서 양산 공장 준공식을 거행한다. LG화학의 리튬이온 전지 공장 준공식을 축하하기 위해서 Toshiba Battery의 사장을 비롯한 임원들이 준공식에 참석하였다. Toshiba Battery 사장은 축하 연설을 한다. 그러나 LG와 Toshiba Battery의 인연은 여기까지였다. 동반자에서 경쟁자로 위치가 바뀌었기 때문에 더 이상의 협력은 어려웠다. 그러나 Toshiba Battery가 운영하고 있던 ATB라는 합작법인이 2000년대 들어와서 리튬이온 전지 사업을 매각하였기 때문에 LG화학과 Toshiba Battery가 시장에서 서로 경쟁할 기회는 없었다. LG화학은 일본의 Hitachi Maxell에 이어 세계에서 8번째 리튬이온 전지 업체가 된다. 일본을 제외한 업체 중에서는 최초의 양산 업체가 된 것이다. LG화학은 국제전지학회에서 리튬이온 전지 양산 내용과 사업 전략을 발표하면서 Motorola, Ericsson과 같은 주요 업체들과 공식적인 접촉을 시작한다.[1]

삼성SDI는 벨기에 업체인 Umicore를 통하여 전략 소재인 양극 활물

---

1 J. Sonu, 15th Intern. Seminar on Lithium Batteries and Applications, Deerfield Beach, FL, 6-8 Mar. 2000.

질의 품질 안정화 작업을 한다. 양극소재인 LCO의 안정된 공급이 확인되자 삼성SDI는 2000년 7월에 천안 공장에서 양산 공장 준공식을 한다. LG화학에 이어 세계 9번째 리튬이온 전지 업체가 된 것이다. 양산 개시 이후 양산 공정 안정화 시점까지는 LG화학보다는 삼성SDI가 더 순조로웠다. 그 이유는 양산을 실제로 해 본 일본 기술자들이 많이 포진하고 있었기 때문이다. 그 반면에 LG화학은 시행착오를 거듭하면서 양산 데이터를 축적해 나가야만 했다. 기술의 중심축인 연구소가 공장으로부터 떨어져 있는 것도 양산 데이터 축적을 더디게 하는 요인이었다. 기술을 주는 쪽과 받는 쪽 간의 신경전과 갈등도 심했다. 영업의 요구 수준을 제대로 맞추어주지 못하는 기술 부서와 영업 간의 대립도 점점 심해져 갔다. 전지 사업부가 이처럼 유기적으로 움직이지 못하자 LG전자로 전지 사업을 이전시키려는 계획안도 수립되었다. 그러나 전지를 LG전자로 이전하면 전지 연구개발력이 급속히 떨어지는 것이 문제점으로 지적되면서 LG전자 이전 건은 없었던 것으로 되었다. LG는 전지 사업의 핵심을 전지 개발력으로 보고 있었던 것이다.

2001년에 LG화학 경영진이 교체된다. 신임 사장은 본사에 있는 전지 사업부를 청주 공장으로 이동시켜 전지 사업을 빨리 안정시키려고 한다. 화학 회사인 LG화학은 사업부가 서울 본사에 있다. 사업부장이 사장과 가까이 있기 때문에 사업부장은 사업부를 이끄는 수장의 역할 외에 사장의 참모 역할도 하게 된다. 그 반면에 전자 회사인 삼성SDI는 사업부가 공장에 있다. 그럼으로써 사업부장이 실제로 공장장 역할까지 하고 있으며 본사의 참모 부서는 사업부를 관리하고 견제하는 기능을 갖는다. LG화학의 전지 사업부장은 사업부를 청주로 옮겨서 해결될 일이 아니라는 생각을 하였다. LG화학은 전통적으로 공장의 일은 공장장이 주도하였으므로 사업부장이 공장에 주둔하면 공장장과의 업무 배분도 문제가 되었다. 그러나 경영진의 강력한 요구에 영업과 관리 파트는 서울 본사에 남기고 사업부장과 기획 부서만 2001년 5월에 청주로 자리를 옮긴다. 3개월간의 줄다리기 끝에 사장과 사업부장이 타협안에 합의를 한 것이다. 사업부장이 공장에 주둔하였지만 생산은 안정되지 않았다. 현장의 수준이 향상되기까지는 시간이 필요했던 것이다.

LG화학은 2001년 8월에 전격적으로 전지 사업부장을 교체한다. 2001년 8월은 LG가 국내에서 처음으로 14일간의 여름휴가를 실시하던 때였다. 전투 중에 지휘관을 교체하는 것은 드문 일이다. 그러나 LG화학은 사태의 심각성을 인식하고 2001년 8월 여름휴가 중에 긴급 임원회의를 소집하여 사업부장을 교체한다. LG화학 전지의 한 세대가 끝나고 새로운 세대가 시작된 것이다. 새로 임명된 LG화학의 전지 사업부장은 그동안 전지 사업부에서 계획해 왔지만 실천하지 못했던 일들을 먼저 한다. 공장의 기술 향상을 위한 전지 현장 연구소 설립 건이었다. 공장과 연구소가 지역적으로 떨어져 있고, 대화 창구도 통일되지 않았기 때문에 연구소 기술을 공장에 이전하여 양산에 연결시키는 데에 문제가 있었다. 이 문제를 해결하기 위해서 현장에 전지 연구소를 만든 후 일부 연구원들을 현장 연구소로 이동시켰다. 그 다음에는 삼성SDI와 본격적으로 증설 경쟁에 돌입한다. 증설 경쟁은 양사가 같이 클 수 있는 계기가 되었다. 삼성과 LG가 추진력이 뛰어난 비슷한 성향의 사업부장이 증설을 통하여 전지 사업을 지금의 규모로 키워 놓은 것이다. 그러나 부정적인 면도 있었다. 증설 경쟁으로 인하여 발화, 폭발 등의 필드 사고가 자주 일어난 고난의 시기이기도 하였다. 필드 사고로 많은 사람들이 전지 사업을 불안한 눈으로 보게 되었다.

삼성SDI는 2004년 품질 전문가로 사업부장을 교체하면서 안정을 찾기 시작한다. 전지는 관리 포인트가 많은 사업이다. 생산설비를 증설할 때 관리 인력을 생산설비에 비례해서 늘릴 필요는 없다. 그러나 전지의 경우는 초기에는 관리 인력을 생산설비 증설 규모에 비례해서 늘려야 한다. 이것이 전지 사업의 까다로운 점이다. 매출액에 비하여 관리 포인트가 지나치게 많은 사업이기 때문이다. LG와 삼성은 간접 부문은 거의 그대로 두고 생산설비만 공격적으로 늘렸다. 그 결과 관리 부재 현상을 초래하기도 하였다. 전지에서 생산 설비 관리의 문제점은 발화, 폭발 등의 필드 사고로 표출된다.

일을 하려면 약간의 부정적인 면도 있고 부작용도 있을 수 있다. 그러나 전지 사업에서 리더들은 그 상황에서 최선의 결정을 한 사람들이고 주어진 환경에서 최대의 효과를 끄집어낸 사람들이다. 전지는 어떤 사업보다도 어려운 사업이다. 10월까지 잘 운영해 오다가도 11월에 품질 사고나 필드 사고가 나면 금방 적자로 곤두박질치기 때문에 그동안 해 놓은 업적은 수포로 돌아가게 된다. 삼성과 LG는 필드 사고를 겪은 후 다른 사업과는 달리 전지 사업에 대해서는 공격적인 투자를 요구하지 않았다.

그러나 세월이 지나면 과거의 일은 망각하게 되어 있기 때문에 다시 공격적인 투자로 바뀌는 경우가 많다. 그래서 역사는 반복하는 속성이 있다고 하는 것이다. LG의 공격적인 투자는 중대형 전지에서 재현되면서 공급과잉의 빌미를 제공하게 된다.

2) 미래 시장 선점 활동

후발 업체가 선발 업체를 추월하기 위해서는 두 가지 방법이 있다. 새로운 기술을 확보하든지 아니면 새로운 시장을 개척하는 것이다. 새로운 기술이란 획기적인 기술로 비약적인 도약을 하는 것이다. 많은 노력과 자원이 필요한 방법이다. 그 반면에 새로운 시장은 미리 움직이는 것이므로 새로운 기술보다는 가능성이 높을 수 있다. LG와 삼성도 전자보다 후자가 더 수월할 것이라고 생각을 했다.

(1) 미래 과제 선정

⊙ LG화학

1998년 말부터 IMF 외환위기 극복 방안의 하나로 정부 주도하에 빅딜이 있었다. LG와 현대는 반도체 사업을 놓고 빅딜 경쟁을 하였다. LG 사람들을 포함한 많은 사람들이 반도체 사업이 LG 쪽으로 통합될 것이라고 생각했다. 그러나 예상과는 달리 반도체 사업이 현대로 통합되었다. 반도체는 정확히 표현하면 IC(Integrated Circuit) 칩이라고 하는 집적 회로이다. 실리콘 칩 안에 다수의 트랜지스터, 저항, 다이오드 등 전자 부품을 새겨 넣은 것이 반도체 칩이다. 이 기술은 미국 항공우주산업의 가장 가치 있는 부산물로 평가받고 있다. 진공관이 크고, 비싸고, 전력을 많이 소모하기 때문에 트랜지스터로 바뀌었다. 트랜지스터를 도선으로 연결하면 도선이 끊어질 수도 있다. 우주선에서 도선을 납땜하여 고칠 수도 없는 일이다. 그래서 항공우주산업의 절실한 필요성에 의하여 개발된 것이 IC 칩이다. IC 칩에 회로를 설계하는 것을 마이크로 전자공학(Microelectronics)이라고 하며 전자공학에서 중심적인 위치를 차지하고 있다. 그러므로 전자 산업에서 반도체 사업은 개발의 핵심이다. 반도체 사업이 없는 전자 사업은 개발의 수단이 취약해지기 때문에 경쟁력 확보가 어려워진다. LG는 반도체 사업 자체의 중요성뿐만 아니라 전자 사업에 끼치는 막대한 영향력을 알고 있었기 때문에 반도체 사업에 많은 정성을 쏟아 육성하였다. 이런 반도체 사업이 현대로 통합된 상황에서 LG는 대책을 강구하고 돌파구를 마련해야 했다. 이를 위해서 추진한 것이 기존 사업에 대한 핵심역량 확보 전략 수립 과제였다. 컨설팅 업체로는 미국의 BoozAllen & Hamilton이 선정되었다.

CC(Core Competence, 핵심역량) 과제라고 하는 핵심역량 확보 전략 수립 과제의 첫 번째로 선정된 것이 LG화학의 전지 사업이었다. LG그룹의 기획팀, LG화학 혁신팀, LG화학 전지 사업부와 연구소 인력으로 CC 과제 추진팀이 구성되었으며 LG그룹 기획팀이 과제 추진을 주도하였다. 전지 사업에 대한 CC 과제는 1999년 4월에 시작된다. 1999년 4월에는 이미 양산 공장 설계가 완료되어 장비 발주가 끝난 상태였고 전지 공장의 공정 운영시스템 설계까지 완료된 시점이었다. CC 과제의 중간보고에서 LG그룹 기획팀은 LG화학의 전지 사업에 대하여 부정적인 의견을 내놓는다. 발주를 중지해야 하는 것 아니냐는 의견까지 나왔다. 당시 리튬이온 전지 시장은 일본의 선발 업체들이 투자회수를 끝내고 리튬이온 전지가 범용화되는 것을 좌시하고 있는 상황이었다. 전지 사업부와 CC 과제 팀 간에 토론과 추가적인 시장조사 등을 통하여 CC 과제 팀은 다음과 같이 최종 결론을 내놓는다. 소형 리튬이온 전지는 일본 업체와 동일한 방법으로는 경쟁우위를 확보하기 어려우므로 수익성 위주로 팽창하면서 새로운 시장에 선진출하여 주도권을 확보하라는 것이었다.

LG화학은 자체적으로 CC 과제의 후속 과제를 추진하여 목표 과제를 정하는 작업을 한다. 이때 도출된 과제가 우선순위 순으로 HEV용 전지와 연료전지 전극 개발과제였다. 이런 과정을 거쳐서 1999년 10월에 HEV용 전지가 LG화학의 미래 주력 과제로 정해진다. 소형 리튬이온 전지 양산 공장 준공식을 한 지 며칠 만에 미래 시장 선점을 위한 과제가 만들어진 것이다. 그 당시 상황이 그 정도로 급박하게 돌아가고 있었다. LG는 해외 연구개발 동향 파악과 기술선 확보 등을 위해서 해외 주요 거점에 LG Technology Center를 설립하여 운영하고 있었다. 그중에서 독일과 이스라엘의 Technology Center가 전지 관련 업무를 활발히 하고 있었다. 센터장이 현지인이었기 때문에 현지 업체에 접근이 용이하다는 것이 큰 장점이었다. LG화학의 전지 사업부에서는 2000년 초에 LG Technology Center와 함께 미래 시장조사를 위해서 유럽의 자동차 회사와 차세대 전지 업체에 대한 현장조사를 실시하면서 미래 시장 선점 과제를 시작한다.

당시만 하여도 유럽의 자동차 업체의 반응은 냉담하였다. 2000년도의 유럽 자동차 시장은 HEV에 대한 관심이 높지 않은 상태였다.

⦿ 삼성SDI

삼성SDI는 일본 Nomura 연구소의 도움을 받아 3년 뒤인 2002년에 LG화학과 동일한 작업을 한다. 이때 미래 주력 과제로 도출된 것이 노트북용 휴대용 연료전지였다. HEV용 전지는 두 번째 과제가 된다. 이때부터 LG화학의 HEV용 전지와 삼성SDI의 휴대용 연료전지의 개발 경쟁이 본격화된다. 삼성SDI가 휴대용 연료전지를 미래 과제로 선정한 것은 전지뿐만 아니라 에너지 종합 메이커로 성장하려는 커다란 그림이 있었기 때문이었다. 리튬이온 전지, 연료전지, 태양광을 묶어서 에너지 기업으로 재탄생하려고 했던 것이 삼성SDI의 전략이었다.

브라운관 TV는 없어지기 시작하고 있었으며, 브라운관 TV 사업 대신 캐시카우(Cash Cow) 역할을 해줄 것으로 기대했던 PDP는 삼성전자의 TFT-LCD와의 경쟁에서 뒤지고 있었다. 그러므로 디스플레이 업체에서 에너지 종합 메이커로 탈바꿈하기 위해서는 리튬이온 전지 외의 제품이 필요했다. 이런 배경하에서 선정된 것이 휴대용 연료전지였다. 그러나 연료전지는 해결해야 할 과제가 너무 많았다. 일반 연료전지도 백금 촉매와 고가의 분리막 등으로 가격 경쟁력이 없는 상태였다. 또한, 연료전지는 소형화가 특히 어렵다. 펌프와 같은 부대설비가 많이 들어가기 때문이다. 큰 꿈을 갖고 시작한 노트북용 휴대용 연료전지 개발은 단기간에 개발 인력을 120명까지 늘리고 파일럿 플랜트를 건설하면서 개발에 매진하였으나 시간이 갈수록 목표에서 멀리 표류하기만 하였다. 결국 삼성SDI는 2006년에 인력 정리를 하기 시작하면서 휴대용 연료전지 과제를 포기한다. 삼성SDI가 에너지 종합 메이커가 되려면 먼저 전지 종합 메이커가 되어야 했다. 그다음 단계가 에너지 종합 메이커이다. 휴대용 연료전지 개발에 많은 자원이 들어갔기 때문에 HEV용 전지 과제에는 개발 자원이 많이 투입되지 못했다. 삼성SDI로서는 결과적으로 두 마리 토끼를 다 놓친 것이나 마찬가지였다.

(2) LG화학의 시장 선점 활동

Bellcore 연구소는 1990년대 초까지 리튬이온 전지를 개발하고 있었다. 1991년 일본의 SONY가 리튬이온 전지 사업화에 성공했다는 소식을 듣고 Bellcore 연구소는 리튬이온 전지 개발을 포기하고 리튬이온 전지를 PVDF(ployvinylidene fluoride) 공중합체(copolymer)로 고체화시킨 PLI 전지를 개발하여 여러 업체에 기술 라이센싱을 한다. 기술 라이센싱을 받은 업체 중에서 우수한 기술을 보유했다고 평가받았던 업체가 미국의 HET(High Energy Technology)였다.

HET는 HET Korea를 통하여 LG전자에 휴대폰용 전지 견본을 제공하고, 미국 콜로라도에 있는 Dr. Rivers가 설립한 1인 회사인 Compact Power를 통하여 현대자동차와 HEV용 전지를 개발하고 있었다. 이렇게 잘 나가고 있을 때 갑자기 모회사가 매각되면서 전지 사업 철수 결정이 내려진다. Compact Power와 HET Korea는 HET에서 축적된 기술을 활용하여 전지 업계에서 생존 가능 능력을 확보하기를 원했다. 그런 목적으로 LG화학에 접근하여 미국에 현지 R&D 법인 설립을 제안한다. LG화학은 긴 협의 끝에 합작법인 설립에 동의하고 2000년 10월 미국 콜로라도에 CPI(Compact Power Inc.)를 설립한다. LG화학에서 300만 달러의 자본금으로 CPI를 설립하면서, HET와 Compact Power에서 참여한 사람들의 기술 가치를 인정하여 일정 지분을 양도하는 형태의 합작법인이 설립되었다. CPI는 HEV용 팩 개발과 미국 시장 확보를 목표로 설립되었으므로 팩 개발을 위한 인프라 구축과 미국 시장과 현대자동차 시장 공략에 들어간다. 현대자동차와는 2002년에 HEV용 전지 공동연구 계약을 하게 되며,

2004년의 USABC(United States Advanced Battery Consortium, 미국 전기차 개발 컨소시엄) 과제를 거쳐서 2007년에는 설립 초기의 목표였던 미국의 GM 시장을 확보한다.

CPI는 미국 정부나 자동차 회사에서 들어오는 개발비로 더 이상의 자본금 증액 없이 운영하는 것으로 계획되어 있었으나 팩 개발을 위한 과다한 투자와 예상했던 개발 자금 확보가 어려워지면서 1년 만에 자본잠식 상태가 되고 만다. CPI의 팩 개발 역량도 문제였다. 셀 개발 인력 위주로 이루어져 있었기 때문에 팩 인력을 새로 보강해야 했다. 취약한 팩 기술로 현대자동차와 공동연구를 하면서 LG화학은 미국의 Aerovironment사에 팩 제조에 대한 기술 용역을 줄 수밖에 없었다. 또한, CPI 설립을 주도했던 LG화학의 경영진과 관련 인력들이 교체되면서 CPI의 중요성에 대하여 혼란이 오기도 하였다. 이런 일련의 과정을 거치면서 LG화학과 CPI의 관계는 악화되어 갔다. 두 조직 간에 갈등의 시기를 겪으면서 LG화학은 마침내 CPI의 업무에서 팩 개발 기능을 빼고 시장 확보에 주력하기 위해서 CPI를 Detroit로 이전하고 합작법인에서 LG화학 단독 소유로 소유권을 바꿔 새로운 조직으로 재탄생시킨다.

운영상의 어려운 점은 있었으나 현지 R&D 법인에 대한 결단은 HEV용 전지 사업 추진에 많은 도움이 되었다. LG화학이 CPI라는 합작법인 설립에 대하여 긍정적으로 받아들인 것은 자동차 플라스틱 부품 사업으로 이미 자동차 업계를 잘 알고 있었기 때문이다. LG화학에게 자동차는 생소한 시장이 아니었다. "자동차는 화학이다"라는 말을 할 정도로 자동차 업계에 네트워크를 형성하고 있었다. 현대자동차는 CPI에 지분 투자를 계획할 정도로 LG의 미국 현지 R&D 법인 설립을 환영하였다. 그러나 리튬이온 전지가 HEV 시장에서 주력 전지가 될 것이라는 믿음은 약했다. 당시 자동차 업체는 납축전지가 중심축을 이루고 있던 시절이었다. 독일의 BMW와 Mercedes-Benz는 납축전지 외의 전지에 대한 경험이 있는 사람이 거의 없었을 정도로 관심이 낮았다. 유럽이 이처럼 잠자고 있을 때 미국은 바쁘게 움직였다.

3) 중대형 전지 시장

(1) GM

1910년대 미국의 Ford는 모델 T(Model T)를 출시한다. 일반 대중이 차를 소유할 수 있도록 싸게 만든 자동차이다. 그 이후 Ford가 미국 자동차 산업을 주도하게 된다. Ford 외에도 여러 자동차 업체가 있었지만 Ford와 경쟁이 어려웠다. 이런 문제를 타파하기 위해서 Ford 외의 여러 자동차 업체가 합쳐서 만든 회사가 바로 GM이다. GM은 HEV 시대는 오래 못 가고 직접 연료전지 자동차 시대로 접어들 것이라 생각하고 1990년대에 연료전지 자동차 개발에만 자원을 집중하였다. 그러나 2000년대에 들어서면서 전략이 잘못되었다는 것을 스스로 깨닫고 연료전지 자동차 개발을 중지하고 HEV 사업 진출을 모색한다. 하지만 그때에는 이미 HEV Top 3 업체와의 격차가 너무 큰 상태였기 때문에 추월이 어려웠다. 2007년도에 GM은 다른 형태의 HEV인 플러그인 하이브리드자동차(PHEV) 개발을 결정한다. PHEV는 충전의 필요성으로 인하여 현실성이 없다고 인식되었던 모델이었으나, GM이 그런 편견을 뒤집으려고 시도한 것이다.

PHEV는 외부에서 충전을 하는 HEV이다. 처음에는 전기모터로 자동차가 구동된다. 전기자동차 모드(EV 모드)로 주행하는 것이다. 전지 용량이 어느 수준 이하로 떨어지면 엔진이 가동되며 동력 지원 하이브리드자동차(power assist HEV) 모드로 움직인다. 동력 지원 하이브리드자동차와는 달리 PHEV에서는 니켈수소 전지보다 리튬이온 전지가 절대적인 우위를 보일 수 있었다. 용량이 커지기 때문이다. GM은 오랫동안 준비해 왔던 LG화학과 2007년 중반에 협력관계를 구축한다. GM과 LG화학은 2006년에 어려운 한 해를 보냈기 때문에 2007년에는 전환점이 필요했었다. 이런 의미에서 두 업체는 서로가 필요한 시점에 극적으로 만난 것이다.

(2) Ford

⊙ SANYO

Ford 회장인 Mr. Ford는 미국에서 명망이 있는 환경론자이다. 이런 이유로 친환경 자동차에 관심이 매우 높았다. 최고 책임자의 장기적인 지원 덕택에 Ford는 HEV Top 3 업체가 된다. Ford의 HEV인 Ford Escape의 전지는 SANYO의 D 사이즈[2] 니켈수소 원통형 전지를 사용하였다. 초기에는 300V의 팩 형태로 공급받아 장착하였다. 이것을 1세대(Gen 1) 전지라 부른다. Ford에서 팩 설계 기술이 개발된 이후에는 SANYO에서 니켈수소 전지를 받아다가 팩을 만들었다. 이것을 2세대(Gen 2) 전지라 불렀다. Ford는 SANYO로부터 전지 모델링(modeling) 기술을 습득한다. 전지 모델링 기술은 1990년대 하반기부터 일본에서 유행했던 전지 연구로서 이론적으로 전지 성능을 예측하는 기술이다. 자동차 업체는 예측 기술이 중요하므로 SANYO로부터 흡수한 모델링 기술은 Ford 기술의 중요 부분을 차지하게 된다.

SANYO에 대한 불만은 공급 가격이었다. 일본 업체에 공급하는 전지 가격보다 비싼 가격으로 Ford에 공급하고 있었기 때문이다. HEV 팩에는 전압 센서가 들어가는데 이것이 마쓰시다 전자 특허로 되어 있었으며

2 지름 33mm, 높이 60mm의 원통형 전지로 니켈수소 전지 중대형 전지에서 가장 널리 사용되는 규격이다.

마쓰시다 전자가 독점 공급했다. 이것도 일본 업체보다 더 비싸게 공급하였다. Ford는 HEV용 팩과 관련하여 일본 의존도를 획기적으로 줄여야 될 필요성을 느끼게 된다.

⊙ 삼성

Ford는 일본 업체에 대한 대안을 물색했다. Ford는 장기 견고성을 중요시했기 때문에 파우치 전지보다 원통형이나 각형 전지를 원했다. 이런 시점에 HEV용 각형과 원통형 전지를 개발하고 있던 삼성SDI가 Ford와 접촉하게 된다. Ford는 USABC를 통한 공동연구를 제안한다. USABC는 미국의 Ford, GM, Chrysler가 이끌어갔으며 자동차도시(Motor city)라는 별명을 가진 Detroit에 사무실이 있다. 2005년 7월 삼성은 USABC에 가서 자동차 3사로부터 과제 심사를 받는다. 다음 단계는 USABC 상위 기관인 DOE(Department of Energy, 미국에너지국)의 승인을 받는 것이다. Ford는 삼성의 자료를 정리하여 8월에 DOE로부터 심사를 받았다. Ford를 통한 USABC 과제였으므로 삼성SDI가 아닌 Ford가 심사를 받게 된 것이다. DOE는 조건부 승인을 한다. 의외의 결정이었다. 삼성SDI가 전지 업계에 잘 알려지지 않은 업체이므로 미국 국책연구소에서 전지 견본 평가를 받아 통과하면 과제를 승인한다는 것이었다. 삼성과 Ford 양사는 DOE 결정에 놀라고 불쾌해한다. 휴대폰, 노트북 시장에서 이미 리튬이온 전지 업체로서 잘 알려졌던 삼성인데 미국 DOE에서는 전지 사업을 하고 있는지 조차 모르고 있었던 것이다. 이처럼 소형 전지와 중대형 전지는 완전히 다른 사업으로 인식되어 있었다. Ford는 USABC 대신에 삼성과 단독으로 공동연구를 하는 것으로 방향을 바꾼다.

2005년 11월 삼성에서 Ford 과제 추진 여부에 대한 내부공청회가 열리게 된다. 기술 부서와는 달리 관리 부서에서는 반대 의견이 주를 이루었다. 삼성SDI는 2004년에 노트북용 연료전지를 미래 주력 과제로 선정하고 집중 투자를 하고 있었다. 그런 상황에서 비주력 과제인 자동차용 전지 개발을 위하여 주요 업체인 Ford와 사업화를 목표로 공동연구를 한다는 것은 부담스러운 일이었기 때문에 관리 부서에서 반대한 것이다. 또한, 삼성SDI는 미국보다 유럽 업체를 선호했다. 삼성SDI의 해외 브라운관 공장이 대부분 유럽에 있었기 때문에 미국보다 유럽에 더 익숙해져 있었던 것이다. 그러나 내부 공청회에서 특별한 대안이 없는 관계로 Ford 과제를 추진하는 것으로 경영진은 결정한다. Ford 과제에서 삼성의 경쟁 업체는 미국의 Johnson Control이었다. 미국의 Johnson Control은 Ford에 납축전지와 자동차 부품을 공급하는 전장 업체이다. Johnson Control은 자동차용 리튬이온 전지를 개발하고 있었고 2005년 Detroit에 리튬이온 전지 파일럿 플랜트를 건설하였다. 파일럿 플랜트 준공식에 Bush 대통령이 참석했을 정도로 미국이 아끼는 기업이다. 2006년 3월 초 Ford의 경영진 앞에서 과제 심의회가 열렸다. Ford 전지 개발팀의 전폭적 지지에 힘입어 삼성이 Johnson Control을 물리치고 Ford 과제를 확보한다. Ford의 전지 개발팀은 리튬이온 전지의 속성상 미국 업체보다 한국 업체가 더 잘할 수 있을 것으로 생각했기 때문에 삼성을 지원한 것이다. 이런 과정을 거쳐 Ford의 3세대(Gen 3) 전지 개발 업체가 삼성SDI로 결정되기에 이른다.

Ford의 3세대 전지가 1, 2세대 전지와 다른 점은 리튬이온 전지라는 것 외에 공동마케팅을 위한 전지 개발이라는 점이었다. 3세대 전지는 Ford뿐만 아니라 전 세계 자동차 업체에 판매를 목적으로 개발되는 전지였다. Ford는 삼성을 통하여 승부수를 던진 것이다. 리튬이온 전지 사업을 앞당기기 위해서는 당면 문제 해결이 필요했다. Ford는 리튬이온 전지 상용화를 막는 두 가지 문제점을 정의하고, 그 문제를 해결하는 것을 공동연구의 목표로 정한다. 2005년 당시 리튬이온 전지는 다음과 같은 문제가 불안 요소로 작용하고 있었다.

첫째, 원통형 전지에서 아크 방전에 의한 발화 가능성이다. 과충전

시 전류를 차단하는 CID가 열리면 이 전지에 300V 이상의 팩 전체 전압이 몰리면서 아크가 일어날 수 있다는 것이다. Ford에서는 실제로 CID에서 아크가 발생하는지를 밝히고, 대책을 강구하는 것을 과제 목표로 삼았다. 둘째, 저온 충전 시 음극에 리튬 금속 석출 문제이다. Ford에서는 음극에 리튬이 석출되는 조건을 파악하고, 대책을 강구하는 것을 또 하나의 과제 목표로 정했다. 이 2개의 문제가 해결된 전지를 개발하여 전 세계를 대상으로 판매를 한다는 것이 공동마케팅의 골자였다. 당시 삼성SDI는 중대형 전지 개발 인프라가 거의 없었다. 삼성은 기흥 연구소에서 수원으로 개발팀을 이동시키고 중대형 전지 파일럿 플랜트 건설에 들어간다. 빠른 시간에 개발 인프라를 확보하면서 개발이 진행되었다.

삼성SDI는 중앙 연구소가 수도권인 기흥에 있고 전지 사업부와 공장이 천안에 있으며 전지 사업부에 현장 연구소 역할을 하는 개발팀이 있다. HEV용 전지 개발과 같은 과제에서는 천안에 있는 전지 사업부 개발팀 인력을 활용하는 것이 가장 효과적인 방법이지만 천안의 전지 사업부에 있는 개발팀 인력을 기흥의 중앙 연구소에서 활용하기는 어렵게 되어 있었다. 대부분의 개발 인력들이 수도권에 위치하고 있으며 분위기도 자유스러운 기흥에 근무하기를 원하고 있었으므로 한 명이라도 기흥으로 이동되는 사례가 생기면 천안에 있는 전지 사업부 개발팀의 인력들이 크게 동요할 수 있기 때문이다. 이런 조직의 문제점으로 인하여 천안에 있는 전지 사업부의 경험 많은 인력들을 활용할 수가 없었다. 삼성SDI는 Ford와 공동 연구를 위해서 일본 기술자와 소수의 연구원, 신입 사원에 의존하는 방법을 취할 수밖에 없게 된다. 현장 경험이 있는 인력이 부족하다 보니까 현장 경험이 풍부한 일본 기술자의 의존도가 커졌으며 삼성 고유의 기술이 반영되기 힘들게 되었다. 삼성의 HEV용 전지는 이렇게 소형 리튬이온 전지와 기술적 연계성이 전혀 없는 상태에서 독립적으로 개발이 이루어진다.

2006년 하반기에 삼성은 기술 중심 회사(TDC: Technology Driven

Company)에서 마케팅 중심 회사(MDC: Marketing Driven Company)로 변모를 꾀하고 있었다. 마케팅 부서가 신설되면서 HEV용 전지 사업에 대한 분석이 이루어졌다. 마케팅 부서에서는 자동차 전지 사업에 대하여 어두운 전망을 하였고 경영진은 마케팅 부서의 의견을 받아들이게 된다. 2006년 12월 Ford의 경영진이 공동마케팅에 대한 사업 제안을 하기 위해서 TOYOTA를 경유하여 삼성SDI를 방문한다. 삼성은 이미 HEV용 전지 시장을 어둡게 보고 있었으므로 냉담한 반응을 보인다. 또한, GM이 공동연구를 제안하였지만 삼성SDI는 거절한다. GM은 2007년에 LG화학과 계약을 한다.

2007년 1월 삼성은 과제 축소를 단행한다. 일부 인력들은 천안의 전지 사업부로 보내고, 연구소의 HEV용 전지 개발팀은 팀장을 임원에서 부장으로 교체하여 규모를 줄인 후, 사업 철수를 하고 있던 휴대용 연료전지팀 임원이 통합 관리하게 하였다. 이 과정에서 Ford와의 관계는 극도로 냉각된다. 감가상각비를 포함한 모든 개발 비용을 Ford에서 지원하면서 3세대(Gen 3) 전지에 대한 기대를 키워왔기 때문에 삼성의 결정에 대한 반발이 컸던 것이다.

삼성이 규모를 줄이면서 명맥만 유지하고 있던 2007년 중반 LG화학과 GM의 PHEV 공동연구가 계기가 되어 전기자동차 시장은 다시 활성화되기 시작하였다. 삼성SDI는 자동차용 전지 사업을 강화하기로 하고 시장 확보 작업에 다시 나서면서 HEV용 전지를 신수종 사업으로 선정하고 집중 투자하기로 결정한다. LG화학이 2000년에 HEV용 전지를 미래 핵심 과제로 선정하여 미국에 현지 연구 법인을 설립한 지 7년이 지난 후에 HEV용 전지를 핵심 과제로 선정한 것이다. 핵심 과제 추진의 첫 번째 단계로 협력 업체 확보 작업을 한다. 그러나 이번에는 Ford가 아니라 독일의 전장 업체인 BOSCH가 파트너가 되었다. 삼성은 BOSCH와 SB LiMotive(SBL)라는 자동차용 전지 합작법인을 설립한다. 중대형 전지 분야에서 SBL은 자동차 분야를 하고, 삼성SDI는 그 외의 분야를 하는 것으로 업무 배분이 이루어졌으며, 전기자동차의 마케팅은 독일의 BOSCH가 담당하게 된다. BOSCH는 삼성SDI로부터 전지 기술을 흡수하여 전지 사업이 가능한 수준이 되었다. 그렇게 되자 삼성과 BOSCH는 협력관계를 유지하는 것이 무의미한 상황에 처하게 되어 마침내 양사는 합작법인을 조기 종료하고 각자의 길을 가게 된다.

삼성은 미국보다는 유럽 시장에 더 관심이 많았다. 그래서 Ford와의 관계를 어렵게 청산하고 BOSCH를 통하여 유럽 시장에 집중한 것이다. 그러나 BOSCH는 BMW 시장 진출에는 성공하였지만 처음에 약속했던 Volkswagen 시장은 확보하지 못하였고 유럽 시장의 활성화 속도는 기대에 못 미쳤다. 2014년 삼성은 Ford와 다시 공동연구 계약을 한다. 먼 길을 돌아서 다시 Ford를 통한 미국 시장을 겨냥하게 된 것이다.

HEV 분야에서 삼성SDI와 BOSCH의 만남은 2004년 10월에 처음 있었다. BOSCH는 HEV 분야에 대한 협력 방안 협의를 위하여 삼성SDI의 HEV 전지 개발팀과 독일에서 협의를 원했다. BOSCH는 삼성SDI가 셀과 팩 기술을 맡고, BOSCH가 시장 확보를 맡는 업무 배분을 삼성에 제안한다. 그러나 삼성SDI는 당시 팩 기술이 없었으므로 협업이 힘든 상황이었기 때문에 협상은 결렬된다. 또한, HEV 전지 사업의 핵심인 마케팅을 다른 회사에 맡긴다는 것은 미래 성장에 큰 제약사항이 될 것이라고 판단하여 삼성SDI는 BOSCH의 제안을 거절한 것이다. 삼성SDI는 2004년 10월 BOSCH와의 미팅 이후 2005년 2월까지 미국과 유럽의 주요 자동차 업체와 협의를 진행한다. 이 과정에서 Ford와 연결되어 2005년 4월부터 공동연구에 대한 협의를 하게 된 것이다. 2004년 10월부터 2005년 2월까지 5개월간의 해외 업체 방문 활동에서 가장 먼저 만난 업체가 독일의 BOSCH였고, 가장 나중에 만난 업체가 미국의 Ford였다. 흥미로운 것은 이 두 업체가 전부 삼성SDI와 깊은 인연을 갖게 되었다는 점이다.

삼성은 HEV용 전지팀을 휴대용 연료전지팀에서 흡수 통합하여 관리하면서, 휴대용 연료전지 과제를 점진적으로 정리하고 HEV용 전지팀은 SBL로 이전시키는 전략을 취함으로써 전략 과제였던 휴대용 연료전지 실패의 충격을 최소화한 것이다. SBL이 설립된 후 삼성SDI 마케팅팀장이 SBL의 초대 CEO를 맡았고, 그다음은 전지 영업팀장이 뒤를 이었다. 기술 계통이 아닌 사람들이 CEO를 했다는 것은 큰 의미를 가진다. 삼성SDI는 삼성의 HEV용 전지 기술이 완성되었다고 생각했기 때문에 판매 계통의 인력이 주도하도록 한 것이다. 또한, 기술 개발이 끝나고 시장 확보만 남았다고 생각하여 독일의 BOSCH와 합작법인을 만들어서 본격적인 사업을 한 것이다. 그러나 실상은 기술의 완성도는 70% 수준이었다. 연구개발을 해야 할 시기에 너무 성급하게 사업 단계로 돌입하여 손익계산서에 입각한 경영을 한 것이 SBL의 행로를 어렵게 하였다. 삼성의 입장에서는 Ford는 개발 파트너였고, BOSCH는 사업 파트너였다. 개발이 끝나지 않은 상태에서 개발 파트너로부터 사업 파트너로 너무 빨리 배를 갈아탄 것으로 볼 수 있다. BOSCH가 삼성SDI와 협력을 시작할 때 BOSCH는 HEV용 전지에 대한 기술이 없었다. 그러나 삼성SDI와 SBL이라는 합작법인을 운영하면서 전지 기술을 철저하게 흡수하여 홀로서기에 성공하게 된다. BOSCH는 초기의 계획대로 삼성 SDI를 통하여 경쟁력 있는 중대형 전지 업체가 된 것이다.

⊙ 현대자동차

외환위기 이전에 현대자동차는 Top 7 업체가 아니었으므로 캘리포니아 주 에너지규약(California mandate)에 별로 관심이 없었다. 그래서 HEV보다는 GM처럼 연료전지 자동차 개발에 더 많은 자원을 투입하였다. 그러나 외환위기 이후 기아자동차와 합쳐지면서 현대자동차는 캘리포니아 주 에너지규약에서 규정한 Top 7 업체 경계선에 끼게 된다. 이때부터 친환경 자동차에 대하여 심각하게 생각하기 시작하였다. 현대자동차는 니켈수소 전지 중심으로 HEV 개발을 진행하다가 CPI를 통한 LG화학과의 만남으로 리튬이온 전지로 주력 전지를 변경한다. 현대자동차는 전지 공급업체로 LG화학과 SK이노베이션을 확보해 놓은 상태이다.

현대자동차와 삼성과의 관계는 1990년대 삼성자동차 이후에 상당히 멀어졌다. 삼성SDI의 지속적인 시도에도 불구하고 현대는 삼성SDI의 전지 사용을 선호하지 않고 있는 입장이다. 삼성은 국내 시장이 막혀 있는 상태에서 사업을 해야 하기 때문에 그만큼 불리할 수밖에 없었다. 중대형 전지는 LG, 삼성, SK의 삼파전이 되고 있다. 이 중에서 삼성은 국내 시장 진출이 어렵고, 세 업체 중에서 시행착오를 가장 많이 했다는 것이 불리한 점으로 작용하고 있다.

현대자동차와 현대모비스는 전지 인력을 다수 확보해 놓고 있으며 현대자동차의 경우는 전지 파일럿 플랜트도 운영하고 있다. 현대자동차, 현대모비스와 같은 업체가 전지에 대한 많은 관심과 축적된 기술에도 불구하고 전지 사업에 쉽게 진출하지 못하는 이유는 전지 사업의 문화가 자동차 사업과는 너무 다르기 때문이다. 관리 포인트가 다른 사업이므로 사업 운영이 어렵다는 것을 알기 때문에 사업 진출을 주저하는 것이다. 실제로 많은 자동차 업체가 단독으로 전지 사업을 하려는 시도를 하였었다. 그러나 이제는 자동차 업체 단독으로 사업하는 것은 어렵다고 느끼고 있는 것 같다.

12

:

전지 소재 사업

전지는 소재 사업이 아니다. 그렇지만 전지 발전사를 볼 때 소재가 결정적인 역할을 하였다. 게임의 법칙을 바꾼 것은 소재였다. 니켈수소 전지의 수소저장합금, 리튬이온 전지의 흑연과 양극소재인 LCO와 NCM이 대표적인 예이다. 특히 선발 업체 간의 경쟁에서는 소재가 결정적인 역할을 해 왔다. 1990년대 리튬이온 전지 Top 3였던 SONY, SANYO, MBI의 경쟁이 대표적인 예이다. 각 업체들은 결정적인 순간에 새로운 소재로 승부를 뒤집었다. 그리고 세 업체 중에서 소재 기술이 가장 뛰어났던 SANYO가 1990년대 리튬이온 전지 경쟁에서 주도권을 잡았다. 판매 물량뿐만 아니라, 앞선 소재 기술로 시장을 선도하였다. 인조 흑연으로 용량을 증대시켰고, 천연 흑연 도입으로 가격 경쟁력을 확보하였다. 습식 분리막과 건식 분리막의 장점을 겸비한 하이브리드 분리막의 개발도 SANYO의 작품이었다.

1) 전지 소재 사업 특성

(1) 소재 사업 분류

전지 소재 사업은 전지의 4대 구성 요소인 양극소재, 음극소재, 분리막, 전해액으로 크게 나눌 수 있다. 이 중에서 양극소재와 전해액 사업은 전지 업체에서 주도적으로 개발을 해야 하는 사업이다. 왜냐하면 전지 성능에 결정적인 역할을 하는 소재이고 전지를 심도 깊게 알아야 개발을 할 수 있는 소재이기 때문이다. 양극소재는 투자비가 적기 때문에 1990년대 리튬이온 전지 사업 초기에는 대부분의 일본 업체들이 일부 물량을 내재화했다. 전해액은 전지 개발에서 양극과 음극이 정해진 후 양극과 음극 특성에 부합되도록 선정하게 된다. 그래서 가장 마지막에 결정되는 소재가 전해액이다. 이런 이유로 전해액 업체가 단독으로 개발할 수 있는 성격의 사업이 아니며 전지 업체에서 전지 개발의 일부분으로 전해액 개발을 하는 경우가 많아 전지 업체와의 협업이 필수적이다.

양극소재와 전해액처럼 전지 업체에서 개발을 주도하는 사업을 "전지 업체 주도형 소재 사업"이라고 한다. 전지 업체에서 내재화를 하든지 전지 업체의 개발 결과를 받아 소재 업체에서 제조하는 방식을 취한다. 그렇기 때문에 대기업보다는 중소기업에 더 적합한 사업이라고 할 수 있다. 양극소재 업체가 전지 업체와 협업을 하지 않고 단독으로 양극소재를 개발하였다면 소재 판매 시에 전지 업체에 전극 제조 방법까지 제공해야 하는 상황이 벌어질 수도 있다. 그렇게 되면 양극소재 업체로서는 실제로 전지 개발까지 해야 하므로 과다한 개발과 영업비용으로 수익을 낼 수 없게 된다.

음극소재는 전지의 성격을 결정하는 소재로서 음극소재가 변경되면 전지 시스템의 변경이 필요할 수 있다. 그래서 대개 전지 산업을 주도하는 실력 있는 업체가 음극소재 개발을 하게 된다. 리튬이온 전지의 경우도 음극 활물질이 변경되면서 전해액, 바인더, 제조 공정 등이 변경되었다. 전지 시스템이 변경된 것이다. 일단 시장 요구에 부합되는 고성능, 저가의 음극소재가 개발되면 이것이 전지 업계에 표준이 되는 경우가 많다. 거의 모든 전지 업체에서 이 음극을 사용하기 때문에 대규모 물량 공급이 가능한 대기업에서 전체 전지 업체를 대상으로 사업하는 형태를 취하게 된다. 분리막의 경우도 마찬가지이다. 분리막은 안전성에 민감한 소재이기 때문에 새로운 분리막 채용은 보수적으로 할 수밖에 없다. 분리막 사업도 전지 업체 전체를 대상으로 사업하는 것이기 때문에 대기업 사업 유형에 속한다. 또한, 분리막은 발화, 폭발과 같은 필드 사고의 원인이 될 가능성이 높다. 필드 사고 발생으로 리콜 등의 조치가 취해졌을 때 대응이 가능해야 하므로 회사 규모가 중요 요소가 된다. 그러므로 중소기업이 분리막 사업을 할 경우에는 채용을 주저할 수밖에 없게 된다. 이처럼 음극소재와 분리막 사업은 양극소재, 전해액과는 다른 성격의 사업이다. 그래서 이것을 "소재 업체 주도형 소재 사업"이라고 한다. 주로 대기업이 세계 시장을 대상으로 사업하는 형태이다. 소재 사업을 할 때 앞의 두 형태 중에서 어떤 형태의 사업이 될 것인지 먼저 검토한 후에 그것에 맞는 추진 전략을 수립하는 것이 중요하다.

(2) 중대형 전지 소재

1990년대 휴대용 전자기기용 소형 리튬이온 전지의 용량 경쟁이 한창이었을 때에는 평균적으로 10개월 주기로 용량이 증대되었다. 이것을 전지에서는 버전업(version-up)이라고 부른다. 일반적으로 버전업에서는 소재를 변경하기 어렵다. 개발 기간이 너무 짧기 때문이다. 일본에서는 버전업 작업을 제조 현장에서 주도한다. 왜냐하면 기존 소재를 사용하면서 전지 설계나 공정 변경이 주를 이루기 때문이다. 소재 변경이 있을 때에만 개발팀이나 연구소에서 관여하게 된다. 이런 개발 시스템이기 때문에 소형 리튬이온 전지에서는 소재 개발의 중요성이 크지 않았다.

반도체나 디스플레이 사업에서는 새로운 장비를 설치해야 할 때 세대(Generation) 구분을 한다. 장비가 성능에 중요한 역할을 하는 사업이기 때문이다. 그러나 전지에서는 장비의 역할이 크지 않다. 반도체, 디스플레이와는 달리 고가의 장비를 사용한다고 성능 향상이 이루어지지는 않는다. 전지에서는 일반적으로 소재가 바뀌는 것을 기준으로 세대 구분을 한다. 그 반면에 동일 세대에서 용량이 증대되는 것은 버전이 바뀌는 버전업이라고 한다. HEV와 같은 중대형 전지는 새로운 모델 출시 주기가 3년 이상으로 길다. 또한, 자동차의 경우는 자동차 출시 후 부품을 10년 이상 보유하고 있어야 하므로 버전업을 자주 하면 자동차 업체나 전지 업체 모두에게 부담이 된다. 그래서 버전업에 신중을 기할 수밖에 없다. 그러므로 소형 리튬이온 전지와는 대조적으로 중대형 리튬이온 전지에서는 소재 개발이 효과를 발휘할 수 있다. 소재 개발을 해서 새로운 전지에 적용시킬 시간이 충분히 있기 때문이다. 소형 리튬이온 전지가 전지 설계와 제조 공정의 개선으로 용량을 증대시키는 버전업 경쟁이라고 하면, HEV와 같은 중대형 전지는 새로운 소재로 세대를 앞서가는 경쟁이라고 할 수 있다. 전지 업체가 소재 사업을 할 경우에 경쟁 전지 업체에 판매하기가 어려워진다. 그래서 소형 리튬이온 전지에서는 일반적으로 전지 업체에서 소재 사업을 하지 않았다. 양극소재의 경우 사용량의 40~60% 정도의 물량을 내부에서 공급하는 정도의 소규모 사업을 하는 정도이다. 전지 업체에서는 소재 개발을 해서 전문 업체에 이관하는 방법을 사용하였다. 왜냐하면 직접 소재 사업을 하면 BEP(Break Even Point, 손익분기점) 물량 확보가 어려워지기 때문이다. BEP 물량 확보를 위해서는 다른 전지 업체에 소재를 판매해야 하는데 다른 전지 업체가 경쟁사의 소재를 사려고 하지 않을 수 있기 때문이다. 그러나 HEV와 같은 중대형 전지 시장에서는 시장 규모로 인하여 상황이 달라진다. 소재 사업을 하여 자체적으로 사용한다고 하여도 BEP 물량 이상이 될 가능성이 높다. 그렇다면 고유의 소재 기술을 갖고 있는 전지 업체에서 다른 전지 업체에 소재를 판매하지 않고 독점적으로 고유 소재를 사용할 수 있게 된다. 다시 말하면 전지 소재를 강력한 경쟁 도구로 사용할 수 있게 된다는 말이다. HEV와 같은 중대형 전지에서 소재 기술의 중요성을 강조하는 이유가 바로 여기에 있다. 만약에 소재 기술에서 경쟁력이 떨어지면 이것이 그대로 전지의 경쟁력 약화로 연결될 수 있게 된다는 것이 소형 리튬이온 전지 사업과의 차이점이다. 그러나 중대형 전지 시장이 본격 궤도에 올라와야 소재를 내재화하여도 BEP 물량 이상이 될 것이다. 그 이전까지는 소형 전지와 중대형 전지의 차이점이 명확히 표출되지 않는다. HEV와 같은 중대형 전지 시장에서는 소재 기술, 전지 설계 기술, 제조 공정 기술의 전지 기술 3요소가 균형을 이루고 있는 업체가 경쟁우위를 확보할 것으로 예상된다.

(3) 소재 개발 시스템

이제는 국내 업체도 선발 업체로서 경쟁을 해야 할 때가 되었다. 기존의 경쟁이 전지 설계와 공정 기술의 경쟁이었다면 향후 경쟁은 소재 기술의 경쟁이 될 가능성이 높다. 전지 소재의 특징은 전지 전문가가 개발을 해야 제대로 된 소재가 나온다는 점이다. 일본 업체의 경우 전지 개발을 오래한 사람이 전지 소재 개발을 한다. 그렇기 때문에 전지 설계, 제조 공정의 요구 사항을 소재 개발자가 잘 알고 있다. 국내 업체에서는 신입사원 때 전지 개발과 소재 개발 인력은 갈라진다. 전지 개발과 소재 개발 간의 벽이 높아서 인력 교류가 거의 없으며 연구원 당사자들도 전지와 소재를 넘나들면서 연구 활동하기를 원하지 않는다. 신입사원 때 선택한 길은 임원이 된 후에도 변경되지 않는 것이 보통이다.

전지 소재 개발은 대개 전지의 4대 구성 요소로 구분하여 개발하고 있다. 각 소재 개발자 간의 교류도 거의 없다. 양극을 개발하는 사람이 다른 소재에 대하여 잘 알고 있어야 전체 전지 시스템에 맞는 전지 소재를 개발할 수 있다. 이것이 전지 소재의 특수성이다. 그러나 실제로는 전지 소재 개발을 통합 시스템으로 보고 개발하는 업체는 거의 없다. 개발 시스템이 이런 식으로 운영되다 보니까 소재 개발자들이 해야 할 실험들이 전지 개발자에게 넘어오는 경우가 많다. 예를 들어서 전극에 전해액 흡수 속도 측정과 같은 실험은 활물질 개발 인력들이 해서 최적의 활물질을 만든 후 전지 개발 인력들에게 넘겨주어야 한다. 그러나 대부분의 전지 업체에서는 이런 실험을 전지 개발 부서에서 한다. 전지 소재 개발 시스템이 제대로 갖추어지지 않았기 때문에 일어나는 현상이다.

전지 소재 개발 인력을 전지 개발 전문가이면서 동시에 소재 전문가로 육성하는 것은 쉬운 일이 아니다. 일단 소재 개발 당사자들의 거부감이 크다. 또한, 소재와 전지가 분리되어서 개발을 한 기간이 20년 이상 되다 보니까 기존의 전지 소재 개발 시스템을 개선하는 작업은 거의 불가능해졌다. 그러나 HEV용 전지 사업에서는 전지 소재 개발 시스템을 어떤 업체에서 효율적으로 바꾸느냐가 경쟁의 핵심이 될 것이다. 소재 개발 시스템을 바꾼 후 개발 투자가 들어가야 효과가 있다. 소재뿐만 아니라 전지 개발 시스템도 평가 기준을 바꿀 필요가 있다. 지금까지는 연구원의 숫자가 많을수록 연구개발력이 뛰어난 것으로 생각하였지만 반대로 생각해야 할 시점이 된 것이다. 연구원 일인당 연구 생산성을 도입해야 전지 업계의 리더로서 경쟁력을 확보할 수 있다. 또한, 전지 개발자와 소재 개발자 간의 지리적인 거리가 짧을수록 효율적인 전지 개발 시스템을 갖고 있는 업체라고 말할 수 있다. 소형 리튬이온 전지에서는 전극 개발 인력들이 개발 책임자의 참모 역할을 해 왔다. 그러나 HEV용 전지와 같은 중대형 전지에서는 전지 평가 인력과 소재 개발 인력이 참모 역할을 해주어야 한다. 전지 평가 인력은 현재 어디로 가고 있는지를 알려 주고, 소재 개발 인력은 내일 어디로 가야 할 것인지를 알려 주는 역할을 하게 된다.

2) 소재 사업 추진 예

국내 전지 소재 사업의 역사를 보면 성공 사례가 실패 사례보다 훨씬 많다. 제일모직의 전해액 사업과 SK에너지의 습식 분리막 사업, 한국유미코아의 양극소재 사업이 대표적인 성공 사례이다. 또한, 에코프로, L&F의 NCM 사업도 삼성SDI와 LG화학에 소재를 공급하면서 위상을 높이고 있다. 성공 사례의 공통점은 출발점이 전지 기술이라는 점이다. 전지 기술 인력의 지원을 받아 일의 순서를 제대로 지켜가면서 시행착오를 최소화한 것이 성공 비결 중 하나였다. 또 하나의 성공 요소는 전지 업계에서 검증된 공정과 장비를 바탕으로 사업을 하였다는 점이다. 그렇다면 소재 사업에서 실패할 가능성이 많은 방법은 그 반대의 방법이 될 것이다. 전지 기술을 무시하고, 검증된 공정과 장비 대신에 새로운 공정과 장비를 도입하는 것이다. 이 장에서는 재발 방지를 위해서 실패 사례에 대하여 소개하기로 한다. 역사는 반복하는 속성이 있다. 특히 실패의 역사는 더욱더 그런 속성이 강하다. 다음에 소개하는 내용은 특정 업체에 한정된 것이 아니고 앞으로 어떤 업체에서도 다시 일어날 수 있는 그런 이야기이다.

(1) 삼성SDI

산화물인 양극소재는 세라믹 제조 공정을 사용한다. 양극 활물질인 LCO는 비교적 간단한 공정인 고상법[1]을 사용한다. 삼성SDI는 브라운관을 제조해 왔다. 그러나 브라운관은 TFT-LCD, PDP와 같은 평면 TV에 밀려서 사라지게 되었다. 삼성SDI의 수원, 부산 공장의 브라운관 공장은 이런 기술적 추세에 밀려 문을 닫았다. 삼성의 외국 현지 공장도 사정은 마찬가

1 고체 상태의 반응물을 서로 섞은 후 열을 가하여 생성물을 제조하는 방법이다.

지였다. 삼성SDI는 브라운관에 도포되는 형광체를 자체 생산하고 있었으므로 브라운관용 형광체 제조 기술과 제조 장비가 있었다. 형광체 제조 기술은 기능성 세라믹 기술 중에서 난이도가 높은 기술 중 하나이다.

형광체와 전지 양극소재는 세라믹이라는 공통점이 있기 때문에 형광체 팀에서는 가동되지 않고 있는 형광체 제조 장비를 활용하여 양극소재인 LCO를 자체 생산하기로 한다. 형광체 개발과 제조에 종사했던 입장에서 고상법의 LCO 제조는 너무 간단한 개발이었다. 하지만 자신 있게 시작한 개발이었으나 2003년에 수차례에 걸친 시도에도 불구하고 개발을 하지 못하게 된다. 전지 소재는 제조 공정은 간단하지만 실제 사용 환경은 그렇게 간단하지가 않다. 삼성SDI가 인식하지 못했던 것은 장비 호환성의 중요성이다. SONY가 LCO 양산 기술을 개발할 때 다양한 장비를 통한 다각적인 시도를 한 결과 성능, 품질, 가격 측면에서 최상의 것을 선택한 것이다. 간단해 보이지만 그 안에는 많은 시행착오의 결과가 숨어 있었던 것이다. 양극 활물질 예에서 보는 것처럼 제조 장비를 바꾸려고 해서는 실패 확률이 높다. 일단은 선발 업체의 장비와 동일한 방법으로 재현한 후에 더 개선 사항이 필요하다면 그때 수정하는 것이 바람직하다. 삼성SDI 형광체 팀은 그 이후에 NCM 개발에 성공한다. 선발 업체가 사용한 장비를 바탕으로 개발을 추진하여 좋은 결과를 얻을 수 있었던 것이다.

전지 소재 공장에서 약간의 개선 작업도 전지 성능에는 큰 문제를 일으킬 수 있다. 삼성SDI는 소형 리튬이온 전지 양극소재인 LCO를 한국유미코아[2]로부터 공급받고 있었다. 한국유미코아는 오랫동안 신뢰성 있는 LCO 소재를 공급해 오고 있었다. 그러던 어느 날 삼성SDI는 전지에서 이상 징후를 발견한다. 역추적 결과 양극 활물질이 원인이라는 것이 밝혀져

2 삼성SDI 천안 공장에서 가까운 곳에 양극소재 제조 공장이 있다.

서 한국유미코아와 공동으로 공정 변동 사항이 있는지 조사를 하였다. 모든 공정 변수에는 변화가 없었으나 한국유미코아에서 품질 향상을 위하여 금속 이물을 걸러내는 자석을 설치한 것이 유일한 변화였다. 소재의 순도가 높아지면서 믹싱, 코팅 공정에 영향을 준 것으로 밝혀졌다. 성능 개선을 위해서 설치한 장치가 품질 변화를 초래한 것이다. 한국유미코아는 수요처인 전지 업체에 통보 없이 공정을 변경했기 때문에 클레임 처리를 해줄 수밖에 없었다. 양극소재 사업은 이처럼 전지 업체와 밀착되어 추진해야 하는 사업이므로 전지 업체 주도형 사업으로 분류되는 것이다. 또한, 아직까지는 양극소재 분말 물성과 전지 성능 및 품질과의 연계성을 완전히 파악하지 못하고 있는 상태이다. 그래서 공정 변수 변경이 전지 품질에 어떤 영향을 줄 것인지 잘 모르기 때문에 개선 작업 시 주의를 해야 한다.

제일모직은 1990년대부터 삼성SDI의 전지 소재 파트너 역할을 해 왔었다. 전해액 사업의 성공을 통해서 자신감을 얻은 제일모직은 삼성SDI와 공동으로 니켈계 양극소재 개발을 한다. 그러나 2002년도에 삼성SDI가 니켈계 양극소재를 사용한 전지 개발에 실패하면서 제일모직의 전지 소재 개발 활동도 같이 위축된다. 전해액과 양극소재가 중소기업형인 전지 업체 주도형 소재 사업이라는 것도 제일모직 입장에서는 문제였다. 제일모직은 전해액과 니켈계 양극소재 사업이 제일모직에 부합되지 않는 사업이라는 결론을 내리고 충북 오창에 있는 에코프로에 매각한다. 충북 오창은 LG화학 전지 사업의 중심지이다. 에코프로는 LG화학과 공동연구를 통하여 니켈계 양극소재 기술을 완성시킨 후 LG화학에 공급한다. 삼성에서 오랫동안 개발한 양극소재 기술이 경쟁사인 LG화학으로 이전되어 꽃을 피우게 된 것이다. HEV용 전지 시장이 활성화되면서 전지 소재 사업이 다시 활기를 찾게 되자 제일모직은 분리막 사업을 위하여 인력을 다시 모으지만 한 번 무너진 전지 소재 사업 기반을 다시 구축한다는 것은 쉬운 일이 아니었다. 결국 제일모직은 2014년에 삼성SDI와 합쳐지면서 철수했던 전지 소재 사업을 다시 하게 된다. 삼성SDI는 제일모직과 합치고, 그동안 유지해 왔던 적자 사업인 PDP 사업에서 철수하면서 디스플레이 업체에서 에너지 관련 업체로 완전히 탈바꿈하게 된다. PDP는 작게 만드는 것이 힘들고, TFT-LCD는 크게 만드는 것이 어렵다. 그러나 TFT-LCD가 사이즈에 대한 제약사항을 뛰어넘게 되면서 성능에서 PDP는 TFT-LCD와 경쟁이 어렵게 되었다. 삼성SDI는 PDP의 약점인 선명하지 않은 영상과 색상을 극복하기 위해서 감성 영상이라는 개념까지 도입하여 마케팅을 하였으나 결국은 TFT-LCD의 기술 장벽을 뛰어넘지 못하였다.

삼성SDI가 전지 업체임과 동시에 전지 소재 업체가 되면서 전지 소재 사업의 경쟁력이 전지 사업의 경쟁력에 직결되게 되었다.

(2) 한화케미칼

한화케미칼의 핵심 기술 중 하나가 초임계 수열합성법이다. 초임계가 되면 액체가 기체의 성질을 흡수하여 액체와 기체의 중간적인 성질을 갖게 되므로 반응 속도가 매우 빨라진다. 한화케미칼은 핵심 기술인 초임계 수열합성법으로 LFP 소재 사업을 하기로 하고 소재 개발에 들어간다. 소재 개발에 자신이 있었기 때문에 전지 소재 사업 경험 인력을 확보하지 않고 한화케미칼 자체 인력으로 개발을 추진하였다. 초임계 수열합성과 분무건조법을 연결시켜 LFP 분말을 만드는 공정을 개발하게 된다. 초임계 수열합성과 분무건조법은 전지 소재에서는 사용하지 않는 공정이다. 왜냐하면 재현성이 나쁘고 반응 속도가 빨라 품질을 제어하기 힘들기 때문이다. LFP는 일반적으로 고상법이나 수열합성법으로 제조한다. 초임계 수열합성법은 공정 중에 리튬이 많이 소모되기 때문에 일반적인 공법에 비하여 원가가 높았다. 그러나 한화케미칼은 성능이 우수하면 프리미엄 가격으로 팔 수 있을 것이라고 생각했다. LFP는 캐나다 Hydro-Quebec에서 분말 표면에 카본 코팅으로 전자전도도를 높여 활물질로 사용 가능하게 하였는데 이것이 강력한 특허로 되어 있다. 한화케미칼은 이 특허를 회피하기 위해서 CNT(carbon nano tube) 코팅을 한다. 한화케미칼은 CNT 사업도 하고 있었기 때문에 적절한 선택이라고 생각했다. 그러나 CNT는 고가의 재료이기 때문에 원가가 올라갔다. 또한, 전지에서는 공정의 균일성 확보가 어려워 CNT 채용을 꺼려한다.

파일럿 플랜트에서 만족스러운 품질이 나오자 2010년 울산 공장에 월 50톤 규모의 실증 공장을 건설하고 LFP의 주 시장인 중국에 판매를 시작한다. 중국의 전지 업체인 BYD와 Wanxiang에 판매하였다. 파일럿에서 양산으로 규모를 키우는 과정에서 파일럿 플랜트에서 구현했던 품질이 양산에서 재현되지 않는 문제점이 발생했지만 한동안 중국 판매는 계속 진행되었다. 중국 판매 실적을 바탕으로 증설 결정을 한다. 증설을 진행하고 있던 중에 BYD와 Wanxiang으로부터 품질 클레임을 받는다. 양산 장비가 다 제작되어 대부분의 대금이 지불된 상황이었지만 급하게 양산 공장 건설을 중지시켰다. 2012년부터 2013년 12월까지 품질 개선 활동을 적극적으로 펼쳤지만 더 이상 개선은 이루어지지 않았다. 전지 성능에서도 문제를 보였고, 알루미늄박과의 접착력도 나빠서 전극이 떨어졌으며, 분말 표면 위에 코팅된 CNT는 활물질 표면에서 분리되는 현상이 발생하였다. 한화케미칼은 판매 촉진을 위해서 전지 파일럿 플랜트에서 전지제조처방(recipe)을 만들어 전지 소재와 처방을 같이 공급하여 판매처를 확보하려고 하였다. 그러나 분말의 특성이 일관성이 없어서 전지제조처방과 분말 특성의 상관관계를 구할 수가 없었다. 판로가 막힌 300톤의 악성 재고가 몸을 더욱더 무겁게 하였다. 무엇보다도 품질이 안정되어 중국 시장에 판매가 재개된다고 하여도 원가구조상 이익을 낼 수가 없었다. 한화케미칼은 결단을 내려서 2014년 1월에 LFP 사업에서 철수한다. 2012년 11월 전지 파일럿 플랜트를 건설한 지 1년 만에 중대형 전지 개발 활동을 중단하고, 다시 1년 만에 LFP 소재 사업을 그만두게 된 것이다. 초임계 수열합성과 분무건조로는 전지에서 요구하는 품질 수준을 만족시킬 수 없었다. 한화가 고상법을 채택하였다면 상황은 바뀌었을지도 모른다. 그러나 연구소에서 초임계 수열합성법의 응용 사업으로 LFP 소재 사업을 기획하다 보니 고상법으로 추진하기는 어려웠던 것이다.

후발 업체가 선발 업체와 경쟁하려면 동일한 도구로 선발 업체와 동등 이상 수준에 도달했다는 것을 보여 주어야 한다. 그 다음 단계가 고유 기술로 승부하는 것이다. 공정이 간단할수록 숨어 있는 기술이 많다. 전지 사업이 바로 그런 사업이다. 경험 위주의 기술이므로 후발 업체가 새로운 도전을 할 때 선발 업체가 왜 그런 공정과 장비로 그렇게 만들었는지 스스로 물어볼 필요가 있다. 선발 업체가 걸어온 길을 겸허한 자세로 살펴보아야 한다는 것이다.

신사업에서는 사업을 철수할 때 제대로 순서를 밟아서 하는 것이 중요하다. 왜냐하면 실패에 대한 참원인 분석 없이 사업을 철수하면, 상황이 좋아질 때 비슷한 사업을 다시 하게 되어 있기 때문이다. 같은 실수를 계속 반복하는 것이다. 그렇기 때문에 철수 사업의 수장은 해야 할 일이 많다. 사업 실패의 원인 분석과 교훈성 대책을 도출하는 것은 물론이고 사업을 위해서 구축한 것을 무리 없이 원래 자리로 갖다 놓아야 한다. 장비, 인력, 기술을 정리하는 일이 마지막 사업부장의 역할이다. 가능하면 장비와 기술을 묶어서 기술로 판매가 가능한지 연구하고 실천에 옮겨야 한다. 기술과 장비를 결합시켜 패키지로 만들었을 때 다른 환경에서는 가치 있는 기술이 될 수도 있기 때문이다. 그러나 실제로 사업을 정리할 때 너무 서둘러 인력 정리를 하려는 경향이 있다. 빨리 잊어버리고 싶은 것이다. 그러나 회사 입장에서도 인력에 들어가는 인건비는 설비 투자비와 그동안 들어간 개발비에 비하면 큰 비용이 아니다. 설비, 기술을 정리한 후에 가장 나중에 정리해야 할 것이 인력이다. 그러나 한화케미칼의 경우는 장비가 그대로 있고, 실패의 원인 분석과 책임을 져야 할 사람이 밝혀지지도 않은 상태에서 전지 관련 인력만 전부 정리하였다. 신사업 실패는 교훈을 얻을 수 있고, 이 교훈이 후속 사업에 도움을 줄 수 있다면 성공보다 더 소중할 수 있다. 사업을 시작하는 것보다 더 중요한 것이 어떻게 철수하느냐이다. 철수하는 뒷모습이 그 업체의 수준과 미래의 모습을 결정한다.

3) 향후 방향

(1) 소재 기술 경향

음극은 전지 시스템의 특성을 가장 잘 표출하는 소재이다. 음극의 개발은 자연스럽게 새로운 전지의 개발과 연결된다. 전지 소재 개발은 2개의 큰 축으로 진행된다. 음극 개발을 통한 새로운 전지 개발과 양극 개발을 통한 차세대 리튬이온 전지 개발이다. 둘 중에서 성공적인 결과가 나오는 쪽으로 전지 산업은 이동하게 될 것이다.

⊙ 음극

음극은 카본, 인조 흑연, 천연 흑연으로 발전되어 왔다. 여기까지는 리튬이온 전지 시스템 내에서의 개발이다. 비정질 주석(Sn), 규소(Si)의 금속계로 오면서 리튬이온 전지의 범주를 넘어서고 있다. 궁극적으로는 리튬 합금(Li-Al)을 거쳐서 리튬 금속까지 개발이 진행될 것으로 보인다. 다시 말하면 음극 개발의 궁극적인 목표는 리튬 금속이다. 리튬 금속이 가능해지면 공정이 간단해지므로 가격 경쟁력도 올라갈 수 있다. 차세대 전지로 부각되고 있는 전지는 리튬폴리머 전지(LPB), 리튬-황(Li-S) 전지, 리튬-공기 전지이다. 이 전지들의 공통점은 리튬 금속을 음극으로 하는 전지라는 점이다. 다시 말해서 차세대 전지는 리튬 금속을 안전하게 사용하는 방법을 개발하는 연구로 축약시킬 수 있다. 리튬이온 전지에서 흑연 음극은 개발 초기부터 개선점이 많았던 소재였다. 결정구조가 약해서 외부 압력에 의하여 결정구조가 잘 깨지므로 믹싱과 압연 공정에서 과도한 압력을 가할 수 없다. 특히 고용량 흑연은 강도가 약해서 단독으로 사용하기 힘들고 고강도 흑연과 혼합을 해야 하는 불편한 점이 발생하게 된다. 또한, 양극보다 수명 열화가 일찍 시작되므로 흑연 음극은 장수명 전지 개발에 장애물이었다. 이런 이유 때문에 흑연을 대체하려는 연구가 많이 진행됐지만 아직까지도 흑연의 영향권에서 벗어나지 못하고 있다. 규소 음극의 부피 변화를 줄이기 위해서 나노기술을 응용한 개발에서 어느 정도 성과도 있었지만 아직까지는 흑연에 소량 섞어서 사용하는 정도이다. 리튬 금속을 음극으로 하는 리튬 2차전지의 상용화가 캐나다 Moli Energy사에서 시도된 지 27년이 흘렀다. 그러나 아직까지 리튬 금속의 문제를 해결하지 못하고 있다. 리튬 금속에 대한 관심이 적었던 것이 개발 부진의 원인이 될 것이다. 그러나 이제는 리튬이온 전지의 음극 개발이 리튬 금속까지 연결된다는 것을 전지 업체에서 인식하고 있으므로 혁신 기술이 나올 가능성도 그만큼 높아졌다. 특히 TOYOTA에서 LPB와 Li-Air에 대해 연구를 하고 있다는 것은 리튬 금속 음극으로는 다행스러운 일이다.

⊙ 양극

음극에 고용량 흑연과 고강도 흑연을 혼합하여 사용하는 것처럼 양극에도 NCM과 LMO를 혼합하여 사용하고 있다. 소재를 혼합한다는 것은 시간이 경과함에 따라 다시 분리될 수 있다는 것을 의미한다. 그러므로 혼합은 과도기적 방법이다. 휴대용 전자기기처럼 사용 기간이 짧은 용도에서는 큰 문제가 없으나 HEV나 ESS처럼 10년 이상 사용하는 용도에서는 소재의 분리가 일어날 수도 있다. 그렇기 때문에 단일 소재로 사용가능하도록 개발 방향이 설정되어야 한다. NCM에서는 용량을 맡고 있는 금속인 니켈의 양을 늘리는 방향으로 연구개발이 진행되고 있다. 양극소재에서 또 하나의 연구 방향은 자동차의 SSA(Start-Stop Application)이다. SSA라고 하는 Micro HEV에서는 개량된 납축전지인 AGM(Absorbent Glass Mat)[3] 전지와 경쟁해야 한다. 성능, 가격, 엔진룸의 혹독한 온도 환경에서 AGM 납축전지와 경쟁하기 위해서는 새로운 소재에 의한 리튬이온 전지 설계가 필요할 것으로 보인다. LFP 전지는 3.2V라는 낮은 전압으로 인한 에너지 밀도 문제로 큰 성장을 못하고 있지만, 망간이 도핑(doping)되어 들어간 올리빈(olivine) 계는 전압 측면에서는 가능성을 남겨 놓고 있다. 중국 전지로 인식되고 있는 LFP 전지는 향후 한국과 일본의 전지 업체에서 어떻게 하느냐에 따라 미래 경쟁 양상이 많이 달라질 것으로 보인다.

⊙ 분리막과 전해액

리튬이온 전지 분리막의 특징 중 하나는 화학 조리개(chemical shutter) 기능이다. HEV용 전지가 개발되던 2000년대 초에 중대형 전지에서 과연 화학 조리개 기능이 필요한 것인지에 대한 논의가 많았다. 중대형 전지용 분리막에서는 화학 조리개 기능보다 더 필요한 것이 열적 안정성이다. 온도가 올라가면서 분리막이 수축되면 하드 쇼트(hard short)가 일어날 가능성이 높기 때문이다. 여름에 주차된 차의 온도를 생각해 보면 전지가 고온에 자주 노출된다는 것을 알 수 있을 것이다. 이때 분리막의 열적 안전성이 나쁘면 수축과 팽창을 반복하면서 문제를 일으킬 수 있다. SK와 LG화학이 분리막에 세라믹 코팅을 한 것도 근본적으로는 열적 안전성 확보를 위한 것이다.

전해액은 고리 모양의 유기용매에 사슬 모양의 유기용매를 혼합하여 녹는점, 점도 등의 물성을 맞춘 후 리튬염을 넣는 방법으로 제조한다. 전해

3 기존의 분리막을 개선한 납축전지이다.

액 제조 공장도 공정 자체는 간단하다. 전해액의 물성과 전지의 성능과의 연계성을 파악하는 것이 어려울 뿐이다. 1990년대 말부터 전해액 개발의 핵심은 첨가제 개발이었다. 1990년대 말부터 휴대용 전자기기 업체의 요구 사항이 세분화되고 구체화되기 시작하였다. 전지 업체에서는 세부적인 요구 사항을 전해액 첨가제로 대응했다. 그런 과정에서 첨가제는 전지 업체의 고유 기술 중 하나가 된 것이다. 첨가제는 마치 효소처럼 특정 성능과 안전성에만 효과가 있다. 그리하여 시간이 흐를수록 첨가제는 늘어나게 되어 있다. 첨가제는 전지 입장에서는 일종의 불순물이므로 첨가제를 넣으면 수명 성능은 저하된다. 깨끗한 전지일수록 수명 성능이 좋아진다. 또한, 첨가제를 넣은 전지를 10년 이상 사용했을 때 첨가제로 인하여 어떤 부작용이 발생할 것인지 판단할 수 있는 충분한 데이터가 아직 없다. 그러므로 HEV용 전지처럼 사용 기간이 긴 전지에서는 첨가제 사용 시 주의해야 한다.

분리막과 전해액이 합쳐진 것이 폴리머 전해질이다. 이온 전도성 폴리머가 개발된 지는 40년 가까이 되었고, 이온 전도성 폴리머를 폴리머 전해질로 사용한 지는 30년이 넘었지만 아직도 폴리머 전해질은 전지에서 상용화가 안 되고 있다. 폴리머 전해질은 개발만 되면 전지 시장의 판도를 바꿀 수 있는 소재이다. 그러므로 장기 과제로 개발할 필요가 있다. 2000년대에 전지 업계에 이온성 액체가 한때 붐을 일으킨 적이 있다. 그러나 아직 가시적인 효과를 내지는 못하고 있다.

(2) 추진 전략

리튬이온 전지에서 세대 구분은 소재에 의해서 할 수 있다. 음극은 카본에서 인조 흑연으로 오면서 세대가 바뀌었고, 인조 흑연에서 천연 흑연으로 오면서 또 한 번 세대가 구분되었다. 양극은 더 명확하다. LCO에서 니켈계 양극으로 오면서 세대가 구분되었다. 제품 수명이 짧은 휴대용 전자기기용 소형 리튬이온 전지에서는 동일 세대에서 버전업으로 경쟁하였다. 그 반면에 제품 수명이 긴 HEV용 전지에서는 세대 경쟁이 될 것이므로 새로운 세대를 만드는 업체가 시장을 주도하게 될 것이다. 그렇기 때문에 중대형 전지에서 소재 기술이 중요해진다.

국내의 전지 3사 중에서 삼성SDI는 전자 회사이고 LG화학과 SK이노베이션은 화학 회사이다. 또한, LG와 SK는 자체적으로 전지 소재 사업을 활발하게 하고 있다. 그렇다면 HEV와 같은 중대형 전지 시장에서 전자 회사인 삼성SDI보다 소재 기술에서 장점을 보일 수 있는 화학 회사인 LG와 SK가 경쟁우위를 보일 수 있다는 말인가? 전지 소재에서는 반드시 그렇지는 않다. 성능, 가격 측면에서 경쟁력이 없는 소재 사업을 내부에서 갖고 있는 경우에는 전지 사업에 오히려 큰 부담으로 작용된다. 중대형 전지 경쟁력은 회사 문화나 소재 사업 인프라에 상관없이 전지 인력들이 얼마나 전지 소재에 대하여 정확하게 이해하고 적절히 활용하느냐에 달려 있다.

사업적인 측면에서는 양극소재와 전해액을 "전지 업체 주도형 소재 사업"이라고 하였고, 음극소재와 분리막은 "소재 업체 주도형 소재 사업"이라고 하였다. 용도 측면에서는 양극소재와 음극소재는 전극 제조 시에 필요한 소재이므로 "전극소재"라고 하고, 전해액과 분리막은 전지 조립 시에 필요한 소재이므로 "조립소재"라고 한다. 이것이 의미하는 바는 전극소재는 전극 기술의 일부이고, 조립소재는 화성 공정을 포함한 조립 기술의 일부라는 것이다. 전지를 개발하고 만드는 시각에서 본 소재의 분류법이다. 전지 소재는 이렇게 전지 개발, 제조와 깊은 연관성을 갖고 있으므로 전지 개발 활동의 일부로 간주해야만 세대를 바꿀 수 있는 소재 개발을 할 수 있다. 그렇지 않을 경우에는 자원을 아무리 많이 투입해도 시장을 주도하는 기술이 나오기 힘들어진다. 전지 제조 공정은 전극 제조, 전지 조립, 화성 공정으로 되어 있다. 여기에 소재 제조를 덧붙여서 전극 제조 앞의 공정으로 소재 제조 공정이 있다고 생각하는 것이 가장 정확한 전지 소재 기술과 사업의 정의가 될 것이다.

아직까지 국내에서는 새로운 세대를 정의할 수 있을 정도의 파급력 있는 전지 소재를 개발한 경험이 없다. 소재 개발의 단기, 중기, 장기 로드맵에서 단기 과제와 기존 소재의 양산에 너무 치중하고 있는 것도 사실이다. 이런 것은 구태여 관리를 하지 않아도 자연스럽게 흘러가는 영역이다. 실제로 더 많은 자원을 투입해야 하는 부분은 중장기 소재이다. 이를 위해서는 종자 투자(seed investment) 방법도 성공 확률을 높이는 방법이 될 것이다. 가능성 있는 기술에 대하여 종자 투자를 많이 해 놓고 전지 업체에서는 선별 작업을 통하여 수렴해 나가는 것이다. 이 외에도 중장기 과제 수행 방법은 다양하게 많을 것이며 업체에 따라 고유 방법이 있다. 1990년에 니켈수소 전지가 사업화되고, 연이어 1991년에 리튬이온 전지가 사업화된 이후 아직까지도 새로운 전지가 출현하지 못하고 있다. 또한, 리튬이온 전지 내에서도 새로운 세대를 정의할 수 있는 신기술은 많지가 않다. 다시 말해서 전지는 혁신의 속도가 느린 사업 영역이다. 원래 전기 화학 분야가 혁신이 빠르게 이루어지는 분야가 아니다. 이런 상황에서 리튬이온 전지의 마지막 경쟁이 기다리고 있다. 중대형 전지의 소재 기술 개발 경쟁이다.

2020년경에는 이 경쟁의 승자가 결정될 것이라고 조심스럽게 예상해 본다. 전지 개발 시스템을 얼마나 효율적으로 재수립하느냐가 경쟁력 확보의 핵심이 될 것이다. 전지 개발 시스템의 핵심은 전지 기술자를 많이 육성하는 것이다. 전지 기술자란 소재 기술부터 전지 제조와 팩 기술에 이르는 전 분야를 깊게 아는 사람이다. 전지 기술자는 자연스럽게 육성되는 것이 아니라 의도적으로 열정을 가지고 육성해야 한다. 이 책을 읽고 있는 독자 중에서 전지 업계에 종사하는 사람이 있다면 "과연 나는 전지 기술자인가?"라는 질문을 자기 자신에게 해 볼 필요가 있다. 만약 본인이 반쪽 기술자라면 나머지 반쪽을 채울 수 있도록 노력하는 것이 어떨까?

13 : 사업 전략

소형 리튬이온 전지가 범용화되면서 남보다 한발 앞선 개발을 통하여 프리미엄 가격으로 판매할 수 있는 기회가 줄어들게 되자 전지 업체들의 관심은 HEV와 같은 중대형 전지로 몰리기 시작했다. 중대형 전지를 대표하는 시장이 HEV이다. HEV 시장은 휴대용 전자기기 시장에 비하여 까다롭다. 그 이유는 자동차의 부품 개발 프로세스를 따라야 하기 때문이다. 자동차 사업의 핵심은 부품 개발과 관리이다. 그러므로 오랜 사업 경험을 바탕으로 한 부품 개발 프로세스가 잘 정립되어 있다. 또한, 부품을 구매하는 구매팀이 중심적인 위치를 차지하고 있는 것은 자동차와 같은 조립 사업의 특징이다.

HEV용 전지 시장에 진출하려면 어떤 과정을 거쳐야 하는지 간략하게 소개하도록 한다. 자동차 업체마다 마일스톤(milestone)의 명칭은 다르지만 대부분 비슷한 과정을 거쳐서 부품을 개발한다. 여기에서는 Ford의 마일스톤 명칭을 기준으로 설명하도록 한다. 자동차 업체와 공동연구를 통하여 개발을 할 때에는 먼저 IR(Implementation Readiness)이라고 부르는 개발 완료 마일스톤을 통과해야 한다. IR 마일스톤이 통과되면 자동차 업체에서는 자동차 설계 부서에 통보하여 자동차 본체 설계를 시작하게 된다. 이때부터 개발 비용이 들어가기 때문에 IR 통과 여부에 대한 심사를 엄격히 한다. 전지 업체는 IR에서 전지 설계를 확정한다. 이 단계에서 전지 소재와 설계가 확정되므로 더 이상 변경을 할 수 없게 된다. 이것을 전지처방 확정이라고 한다. 만약에 IR 이후에 전지 소재와 설계를 바꿀 경우에는 IR을 다시 받아야 한다. IR부터 양산까지는 최소 34개월이 걸린다.

IR 다음은 M1[1] 단계이다. 전지를 300V 팩으로 만들어 팩 성능 시험을 하는 것이다. 이 단계에서 통과하지 못하면 개선 작업을 한 후 다시 팩을 만들어 시험한다. 그렇게 되면 M2가 된다. M2가 될 경우에는 대개 추가로 6개월이 더 소요된다. 전지 업체 입장에서는 양산이 지연되는 것을 의미하므로 한 번에 통과하는 것이 중요하다. 그다음 단계는 J1(Job 1)이다. 전지를 HEV에 장착하여 실장 시험을 하는 단계이다. 여기서 자동차 업체는 전지 양산 공장의 심사까지 마치게 된다. 부품 개발 마일스톤은 전지 업체뿐만 아니라 자동차 업체에서도 대규모 개발비가 들어가는 것이므로 일단 시작되면 자동차 업체와 밀착해서 진행할 수밖에 없다. 자동차 양산은 SOP(Start of Production) 마일스톤을 통과해야 이루어진다. 부품 업체와 자동차 업체가 최종 점검을 하는 마지막 관문이다. 전지 샘플을 제출하여 성능 평가에서 통과되면 양산 공급을 하는 휴대용 전자기기용 전지와는 완전히 다른 사업이라고 할 수 있다. 휴대용 전자기기에서도 핀란드의 Nokia 같은 업체에서는 자동차 업체의 스펙인 과정처럼 여러 단계의 마일스톤을 통과해야 비로소 판매가 가능하다. 삼성SDI와 LG화학은 소형 리튬이온 전지에서 주요 업체와 스펙인 작업을 하면서 비슷한 경험을 했으므로 비교적 쉽게 HEV 시장에 진출할 수 있었다. HEV와 같은 자동차는

---

1 Model 1의 약자로, 팩 평가 마일스톤이다.

대개 3년 주기로 새 모델이 나온다. 그러므로 새 모델 개발 주기에 연동시켜 전지 개발을 진행시키는 것이 중요하다.

미래 전지 시장이 휴대용 전자기기에서 HEV로 바뀌어 가면서 경쟁의 양상이나 필요 역량도 변화되어 가고 있다. 또한, 새로운 형태의 사업도 가능하게 되었다. 미래 시장 진출을 위해서는 지금까지의 휴대용 전자기기 시장과는 다른 관점에서 접근해야 한다. 그러므로 이 장에서는 미래 시장 변화 양상에 대한 예측과 대응방안에 대하여 알아보기로 한다.

1) 전지 사업 성공 요소

지금까지의 소형 리튬이온 전지 역사를 보았을 때 휴대용 전자기기에 사용되는 소형 리튬이온 전지의 사업 성공 요소는 다음과 같이 두 가지로 요약될 수 있을 것이다. 첫째, 소형 리튬이온 전지에서는 주요 핵심 업체를 확보하는 것이 중요한 관문이었다. 그러므로 주요 핵심 업체 확보가 가능한 수준까지 사업 체계를 정비해야 한다. 주요 핵심 업체 확보 여부가 사업의 승패를 좌우하기 때문이다. 두 번째 성공 요소는 상품기획력이다. 주요 핵심 업체와 협력 체계가 구축되면 공동 상품기획을 통하여 남보다 한 발 앞선 개발을 할 수 있게 된다. 여기서 개발의 초점은 대개 전지 설계 개선이 된다. 남보다 6개월이나 1년 정도 앞선 제품을 출시하여 프리미엄 가격으로 판매하면 후발 업체들은 6개월이나 1년 후에 동일 제품을 낮은 시장 가격으로 판매하게 되므로 선발 업체의 이점이 생기게 되는 것이다. 이런 활동을 잘한 업체가 일본의 SANYO이다. 소형 리튬이온 전지에서 새로운 소재는 시장의 흐름을 바꾸는 역할을 주로 하였다. 리튬이온 전지 시장의 큰 줄기를 바꾸어 가는 역할을 소재 기술이 강한 업체들이 하였으며 이 업체들을 선두 업체라고 불렀다.

중대형 전지의 핵심 시장은 HEV이며 ESS 시장은 파급 시장으로 볼 수 있다. ESS의 요구 성능에 정확히 맞는 전지를 설계하여 대응하는 전지 업체는 거의 없다. HEV 전지 사업에서 설계하고 제조한 전지를 그대로 활용하는 시장으로 간주되어 왔다. 그렇기 때문에 ESS에서는 대부분 요구 스펙보다 높은 전지를 사용하고 있다. HEV 개발 초기 시점인 2000년대 초에는 팩 개발을 전지 업체에서 했다. 자동차 업체에서는 셀을 평가하는 충방전 설비가 없었기 때문에 전지 평가를 위해서는 팩 형태로 제공했어야 했다. 그리하여 HEV 전지를 초기에 개발한 업체는 팩 기술 위주로 개발할 수밖에 없었다.

팩 개발 순서는 LG, SK, 삼성 순이다. SK는 HEV용 전지를 개발하기 이전부터 SK에너지에서 BMS 개발을 하고 있었다. 삼성SDI는 2004년에 HEV용 전지 개발 계획을 수립할 때 LG와의 격차를 단기간에 극복하기 위해서 전지 셀에만 집중하기로 한다. 2005년 초에 Ford와 공동연구를 하게 되었을 때에도 Ford가 팩 기술을 이미 확보하고 있었기 때문에 전지 셀에만 집중할 수 있었다. 팩 기술이 없었던 삼성SDI 입장에서는 팩 기술을 가지고 있는 HEV Top 3 업체[2] 중에서 협력 업체를 확보해야 했다. 그래서 삼성SDI가 Ford와 공동연구를 하게 된 것이다.

전지 업체에서는 양산시에도 팩으로 공급할 것으로 생각했었다. 그런데 전장 업체와 자동차 업체가 팩에 관한 기술을 확보하자 팩은 자동차 업체와 전장 업체의 영역이 되었다. 왜냐하면 자동차의 정보가 많이 들어가므로 전지 업체에 자동차 차제에 대한 정보를 제공하는 것은 바람직하지 않다고 생각했기 때문이다. 그래서 HEV 사업에서 전지 업체는 셀만 제공하는 것으로 시스템이 고착되는 경향을 보이고 있다. 전지 업체 입장

2 TOYOTA, HONDA, Ford

에서는 팩 개발에 많은 자원을 투입했기 때문에 투자회수가 필요했다. 그래서 발굴된 것이 ESS와 같은 시장이다. 물론 팩 기술을 활용하기 위한 목적만으로 ESS 시장을 개척한 것은 아니지만 ESS 시장은 HEV 팩 기술을 활용할 수 있는 좋은 기회였던 것만은 분명하다. 특히 HEV용 전지 팩 개발에 많은 자원을 투입했던 LG화학과 SK의 경우는 더욱 그렇다. 그러나 초기에 ESS 시장 개척을 가장 적극적으로 한 업체는 공교롭게도 삼성SDI였다. 삼성SDI는 독일의 BOSCH와 합작법인을 만들면서 중대형 전지에서 HEV와 같은 차량 분야는 합작법인의 영역이 되었다. 삼성SDI는 중대형 전지에서 ESS 분야만 할 수 있었던 것이다. 그래서 ESS 시장 형성과 전지 개발을 다른 업체보다 적극적으로 추진할 수밖에 없었다. ESS는 시장에서 요구하는 전지 스펙이 HEV보다 낮다. 반면에 용량과 전압이 높기 때문에 팩 기술의 중요성이 부각되어 팩이 핵심 기술이 된다. 팩 기술이 핵심이 되는 사업은 팩 속에 어떤 전지가 들어가는지는 크게 신경을 안 쓴다. 그래서 ESS에서 ESS용 전지를 새로 설계하는 것보다는 기존 전지를 사용하는 것이다. 지금의 중대형 전지 시장은 HEV는 셀 사업이고, ESS는 팩 사업으로 요약할 수 있다. 그러나 1990년대 휴대용 전자기기에서 그랬던 것처럼 대량생산 체제가 되면 HEV 팩 사업은 결국은 전지 업체로 넘어오게 될 것이다. 삼성SDI는 2007년까지는 팩 개발을 하지 않았었다. 파워로직스에 초보적인 BMS 개발을 의뢰하는 정도로 겨우 명맥을 유지했으며, 팩 개발 인력은 전지 평가로 업무 전환을 시켜 운영하였다. 그러다가 BOSCH와 합작법인을 설립하면서 팩 개발을 시작하게 된다. 또한, PDP 개발을 중지하면서 다수의 PDP 개발 인력이 전지 쪽으로 이동하여 팩 개발 인력이 급격히 증가하였다. 그래서 삼성의 팩 기술은 뿌리가 LG, SK와는 다르다. 삼성SDI는 LG화학보다는 7년, SK보다는 5년 정도 늦게 중대형 팩 개발을 시작한다. 삼성SDI가 전자 회사이기 때문에 화학 회사인 LG화학이나 SK에 비하여 팩 분야에 본질적인 장점이 있다고 하지만 5년에서 7년의 격차를 어떻게 극복할 것인지는 지켜보아야 할 일이다. 중대형 전지 시장에서는 소재 기술과 더불어 팩 기술이 중요 기술로 부각되는 분야라고 할 수 있다. 이런 이유로 화학 회사인 LG와 SK가 팩 기술 개발에 많은 시간과 자원을 투입했던 것이다.

중대형 전지 시장을 대표하는 HEV용 전지의 사업 성공 요소를 정리해본다. 중대형 전지의 사업 성공 요소는 다음과 같이 소형 리튬이온 전지와는 약간 다르다. 공동마케팅이 가능한 자동차 업체를 확보하여 범용성이 있는 전지를 개발한다. 그리고 여기에 자체 개발된 소재를 차별화 포인트로 하여 후발 업체와의 간격을 넓히는 것이다. 이렇게 개발이 완료된 다음에는 자동차 업체와 공동으로 개발된 전지를 전 세계로 파급시키면서 시장을 키우는 것이 주요 전략이다. 남보다 한발 앞선 개발로 경쟁하는 소형 리튬이온 전지와는 달리 범용성이 있고 차별화 포인트가 있는 전지로 경쟁하는 시장이다. 그러므로 소재를 포함한 전지 개발력과 마케팅 능력이 소형 리튬이온 전지 사업보다 더 중요하게 될 것으로 생각된다.

HEV 같은 중대형 리튬이온 전지에서 공통적인 우려 사항은 시장 팽창 속도가 느리다는 것이다. HEV, PHEV, EV(Electric Vehicle) 등 다양한 친환경 자동차가 이미 시장에서 선을 보였고, 전지도 니켈수소 전지와 여러 종류의 리튬이온 전지가 각축을 벌였지만 아직까지 시장 방향이 확실치가 않고 팽창한다는 뚜렷한 증거도 없다. 휴대폰과 노트북과 같은 휴대용 전자기기 시장과 HEV와 같은 중대형 전지 시장과의 차이점은 중대형 전지 시장은 잘 안 되면 돌아갈 수 있는 모델이 있다는 점이다. HEV, PHEV가 가격, 성능 면에서 제대로 된 이익을 주지 못하면 언제든지 일반 자동차로 돌아갈 수 있다는 것이 자동차 업체의 입장이다. 그 반면에 휴대폰과 노트북은 돌아갈 수 있는 모델이 없었다. 그래서 휴대용 전자기기 업체가 적극적이었던 것이다.

휴대용 전자기기용 소형 리튬이온 전지는 이미 범용화되어서 프리미엄 가격으로 판매할 수 있는 기회가 별로 없다. 전지 업체 입장에서는 HEV와 같은 중대형 전지가 잘 안 되면 소형 전지에 집중한다는 전략도 이제는 통하지 않게 되었다. 그러므로 전지 업체는 HEV 시장에서 승부수를 걸 수밖에 없는 상황에 봉착해 있다. 중대형 전지를 겨냥하고 있는 국내의 전지 3사는 이제는 좀 더 적극적인 방법으로 시장을 늘릴 시기가 되었다.

여러 가지 다양한 전략이 있겠지만 그중 한 방법을 소개하기로 한다. 먼저 목표 전지를 정의한다. 목표 전지 정의를 위해서는 파급성이 큰 전지를 선정하는 것이 좋다. 창의성뿐만 아니라 누구라도 쉽게 만들 수 있는 범용성이 중요하다. 업체에서 쉽게 받아들일 수 있는 전지가 되어야 하기 때문이다. 목표 전지가 현재 사업을 하고 있는 전지가 될 수도 있고, 많은 개선과 변경이 된 전지가 될 수도 있다. 목표 전지 정의는 파트너가 되는 자동차 업체와 공동으로 한다. 목표 전지 정의 단계가 사업의 승패를 결정하는 단계(critical path)이므로 전지에 대한 지식과 경험을 총동원해서 충분한 시간을 두고 할 필요가 있다.

그다음에는 전지 개발이 진행된다. 전지 개발이 완료되면 자동차 업체와 함께 공동마케팅에 들어간다. 공동마케팅의 목적은 목표 전지에 대한 시장 확보뿐만 아니라 HEV 시장 크기를 키우는 것이 중요하므로 진입장벽을 낮추어 가능한 한 많은 업체들이 참여할 수 있도록 해야 한다. 현재 전지 사업을 하고 있는 상황에서 공동마케팅이란 새로운 접근법을 채용한다는 것은 현실적으로 어려울 수 있다. 그러므로 여러 전지 업체가 연합하여 차세대 모델용 전지를 공동 설계하고 개발하는 것도 고려해 볼 만한 일이다. 소형 리튬이온 전지와는 달리 중대형 리튬이온 전지는 단독으로 해결할 수 있는 그런 성격의 시장이 아니다. 전지 업체 간 협업이나 전지 업체와 자동차 업체 간의 협업이 있어야 공동의 고민거리인 시장 성장이 이루어질 수 있다. 시장을 키우지 않는 한 중대형 전지는 가동률 문제와 재고 문제로 사업 합리화가 힘들어질 수도 있다.

2) 네트워킹 사업

(1) 전지 사업의 속성

SANYO는 화성 설비가 모자랄 때 화성 공정을 외주로 해결하였다. 삼성SDI는 전극이 모자랄 때 에너테크[3]에 전극 제조를 의뢰하여 공급받았다. 물론 화성 공정과 전극 제조 공정 조건은 SANYO와 삼성SDI에서 제공하였다. 반도체나 디스플레이는 제조 라인 1개의 가격이 조 단위이므로 제조 설비를 갖고 직접 제조를 할 필요가 있는 사업이다. 그 반면에 리튬이온 전지는 제조 라인 1개가 500억 원에서 1,000억 원 사이이며 계속 가격이 내려가고 있다. 1조 원이면 동일한 리튬이온 전지 제조 라인이 10개나 20개가 된다. 이런 식이면 제조 설비를 늘리는 데 한계가 올 수 있다. 제조 라인 증가에 따라 관리 인력도 같이 늘어나야 되기 때문에 제조 라인을 늘릴수록 효율성이 떨어지게 되어 있다. 이런 것이 반도체나 디스플레이 사업과 다른 점이다. 리튬이온 전지 제조 기술도 범용화되고 있다. 그렇다면 미래에는 다른 방식의 전지 사업이 나올 수도 있을 것이다. 전지 사업에서는 생산설비와 같은 하드웨어보다는 전지 설계와 전지 공정 기술과 같은 소프트웨어가 더 중요하다. 비싼 장비를 사용한다고 제품의 성능이 좋아지는 사업이 아니라는 것이다. 반도체는 수작업으로 제조가 가능하지 않은 반면, 전지는 근본적으로 수작업으로 제조가 가능하다. 이것이 전지 사업의 특징이고 하드웨어보다는 소프트웨어에 집중해야 하는 이유이다. 전지 사업에서 하드웨어가 중요했던 시기가 있었다. 1990년대에 일본의 장비 업체가 장비에 대한 고유 기술을 갖고 있었을 때에는 장비가 있어야 어

3 2000년대 초에 새한 전지 사업부에서 분사한 충북 충주시에 있는 전지 업체로 2008년 미국의 에너원에 인수되어 2012년 에너테크 인터내셔널이 되었다.

떻게 제조하는지를 알 수 있었기 때문에 장비가 중요했다. 좀 더 정확히 말하면 기술을 파악하기 위해서 장비가 중요했던 것이다. 2010년도에 들어와서 리튬이온 전지 제조 공정이 알려지고 장비 업체도 많이 생겨나면서 장비는 기술을 실현시키는 도구라는 올바른 개념이 정착되기 시작했다. 돈만 있으면 언제든지 쉽게 전지 파일럿 플랜트나 제조 장비를 설치할 수 있는 시대가 도래한 것이다. 이런 시대에는 기술인 소프트웨어보다 장비인 하드웨어에 치중한 사업은 시대에 뒤떨어진 방법이다.

(2) 새로운 사업 방법

시장 확보 능력이 있는 사람들이 전지 설계와 공정 설계 기술이 있으면 전지 제조에 필요한 전지제조처방(recipe)을 작성하여 전문적으로 전지를 제조하는 업체에 의뢰하여 전지를 제작한 후 전지 사업을 하는 형태를 미래 지향적 전지 사업인 네트워킹 사업이라고 한다. 이때 고유 기술이 가미된 전지 소재 사업을 하고 있다면 자기의 소재를 사용하여 네트워킹 사업을 할 수도 있을 것이다. 향후에는 설비와 같은 하드웨어가 있어야 전지 사업을 할 수 있는 것이 아니라는 것이다. 또한, 선발 업체인 삼성SDI, LG화학, SK이노베이션도 물량이 늘어나면 어느 시점에는 네트워킹 사업과 병행해서 전지 사업을 운영하면 관리 인력을 대폭 줄일 수 있을 것이다.

전지 사업을 하려고 할 때 어떤 순서로 사업을 하느냐가 중요하다. 일반적으로 전지 셀 사업을 궁극적인 목표로 하고 있는 업체가 전지 소재 사업을 먼저 하는 경향이 있다. 가치사슬상 소재 사업은 시장에서 가장 멀리 있는 사업이며, 한정된 전지 업체를 대상으로 해야 하는 사업이다. 시간이 아무리 흘러도 전지 사업을 향한 여정에는 거의 진척이 없게 될 가능성이 높다. 시장에 가장 가까운 사업인 팩 사업부터 시작을 하는 것이 바람직하다. 팩 사업은 투자비가 적기 때문에 전략의 유연성을 발휘하기 쉽고 전지 시장의 접점 역할을 하는 사업이므로 전지 사업 전반에 대한 정보를 쉽게 파악할 수 있다. 팩 사업에 대한 경험이 어느 정도 쌓이면 그다음 단계로는 전지 설계, 제조 공정에 대한 기술을 갖고 있는 인력을 확보하는 것이다. 전지 기술을 갖고 있는 인력들이 전지제조처방을 작성해서 전지를 외주로 확보한 후 팩 사업과 연결시키면 네트워킹 사업이 되는 것이다. 전지는 기술 사업이다. 1990년대 초에 LG가 McKinsey로부터 21세기 비전 사업에 대한 컨설팅을 받았을 때 3차 산업을 강조하였다. 제조업에서 생각할 수 있는 3차 산업은 아마도 전지 네트워킹 사업 정도가 될 것이다. 네트워킹 사업에서 중요한 것은 차별화 기술이다. 기존의 전지를 사오는 것보다 성능과 가격에서 차별성이 있어야 네트워킹 사업이 합리화될 수 있다. 전지 사업을 하려고 파일럿 플랜트까지 투자했다가 철수하는 경우도 상당히 있었다.[4] 전지 사업에 대한 경험과 지식 없이 파일럿 플랜트를 투자하는 것은 2차 산업적인 발상이다. 설비 투자 이전에 전지 팩 사업을 하면서 네트워킹 사업을 통하여 가능성을 2년 이상 점검한 후에 파일럿 플랜트 투자를 하는 것이 바람직한 접근법이다. 전지 네트워킹 사업은 공장이 없는 전지 사업이다. 공장의 심사가 강조되는 지금의 상황에서는 시기상조일 수도 있지만 시간이 흘러서 전지 기술에 대한 정의가 새롭게 되고, 상황이 바뀌면 전지의 3차 산업 형태인 네트워킹 사업이 보편화될 수도 있을 것이다. 소재 사업, 전지 셀 사업, 팩 사업으로 구성된 전지 가치사슬에서 팩, 전지 셀, 소재의 순서로 사업을 진행하는 것이 바람직하다. 전지 소재 사업부터 먼저 하려는 시도는 위험할 수 있다. 또한, 가치사슬상 어떤 사업을 한다고 하여도 가치사슬상의 모든 사업을 다 알고 있어야 한다.

HEV 사업에서 자동차 업체와 네트워킹이 강한 전장 업체가 팩 기

4 한화케미칼이 2011년에 투자한 파일럿 장비를 1년 후에 철수했고, 1990년대에는 미국의 Eveready와 일본의 후지필름이 양산 장비를 시운전 단계에서 철수했다.

술과 전지 기술을 확보하면 전지 사업을 주도할 수 있게 된다. 전지 설계와 공정 기술이 있기 때문에 셀을 만드는 업체에 전지제조처방을 주고 셀을 주문 생산으로 확보한 후 팩을 만들어 자동차 업체에 공급하는 사업이 전장 업체의 네트워킹 사업이다. 이런 능력을 확보한 전장 업체는 Johnson Control, BOSCH, Continental, 현대모비스 등이다. 전장 업체가 HEV 전지 사업에 네트워킹 사업 형태로 진출하여 전지 업체와 경쟁한다면 전지 업체로서는 힘겨운 경쟁이 될 것이다. 또한, 미국의 Apple, Google처럼 창의력으로 무장한 업체가 네트워킹 사업을 활용하면 전지 제조 기술에 대한 걱정없이 언제라도 전지 시장에 진출할 수 있을지 모른다.이런 상황이 발생한 것은 리튬이온 전지가 범용화되어 가고 있는 시점에 전지 업체에서 리튬이온 전지를 능가하는 새로운 전지를 개발하지 못했기 때문이다. 전지 업체가 소형 리튬이온 전지의 필드 사고 등으로 어려운 시간을 보내고 있던 2000년대 중반경에 새로운 시스템의 전지나 기존 리튬이온 전지에 새로운 소재를 결합시킨 차세대 리튬이온 전지가 개발되었어야 했다. 그러나 전지 업체가 필드 사고 수습하느라고 이 기회를 놓치면서 다른 분야의 업체들이 HEV용 전지 시장에 진출할 기회를 제공한 것이다.

자동차 업체인 TOYOTA는 이미 전지 업체로 등극하였고, 전장 업체는 전지 업체의 리튬이온 전지 기술과 팩 기술을 흡수하여 시장 진출에 필요한 기술의 토대를 마련하였다. BOSCH와 Continental이 삼성SDI, SK이노베이션과 합작법인을 설립하여 기술 흡수를 한 것도 이런 커다란 그림이 있었기 때문이다. 전장 업체는 이미 오랜 기간 동안 확보해 놓은 자동차 업계 네트워크가 있기 때문에 이제는 쉽게 HEV용 전지 시장 진출이 가능해졌다. 전장 업체 입장에서는 자체적으로 전지를 제조할 것인지, 아니면 네트워킹 사업 형태로 외주 생산을 할 것인지에 대한 결정만 남아 있는 상태이다. 전지 업체 입장에서는 위기에 봉착했다고 말할 수 있다. 이런 상황에서 전지 업체의 대응책은 간단하다. 소재 기술을 바탕으로 한 차세대 리튬이온 전지를 개발하여 전장 업체와의 격차를 벌려 놓는 것이다. 지금 상태에서 전지 업체와 전장 업체의 차별화 기술은 전지 소재 기술이기 때문이다. 전장 업체가 전지 소재 분야에까지 영역을 넓히기는 어려울 것으로 보인다.

일본의 전지 업체는 자동차 업체와 협업을 많이 하였다. 반면에 한국의 전지 업체는 전장 업체와 협업을 하였다. 한국 전지 업체 입장에서는 잠재 경쟁 업체와 협업을 하면서 전지 기술을 제공하는 결과를 낳게 되었다. 일종의 전략적 실수라고 할 수 있다. 전장 업체는 처음에 일본 전지 업체에 접근하였다. 그러나 그들의 반응은 냉담하였다. 그래서 방향을 한국으로 돌린 것이다. 전지 업체가 전장 업체와 협업을 할 경우의 위험성에 대하여 일본의 전문가들이 경고를 하기도 했었다.

자동차 업체는 전지 사업을 시도한 경험이 있다. 그 결과 전지 사업이 자동차 업체 문화에 맞지 않는다는 것을 이미 인식하고 있다. 그렇기 때문에 일본 전지 업체처럼 자동차 업체와 협력관계를 구축하는 것은 비교적 안전하다. 그 반면에 전장 업체는 근본적으로 부품 업체이고, 자동차 부품 중 하나가 전지이다. 그러므로 전지 사업은 전장 업체의 고유 영역이 된다.

삼성SDI와 BOSCH, SK이노베이션과 Continental의 협력관계는 종료되었지만, 한국의 전지 업체들이 다시 다국적 전장 업체와 협력관계를 갖게 될 가능성도 높다. 그렇게 되면 다국적 전장 업체에 흡수될 가능성도 배제할 수 없다. 삼성 SDI가 전장업체인 독일의 BOSCH와 합작법인인 SBL을 만든 것은 전략적 실수가 아니라 전기자동차 사업을 위한 기반 구축 활동일 수도 있다. 전지 업체가 전장 업체를 통합하면 하이브리드자동차 사업이 가능하기 때문이다. 그러나 전장 업체는 전지 업체가 상대하기에는 힘겨운 상대이다. 악어를 잡아먹다가 배가 터진 비단구렁이가 될 수도 있다.

3) 대형 전지 사업

(1) 만능 전지

전지 개발의 최종 목표는 만능 전지(universal battery)이다. 만능 전지란 모든 용도에서 경쟁력 있게 사용 가능한 전지이다. 1991년도에 리튬이온 전지가 시장에 선보였을 때 리튬이온 전지는 만능 전지와는 거리가 먼 전지였다. 2차전지의 역사상 가장 만능 전지에 가까웠던 전지는 균형 잡힌 성능이 장점인 니카드 전지였다. 그러나 니카드 전지는 카드뮴이 치명적인 병을 일으키는 원인 물질이라는 것이 문제였고, 납축전지보다 너무 비쌌다. 메모리 효과(memory effect)도 장애물이었다. 리튬이온 전지는 틈새시장용이라는 선입관념을 깨고 만능 전지에 상당히 가까이 접근해 있다. 리튬이온 전지가 어떤 과정을 거쳐서 지금의 위치까지 왔고, 만능 전지가 되기 위해서 향후 해결해야 할 과제가 무엇인지 알아보도록 한다.

1991년에 최초로 상용화된 리튬이온 전지는 수명이 1,200회 이상 되는 장수명 전지였다. 그러나 사용 시간을 좌우하는 용량 측면에서는 경쟁 전지인 니켈수소 전지보다 에너지 밀도가 낮았다. 리튬이온 전지 업체는 카본을 고용량의 인조 흑연으로 교체하여 용량을 증대시켜 휴대용 전자기기 시장에서 니켈수소 전지와 경쟁 가능하도록 하였다. 이어서 저가의 천연 흑연 음극 사용과 고가의 압연동박을 저가의 전해동박으로 교체하면서 니켈수소 전지와 경쟁 가능한 가격 경쟁력을 확보하게 된다. 그러나 1990년대의 리튬이온 전지는 고출력 방전 시 안전성에 대한 검증이 안 되어 있었기 때문에 여전히 구동 모터를 돌리지 않는 용도에 국한되어 사용되었다. 1990년대 말에 리튬이온 전지는 안전성에 대한 데이터 축적으로 안전성을 유지하면서 고출력 방전이 가능하게 된다. 구동 모터를 돌리는 용도에 사용이 가능해진 것이다. 고출력 방전 성능과 원가구조 개선을 바탕으로 2000년대 초에 전동공구 시장에 성공적으로 진출하면서 니카드 전지와 경쟁이 가능하게 되었다. 또한, 고출력 방전 성능과 니켈계 양극소재 개발이 합쳐지면서 중대형 시장인 HEV 시장에 진출할 수 있게 되었다. 리튬이온 전지로서는 가장 큰 장애물을 넘은 것이다. HEV는 모터를 돌리는 용도일 뿐만 아니라 전지 크기도 기존의 소형 사이즈에서 중대형으로 커진 것이므로 다양한 시장 진출을 가능하게 한 쾌거였다. 이때부터 리튬이온 전지의 만능 전지에 대한 가능성이 더욱더 커지게 되었다.

그러나 아직까지도 해결과제가 남아 있다. 리튬이온 전지에서는 보호회로를 제거하는 것이 필요하다. 실제로 1990년대 말부터 2000년대 초까지 보호회로를 제거하려는 연구가 활발히 진행되었던 적이 있었다. 보호회로를 제거한 리튬이온 전지를 PCMless 전지라고 불렀다. LMO와 같이 안전성이 우수한 양극 활물질 개발과 함께 보호회로 제거를 위한 개발이 동시에 이루어진 것이다. 왜냐하면 LMO와 같이 안전성이 우수한 양극소재에서 고안전성의 장점이 사업적으로 의미가 있으려면 보호회로 제거를 통하여 팩 가격이 낮아져야 하기 때문이다. 그렇지 않다면 고안전성 물질이 사업에 기여하는 바는 거의 없다고 할 수 있다. 리튬이온 전지에서 보호회로를 제거하려면 과충전에서 안전성이 확보되어야 한다. 과충전에서 안전성 확보는 수용액을 전해액으로 하는 전지의 산소 재결합(oxygen recombination) 기구 같은 과충전 방지 기구가 발명되어야 한다. 일부 연구에서는 전해액에서 과충전 방지 가능성을 암시하기도 하지만 아직 완성도가 많이 떨어진다. 중대형 전지의 BMS 회로에서는 과충전에서 안전성이 확보되면 셀 밸런싱(cell balancing) 회로도 제거할 수 있고, 릴레이와 Hall sensor 같은 부품도 줄일 수 있어 가격적인 측면에서 이득이 많다. 이처럼 안전성이란 가격 경쟁력과 밀접하게 관계되어 있는 것이므로 전지 업체에서 가격 경쟁력을 높이려면 안전성을 강화한 후 팩 원가를 획기적으로 낮추어야 한다.

(2) 납축전지 대체 시장

납축전지는 대용량의 저가 전지이다. 가격 경쟁력뿐만 아니라 AGM 전지의 출현으로 출력과 수명 성능도 획기적으로 향상되었다. 리튬이온 전지가 납축전지 시장에서 자동차용 SLI(Starting, Lighting & Ignition) 전지를 대체할 수 있을 때 리튬이온 전지는 만능 전지로 인정받을 수 있을 것이다. SLI 전지는 최종 목표이고 그 이전에 산업용 납축전지를 대체할 수 있는 전지 개발이 필요하다. 리튬이온 전지는 현재 대용량 전지 제조에 한계를 드러내고 있다. 안전성과 성능을 유지하면서 구현할 수 있는 최대 용량이 70Ah 정도이다. 그것도 단일 활물질이 아니라 LMO에 NCM을 혼합한 양극 활물질을 사용했을 때의 용량이다. 산업용 납축전지를 대체하기 위해서는 100Ah 이상 구현할 수 있는 대용량 전지가 개발되어야 한다.

산업용 납축전지는 정치용과 차량용으로 구분된다. 정치용에는 UPS와 ESS가 있고, 차량용은 골프카, 전동지게차, 전기청소차 등이 있다. 납축전지를 대체하는 시장에 대한 시도는 전지 업체에서 많이 하고 있다. 그런데 대부분 재고를 처분하기 위한 수단으로 생각하다 보니까 올바른 접근법을 취하지 못하고 있는 것도 사실이다. 납축전지를 대체하는 시장을 위해서는 리튬이온 전지를 시장 특성에 맞게 저가형으로 새로 설계하는 것이 바람직하다. 가격을 맞추려면 당연히 BMS 설계가 간단해져야 할 것이고 이렇게 간단해진 BMS에 대응 가능한 전지 설계가 도출되어야 할 것이다. 이런 과정에서 차세대 리튬이온 전지가 개발될 가능성도 있다. 산업용 납축전지를 대체한 다음에 자동차 SLI용 전지와 잠수함과 같은 초대형 전지팩에 도전하는 순서로 개발 로드맵을 잡는 것이 바람직할 것으로 사료된다. 골프카는 국내 골프장마다 100대 수준으로 보유하고 있다. 납축전지를 사용하고 있는데 12V 납축전지 4개가 직렬 연결된 48V형과 6개가 직렬 연결된 72V형이 있다. 전지는 운전석 좌석 밑에 팩 형태로 장착되어 있다. 수명은 대개 5년 정도이다. 국내 골프장은 언덕이 많다. 겨울 언덕 주행에서 파워가 제대로 안 나오는 문제점이 있고 충전을 자주 해야 하므로 회전율이 떨어지는 단점도 있다. 또한, 전지 관리를 하기 위한 관리 비용도 개선점 중 하나이다. 국내의 팩 업체들이 중국산 플라스틱캔 각형 리튬이온 전지를 공급받아 팩을 만들어 공급하고 있는데 전지의 성능과 신뢰성에 대하여 업체에서 만족하고 있는 상황이다. 플라스틱캔 각형 리튬이온 전지는 고율 방전에서 온도 상승이 문제이지만 골프카에서는 1C 방전 수준이므로 플라스틱캔 전지로도 요구 성능을 만족시킬 수 있다. 전동지게차는 리튬이온 전지로 교체 시 전지 외에 무게를 보충해 주어야 하므로 추가의 비용이 더 들어간다. 그래서 개발을 해 놓고도 상용화를 못하고 있는 상황이다. 그 대신 전지 업체에서는 전기청소차를 리튬이온 전지로 대체하는 데에 더 관심을 가지고 있다. 전기청소차는 실내에서 사용하는 소형 차량이며 가볍다는 것이 단점이 되지 않는 용도이다.

정치용 쪽에서 UPS 시장은 기존의 납축전지에 대하여 불만 요소가 많지 않다. 사용 빈도가 낮기 때문에 성능보다는 신뢰성이 검증된 납축전지 업체의 제품을 선호하는 경향이 있다. 교체 주기가 길어서 시장기회를 포착하기도 어렵다. 그 대신 인도 기지국 같은 경우에는 매일 충방전을 하는 사용 모드로 인하여 수명 성능과 출력 성능이 우수한 리튬이온 전지가 경쟁력을 발휘할 수 있는 시장이지만 역시 가격 장벽은 아직까지 높다. 시장 잠재력을 감안하여 다수의 업체들이 인도 기지국용 전지 시범사업에 참여하고 있다. ESS는 요구 용량에 따라 발전용, 설비용, 소형 가정용으로 분류된다. 이 중 소형 ESS를 ESS box라고 부른다. ESS box는 인버터, 충전기, 제어 회로(PCS: power control system)가 전지 팩과 연결된 것인데, 부품 중에서 가장 부피가 크고 고가의 부품이 전지이다. ESS box 사업에 참여하려는 계획을 갖고 있는 전지 업체도 상당수 된다. 그 이유는 ESS box의 핵심이 전지이기 때문이다. 공장에 ESS 설치를 의무화한다는 이야기도 있었으나 비용 문제 때문에 아직까지는 가시화되지 않고 있다. 발전용과 설비급에서는 리튬이온 전지 외에 NAS,[5] flow 전지[6]가 경쟁 전지로 인식되고 있다. 그러나 flow 전지는 아직 양산성이나 신뢰성이 검증되지 않았다. 설비급 이상의 시장에서는 시스템 사업을 전문적으로 하는 업체가 생겨났다. 효성이 대표적인 예이다.

납축전지 대체 시장에는 중국산 플라스틱캔 각형 전지뿐만 아니라, 재고 처분을 위한 전지가 많이 들어오면서 시장이 혼탁해져 있다. 전지 업계에서 명확한 기준을 정해야 할 사항이 재고 전지와 재고 소재의 사용 기간이다. 재고 전지뿐만 아니라 재고 소재도 시장에서 많이 유통된다. 안전성을 중요시하는 리튬이온 전지에서는 재고 전지와 재고 소재에 대한 유통 기한을 정해서 업체들이 준수하는 것이 필요하다. 그렇지 않으면 중대형 전지 시장에서 필드 사고의 원인이 될 수 있다. 중대형 전지에서 소형 전지와 같은 빈도로 필드 사고가 발생한다면 리튬이온 전지의 미래는 어두워질 것이다. 또한, 리튬이온 전지가 만능 전지를 향한 마지막 관문으로 납축전지 시장을 생각한다면 좀 더 조직적인 접근법이 필요하다. 납축전지는 가격 경쟁력뿐만 아니라 성능 측면에서도 경쟁력이 있는 고전적인 전지이다. 세방전지와 같은 납축전지 전문 업체에서는 리튬이온 전지가 위협적인 존재라는 것을 인정하고 소규모로 리튬이온 전지를 개발하고 있지만 여전히 납축전지의 경쟁력을 믿고 있다. 납축전지의 155년 역사는 무시할 수 없기 때문이다.

---

5 Na-S 전지로 Na를 음극, S를 양극으로 하며 세라믹 분리막을 사용하는 대형 전지이다.

6 레독스 흐름전지(Redox flow battery)라고 하며, 전극은 변함이 없고 두 종류의 전해액이 흐르면서 전지 반응이 이루어지는 대형 전지이다.

맺음말

1990년대 초부터 시작된 국내의 2차전지 개발은 1999년도와 2000년도에 LG화학과 삼성SDI가 일본 외의 업체로서는 최초로 리튬이온 전지 양산에 성공함으로써 산업 기반을 구축하였다. 2008년부터는 HEV용 전지 시장에 SK가 참여함으로써 국내 2차전지는 LG화학, 삼성SDI, SK이노베이션의 3자 경쟁 구도가 형성되면서 균형 잡힌 경쟁이 가능하게 되었다. 그러나 1990년대 초까지 중소기업 고유 업종으로 묶여 있었던 국내의 전지 사업은 아직도 산업 인프라가 취약하다. 선발 업체인 전지 3사를 추격하는 후발 업체의 활동이 미약하고, 전지 소재와 전지 장비에 대한 산업 인프라도 약한 편이다. 또한, 국내 전지 산업의 문제점은 다양성의 결여이다. 전지 업체의 규모가 커질수록 다양성의 부족은 심각한 문제가 될 수 있다.

국내 업체가 자동차 업체와 공동연구 계약을 할 때 가장 신경을 쓰는 부분은 소형 리튬이온 전지까지 모든 전지 기술을 빼앗길 수도 있다는 점이다. 이런 우려는 리튬이온 전지 전문 업체이기 때문에 나오는 것이고 실제로 계약을 잘못하면 우려하는 사태가 벌어질 수도 있다. 전지 종합 메이커에서는 걱정할 필요가 없는 그런 염려이다. 지금까지 삼성SDI와 LG화학 같은 선발 업체가 전지 사업 기반 구축에 주력하였다면 앞으로는 국내 전지 산업의 모양 만들기에 더 많은 시간을 할애해야 할 것이다. 리튬이온 전지 전문 메이커에서 전지 종합 메이커로 한 단계 도약해야 할 시기가 도래한 것이다. 지금까지의 국내 전지 경쟁 양상을 보면 후발 업체는 선발 업체와 동일한 전지를 목표로 삼고 선발 업체와 동일한 테두리 안에서 경쟁하려고 하다가 전지 사업을 포기하는 패턴을 반복하였다. 후발 업체 입장에서는 위험성은 크지만 성공 시 보상도 큰 차세대 전지나 차별화 기술에 과감히 도전하고, 사업 시에는 선발 업체와 어느 정도 협력관계를 유지하는 방법이 국내 상황에서는 바람직할 수 있다.

향후 치열한 경쟁이 예상되는 HEV전지 시장에서는 사업 성공 요소인 공동마케팅과 범용성과 독창성이 결합된 전지 설계와 차별화된 소재 기술로 경쟁하게 될 것이다. 이 시장에서 국내 업체가 경쟁우위를 확보할 수 있어야 지금까지 구축해 온 전지 산업 기반을 공고히 할 수 있다. 중대형 전지를 대표하는 HEV전지 시장에서는 휴대용 전자기기용 소형 리튬이온 전지보다는 더 다양한 경쟁자와 경쟁하게 될 것으로 보인다. 미국의 Johnson Control, 독일의 BOSCH 같은 전장 업체가 새롭게 참여하여 경쟁을 더 치열하고 다양하게 만들 것으로 예상된다. 극단적으로 표현하면 대부분의 전장 업체가 HEV용 전지 사업에 참여할 수도 있다. 전지 네트워킹 사업 등을 통하여 기존의 전지 업체보다 더 크고, 더 빠른 업체들이 경쟁에 참여할 가능성이 높아지고 있는 것이다. 전지 업체는 미래 시장에 대한 위기를 인식하고 새로운 소재에 의한 차세대 리튬이온 전지로 대응하려는 노력이 필요할 것으로 보인다.

이 책은 지난 20년 동안 주어진 상황에서 최선의 결정을 하고, 목표 달성을 위하여 최대한의 노력을 한 사람들의 기록이며 미래 전지 사업에 대한 청사진이다. 국내 선발 업체의 궁극적인 목표는 에너지 종합 메이커가 되는 것이다. 에너지 종합 메이커가 되기 위해서는 전지 종합 메이커를 거쳐야 한다. 그러므로 다음 목표는 전지 종합 메이커이다. 전지 사업의 또 한 번의 전환점이 될 것으로 예상되는 2020년경에는 국내의 전지 종합 메이커를 중심으로 한 전지 이야기를 전할 수 있었으면 하는 바람이다.

찾아보기

국문

【ㅅ】

【ㅇ】

【ㅈ】

【ㅎ】

영문

【A】

【B】

【N】

【O】

【P】

【R】

【S】

【T】

【U】

【V】

【W】

【X】

【Z】

저자 소개

선우 준(鮮于 俊, Jun Sonu)

-TOP21 대표, 전지컨설턴트

서울대학교 공과대학 금속공학과 졸업(1980. 2)

미국 Wayne State University 석사(1984)

미국 University of Cincinnati 공학박사(1988)

경력

2016. 7~	TOP21 대표
2010. 7~2013. 12	한화케미칼 상무(전지 사업 전략)
2009. 9~2010. 6	지에스이엠 부사장(기술 영업)
2007. 2~2009. 8	2차전지 컨설턴트(효성, 현대중공업)
2002. 1~2007. 1	삼성SDI 상무(자동차용 전지개발)
1996. 4~2001. 12	LG화학 전지 사업부 기획개발팀장
1989. 4~1996. 3	LG금속 전지개발팀장